U0260865

内容简介

本教材是甘肃省示范性高职学院、甘肃畜牧工程职业技术学院数学教研室根据工科类专业教学对数学知识的需求以及现阶段高中毕业生数学学习的状况，加之多数老师和学生根据学生就业需要的意见和建议，在充分调研当前我国高职高专基础课的教学现状，本着简明、实用、够用的原则，在认真分析、总结我院多年的高等数学教学改革经验的基础上精心编写的、符合我院专业特色及学生需求的课程改革的配套教材．

本教材主要内容包括函数与极限、一元函数的微积分、行列式与矩阵、线性规划、拉普拉斯变换、公务员考试行政能力测试数学知识点解析六个模块．每个项目之前都有学习目标、学习重点和学习难点，每个项目之后都有精心选编的课堂练习和课外作业，课外作业附有参考答案．

本教材既是我院的教改教材，又可作为开设机电、数控、机械加工与制造等工科专业院校的特色教材．

全国高等职业教育“十二五”规划教材
甘肃畜牧工程职业技术学院
甘肃省示范性高职学院课程改革项目建设成果

应用数学

YINGYONG SHUXUE 第二版

张发荣 主编

中国农业出版社
北 京

编审人员名单

主　编　张发荣

副主编　贾彩军　李贺贤

编　者　（以姓名笔画为序）

王秀明　李贺贤　李淑梅

杨万俊　杨国华　吴志强

张发荣　贾彩军　康彩萍

梁　玥

审　稿　张治俊

前言
PREFACE

进入21世纪，我国高等职业教育迅速崛起，推动了高等教育和职业教育的深刻变革．数学作为各类专业必修的基础课，课程改革和教材建设始终是每一个职业教育者认真思考、仔细研究和积极应对的课题．

在学院的大力支持下，基础部数学教研室针对近几年教学过程中发现的问题和总结的经验，确定对我院高等数学课进行全面的改革尝试．教材建设是课程改革的关键，为了编写一本能充分体现我院专业特色和学生实际的特色教材，数学教研室先后与学院各系专业教师充分研讨，并广泛征求了有关高职学院数学教师对编写教材的意见和建议，经教研室讨论确定了该书的编写方案．

在编写过程中，我们始终本着为专业课学习及学生的实际和可持续发展的需要，坚持简明、实用、够用的编写原则．本教材在编写过程中突出体现了以下几个特点：

1. 实用性强．充分了解高中数学的教学内容和我院学生的实际数学基础，针对目前一元函数微积分知识高中已经有比较全面的学习，而我院工科各专业对这部分内容的关联度比较强的实际，我们在编写过程中，对这部分内容既没有全部取消，对具体如求极限、导数、积分、微分的方法与技巧没有做详细的讲解，只是做了一些必要而简单的介绍。为便于加强和巩固已经学过的知识，本书对一些概念进行淡化讲解，对解决实际问题的方法进行了总结，把重点放在了一元函数微积分在专业知识的应用方面，突出了数学知识的实用性和服务性功能．同时增加了各专业通用的、实用性较强的行列式、矩阵及线性方程组的解法以及线性规划的内容，渗透了数学建模的思想．

2. 针对性强．通过与专业课教师充分沟通、磋商，准确掌握哪些内容是专业课教授和学习过程中必不可少的，哪些内容是可有可无的，哪些内容是纯粹不需要的，确保对编写内容了如指掌、有的放矢．根据部分教师和学生的建议，增加了实用数学知识点解析部分，并精选典型题目进行解析示范，为学生今后的继续学习、生活或参加各种考试打下坚实的数学基础．

3. 结构新颖．本教材每个项目后都明确列出了本节课的学习目标、学习重点和学习难点；也列出了课堂练习和课外作业，便于学生复习与提高，并为课外作业提供了参考答案．教材内容叙述通俗易懂，简明扼要，富有启发性，便于自学；注重用语确切，行文严谨；有利于学生形成严谨的学习态度、良好的学习习惯和一定的数学修养．

本教材由甘肃畜牧工程职业技术学院张发荣老师担任主编，参加编写的还有甘肃畜牧工程职业技术学院贾彩军、吴志强、李贺贤、杨万俊、李淑梅、王秀明、杨国华、康彩萍和甘肃农业大学梁玥老师，甘肃畜牧工程职业技术学院张治俊老师担任主审．张治俊老师对本教材的编写提出了许多宝贵的意见和建议，精心审阅了全部的原稿，并提出了许多有价值的修改意见，在此表示衷心感谢.

由于编者水平及经验有限加之时间仓促，书中错误之处在所难免，肯望各位同行及学生提出宝贵的意见和建议，以便我们在修订时改进和完善．同时衷心感谢学院领导和各系教师的大力支持！

编 者

2015 年 3 月

目 录

CONTENTS

模块一 函数与极限

项目一 函　数

➢ **学习目标** 了解函数的相关概念，理解分段函数、初等函数的概念，会做较简单分段函数和基本初等函数的图像，掌握复合函数的定义，能正确地将一个复合函数拆分成若干个简单函数

➢ **学习重点** 分段函数、基本初等函数的图像及性质，初等函数，复合函数

➢ **学习难点** 初等函数，复合函数

一、分段函数

在实际应用中经常会遇到一类函数，在定义域的不同区间用不同的式子来表达，这类函数称为分段函数．例如

(1) 绝对值函数 $y=|x|=\begin{cases}x, & x\geqslant 0,\\ -x, & x<0;\end{cases}$

(2) 符号函数 $y=\operatorname{sgn}x=\begin{cases}1, & x>0,\\ 0, & x=0,\\ -1, & x<0;\end{cases}$

(3) 取整函数 $y=[x]=n$（当 $n\leqslant x<n+1$，$n\in z$）.

根据取整函数的定义可以看出，记号 $[x]$ 表示不超过 x 的最大整数，例如 $[4.8]=4$，$[0.6]=0$，$[-7.3]=-8$，$[-5]=-5$ 等．

对于分段函数我们要能够正确求其定义域及自变量为 x_0 时对应的函数值，下面举例说明.

【例 1】 分段函数 $f(x)=\begin{cases}x+1, & -2\leqslant x<0,\\ 0, & x=0,\\ 3-x, & 0<x<3\end{cases}$ 的定义域为 $[-2, 3)$.

这也即是说分段函数的定义域为各段定义域的并集．

【例 2】 设有分段函数 $f(x)=\begin{cases}\dfrac{1}{2}x, & 0\leqslant x<1,\\ x, & 1\leqslant x<2,\\ x^2-6x+\dfrac{19}{2}, & 2\leqslant x\leqslant 4,\end{cases}$

求：(1) $f\left(\frac{1}{2}\right)$；(2) $f(1)$；(3) $f(3)$；(4) $f(4)$.

解：(1) $f\left(\frac{1}{2}\right)=\frac{1}{2}\times\frac{1}{2}=\frac{1}{4}$；

(2) $f(1)=1$；

(3) $f(3)=3^2-6\times3+\frac{19}{2}=\frac{1}{2}$；

(4) $f(4)=4^2-6\times4+\frac{19}{2}=\frac{3}{2}$.

二、初等函数

1. 基本初等函数

我们在中学学习过的六大类函数：常数函数、幂函数、指数函数、对数函数、三角函数和反三角函数统称为基本初等函数．为了便于应用，下面对其图象和基本性质作简单复习（表 1-1）．

表 1-1 基本初等函数的图象和性质

函 数	图 象	性 质
常数函数 $y=C$	y，x，O，$y=c$，$(c>0)$，$(c=0)$，$(c<0)$	一条平行于 x 轴且截距为 C 的直线，偶函数
幂函数 $y=x^a$	y，x，O，$a<0$，$a>0$，$(1,1)$	在 $(0,+\infty)$ 内总有定义， 当 $a>0$ 时函数图象过点 $(0,0)$ 和 $(1,1)$，在 $(0,+\infty)$ 内单调增加且无界； 当 $a<0$ 时函数图象过点 $(1,1)$，在 $(0,+\infty)$ 内单调减少且无界
指数函数 $y=a^x$ $(a>0$ 且 $a\neq1)$	y，x，O，$0<a<1$，$a>1$，1	单调性： 当 $0<a<1$ 时，在 $(-\infty,+\infty)$ 单调减少； 当 $a>1$ 时，在 $(-\infty,+\infty)$ 单调增加． 奇偶性：非奇非偶函数． 周期性：非周期函数． 有界性：无界函数

（续）

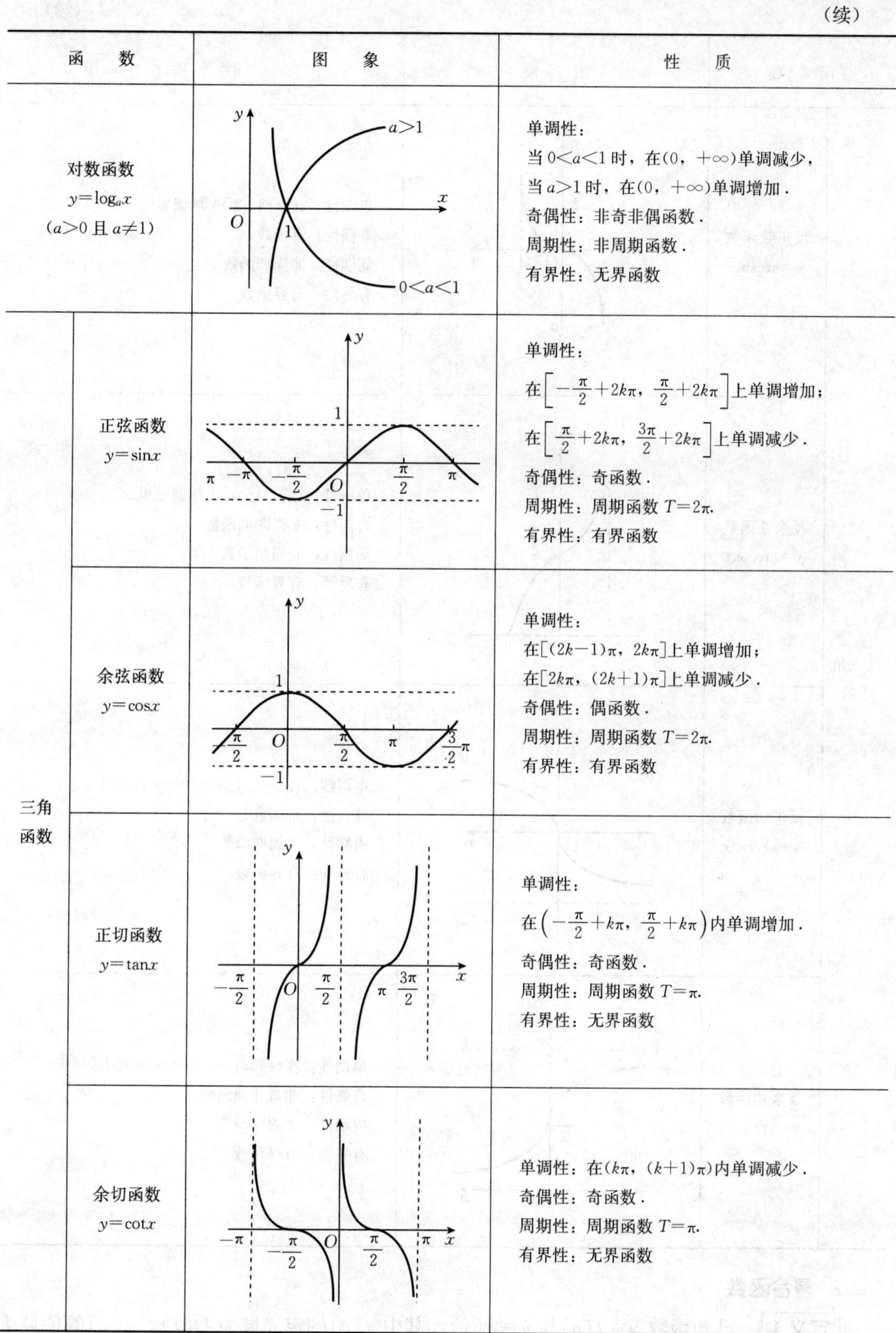

函数		图象	性质
对数函数 $y=\log_a x$ $(a>0$ 且 $a\neq 1)$			单调性： 当 $0<a<1$ 时，在 $(0,+\infty)$ 单调减少， 当 $a>1$ 时，在 $(0,+\infty)$ 单调增加． 奇偶性：非奇非偶函数． 周期性：非周期函数． 有界性：无界函数
三角函数	正弦函数 $y=\sin x$		单调性： 在 $\left[-\frac{\pi}{2}+2k\pi, \frac{\pi}{2}+2k\pi\right]$ 上单调增加； 在 $\left[\frac{\pi}{2}+2k\pi, \frac{3\pi}{2}+2k\pi\right]$ 上单调减少． 奇偶性：奇函数． 周期性：周期函数 $T=2\pi$． 有界性：有界函数
	余弦函数 $y=\cos x$		单调性： 在 $[(2k-1)\pi, 2k\pi]$ 上单调增加； 在 $[2k\pi, (2k+1)\pi]$ 上单调减少． 奇偶性：偶函数． 周期性：周期函数 $T=2\pi$． 有界性：有界函数
	正切函数 $y=\tan x$		单调性： 在 $\left(-\frac{\pi}{2}+k\pi, \frac{\pi}{2}+k\pi\right)$ 内单调增加． 奇偶性：奇函数． 周期性：周期函数 $T=\pi$． 有界性：无界函数
	余切函数 $y=\cot x$		单调性：在 $(k\pi, (k+1)\pi)$ 内单调减少． 奇偶性：奇函数． 周期性：周期函数 $T=\pi$． 有界性：无界函数

（续）

函数		图象	性质
反三角函数	反正弦函数 $y=\arcsin x$	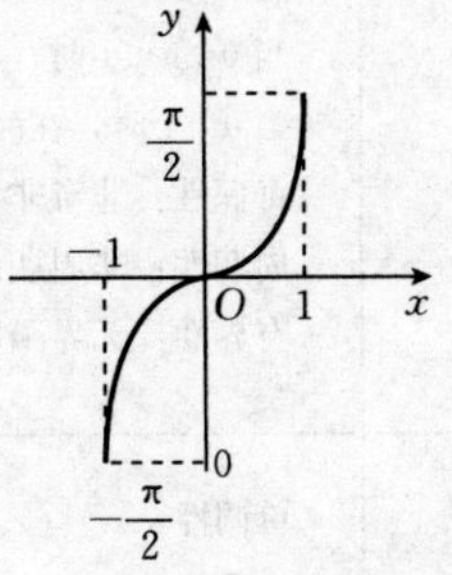	单调性：在$[-1, 1]$上单调递增． 奇偶性：奇函数． 周期性：非周期函数． 有界性：有界函数
	反余弦函数 $y=\arccos x$	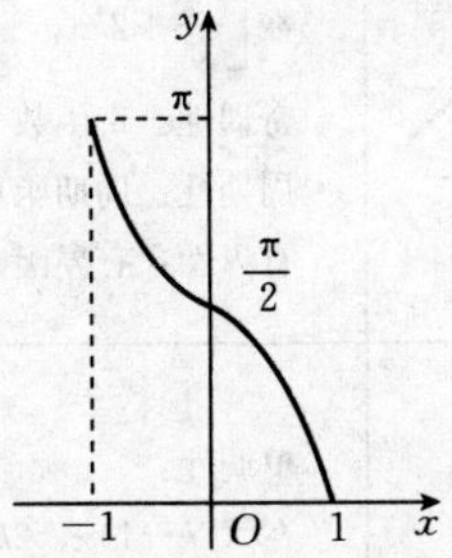	单调性：在$[-1, 1]$上单调减少． 奇偶性：非奇非偶函数． 周期性：非周期函数． 有界性：有界函数
	反正切函数 $y=\arctan x$	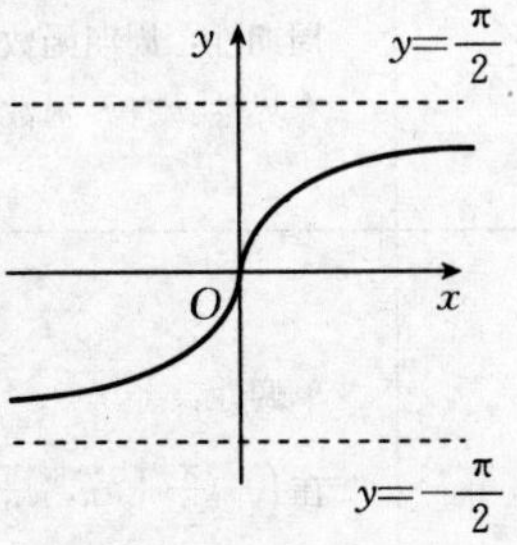	单调性：在$(-\infty, +\infty)$内单调增加． 奇偶性：奇函数． 周期性：非周期函数． 有界性：有界函数
	反余切函数 $y=\operatorname{arc\,cot} x$	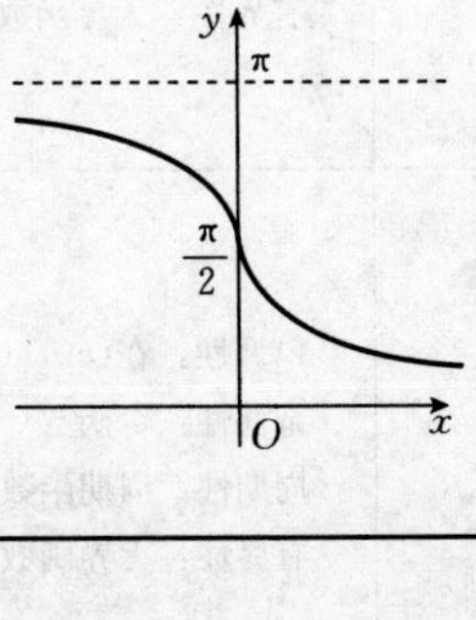	单调性：在$(-\infty, +\infty)$内单调减少． 奇偶性：非奇非偶函数． 周期性：非周期函数． 有界性：有界函数

2. 复合函数

定义 1 已知函数 $y=f(u)$与 $u=g(x)$，其中 $f(u)$的定义域为 $D(f)$，$g(x)$的值域为

$R(g)$，如果 $g(x)$ 的值域与 $f(u)$ 的定义域的交集非空，则称函数 $y=f[g(x)]$ 为函数 $y=f(u)$ 与 $u=g(x)$ 构成的复合函数，其中 x 为自变量，y 为因变量，u 为中间变量．

例如，$y=u^2$ 与 $u=\sin x$ 构成复合函数 $y=\sin^2 x$；$y=\ln u$，$u=v^2$ 与 $v=7x+8$ 构成复合函数 $y=\ln(7x+8)^2$ 等．

利用复合函数的概念，可以将一个较复杂的函数“分解”成几个简单函数的复合，这样更便于对函数进行研究．

【例 3】 讨论下列函数的复合过程．

(1) $y=\sin 5x$； (2) $y=e^{\sqrt{x^2+1}}$．

解：(1) $y=\sin 5x$ 可以看成是由 $y=\sin u$，$u=5x$ 两个函数复合而成；

(2) $y=e^{\sqrt{x^2+1}}$ 可以看成是由 $y=e^u$，$u=\sqrt{v}$，$v=x^2+1$ 三个函数复合而成．

3. 初等函数

由基本初等函数经过有限次的四则运算和有限次的复合运算所构成的能用一个式子表达的函数，称为初等函数．

例如，$y=e^{\cos x}+7x^2$，$y=\sqrt{\ln(x^2+1)}$，$y=3^{\tan\frac{1}{x}}$ 等都是初等函数．

分段函数一般不是初等函数，例如符号函数 $y=\operatorname{sgn}x$ 不是初等函数，绝对值函数 $y=|x|$ 虽可分段表示，但由于 $|x|=\sqrt{x^2}$，故仍是初等函数．在今后的学习过程中，我们所讨论的函数大多是初等函数．

4. 反函数

定义 2 设 $y=f(x)$ 是 x 的函数，其值域为 R，如果对于 R 中的每一个 y 值，都有一个确定的且满足 $y=f(x)$ 的 x 值与之对应，则得到一个定义在 R 上的以 y 为自变量，x 为因变量的新函数，我们称之为 $y=f(x)$ 的反函数，记作 $x=f^{-1}(y)$．并称 $y=f(x)$ 为直接函数．

显然，由定义可知，单值函数一定有反函数．习惯上，我们总是用 x 表示自变量，用 y 表示因变量，所以通常把 $x=f^{-1}(y)$ 改写为 $y=f^{-1}(x)$．

从上面的定义容易得出，求反函数的过程可分为两步：第一步从 $y=f(x)$ 解出 $x=f^{-1}(y)$；第二步交换字母 x 和 y．

【例 4】 求 $y=2^{x-1}$ 的反函数．

解：由 $y=2^{x-1}$ 解得

$$x=1+\log_2 y,$$

然后交换 x 和 y，得

$$y=1+\log_2 x.$$

即 $y=1+\log_2 x$ 是 $y=2^{x-1}$ 的反函数．

可以证明，函数 $y=f(x)$ 与其反函数 $y=f^{-1}(x)$ 的图形关于直线 $y=x$ 对称．

三、函数的几种特性

1. 单调性

定义 3 设函数 $y=f(x)$ 在区间 I 上有定义，如果对于任意的 x_1，$x_2\in I$，当 $x_1<$

x_2 时，都有 $f(x_1)<f(x_2)$，则称函数 $y=f(x)$ 在区间 I 上是单调增加的．如果对任意的 x_1，$x_2\in I$，当 $x_1<x_2$ 时，都有 $f(x_1)>f(x_2)$，则称函数 $y=f(x)$ 在区间 I 上是单调减少的．

单调增加函数的图形沿 x 轴正向逐渐上升，单调减少函数的图形沿 x 轴正向逐渐下降，如图 1－1 所示．

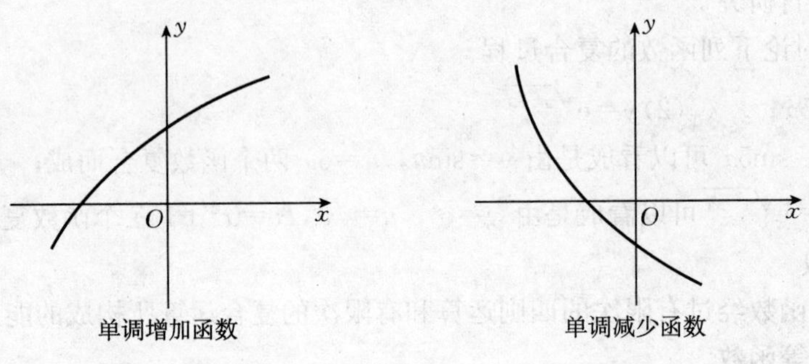

图 1－1

例如，函数 $f(x)=x^2+1$ 在区间$[0, +\infty)$是单调增加的；在区间$(-\infty, 0]$是单调减少的．又例如，函数 $f(x)=x^3$ 在区间$(-\infty, +\infty)$内是单调增加的．

2. **奇偶性**

定义 4 设函数 $y=f(x)$ 的定义域 D 关于原点对称，如果对任意的 $x\in D$，都有 $f(-x)=-f(x)$，则称函数 $y=f(x)$ 为奇函数；如果对任意的 $x\in D$，都有 $f(-x)=f(x)$，则称函数 $y=f(x)$ 为偶函数．

奇函数的图形关于原点对称，偶函数的图形关于 y 轴对称，如图 1－2 所示．

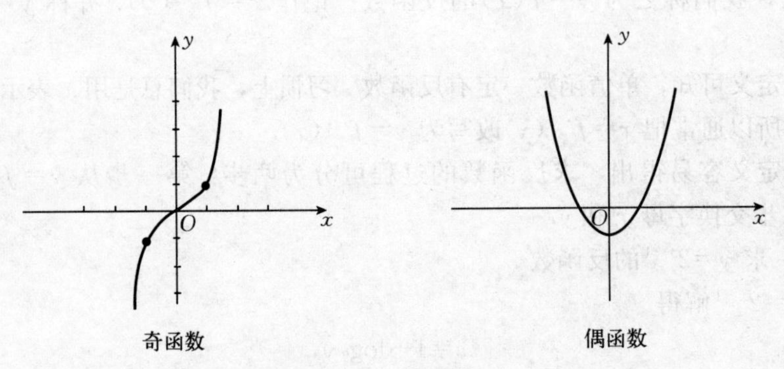

图 1－2

例如，$y=x^3$，$y=\sin x$，$y=x\cos x$ 等都为奇函数；$y=x^2$，$y=\cos x$，$y=\sqrt{1-x^2}$ 等都为偶函数．

【例 5】 判断下列函数的奇偶性：

(1) $y=x^3+\tan x$；　(2) $y=x\sin x$；　(3) $y=x^3\tan x\cdot e^{x^2}$；

(4) $y=\sin(\sin x)$；　(5) $y=\cos(\sin x)$；　(6) $y=\cos^2 x$．

解：根据常见奇(偶)函数及其运算性质可知，(1)、(4)为奇函数，(2)、(3)、(5)、(6)为偶函数．

3. **周期性**

定义 5　设函数 $y=f(x)$ 的定义域为 D，如果存在一个不为零的实数 T，使得对于任意的 $x\in D$，都有 $(x\pm T)\in D$，且 $f(x+T)=f(x)$，则称 $y=f(x)$ 为周期函数，T 称为它的周期．通常我们说周期函数的周期是指最小正周期．

例如，函数 $y=\sin x$，$y=\cos x$ 都是以 2π 为周期的周期函数，$y=\tan x$ 是以 π 为周期的周期函数．

4. **有界性**

定义 6　设函数 $y=f(x)$ 的定义域为 D，如果存在一个正常数 M，使得对于任意的 $x\in D$，都有 $|f(x)|\leqslant M$，则称函数 $y=f(x)$ 在 D 上有界．否则称函数 $y=f(x)$ 在 D 上无界．

例如，函数 $y=\sin x$ 在 $(-\infty,+\infty)$ 内有界，因为对任意的 $x\in(-\infty,+\infty)$，都有 $|\sin x|\leqslant 1$.

又例如，函数 $f(x)=\dfrac{1}{x}$ 在 $(0,1)$ 内无界．

课堂练习

1. 下列函数中哪些是奇函数？哪些是偶函数？

(1) $x+\sin^3 x$；　(2) $x^2\cos x$；　(3) $\sin x^2$；　(4) $\dfrac{\sin x}{x}$.

2. 设 $f(x)=\begin{cases}|\sin x|, & x<1,\\ 0, & x\geqslant 1,\end{cases}$ 求：(1) $f(1)$；(2) $f\left(\dfrac{\pi}{4}\right)$；(3) $f(\pi)$.

3. 设 $f(x)=\begin{cases}0, & -2\leqslant x<2,\\ (x-2)^2, & 2\leqslant x\leqslant 4,\end{cases}$ 求 $f(x)$ 的定义域．

4. 在以下各题中，将 y 表示为 x 的函数：

(1) $y=u^2$，$u=\lg t$，$t=\frac{x}{2}$； (2) $y=\sqrt{u}$，$u=\cos t$，$t=2^x$.

5. 讨论下列函数的复合过程：

(1) $y=\sin[\lg(x-1)]$； (2) $y=2^{\cos(x^2-5)}$.

课外作业

1. 求下列函数的定义域：

(1) $y=\frac{1}{x}-\sqrt{1-x^2}$； (2) $y=\sqrt{x-1}+\frac{1}{x-2}+\lg(4-x)$.

2. 已知函数 $f(x)=\begin{cases}\sin x, & -2<x<0,\\ 0, & 0\leqslant x<2,\end{cases}$ 求 $f\left(-\frac{\pi}{4}\right)$，$f\left(\frac{\pi}{2}\right)$.

3. 设 $f(x)=\begin{cases}x, & x\leqslant 0,\\ 0, & x>0,\end{cases}$ 求 $f(-x)$.

4. 设 $f(x)=e^{x^2}$，$f[\varphi(x)]=1-x$，且 $\varphi(x)\geqslant 0$，求 $\varphi(x)$ 并写出其定义域.

项目二　函数的极限

➤ **学习目标**　理解函数极限的定义，会利用定义求较简单函数的极限，掌握定理 1、定理 2，并能利用定理判断函数在一点或无穷大处是否存在极限

➤ **学习重点**　函数极限的定义、利用定义求函数的极限，定理 1、定理 2 及其应用

➤ **学习难点**　极限的概念，左、右极限及其求法

一、x 趋向于有限值 x_0 时的极限定义

(1) $x\to x_0$

定义 1　设函数 $f(x)$ 在 $(x_0-\delta, x_0)\cup(x_0, x+\delta)$，$(\delta>0)$ 内有定义，如果当 $x\to x_0$ 时，函数值 $f(x)$ 能够无限趋近于某个常数 A，则称当 $x\to x_0$ 时，函数 $f(x)$ 的极限为

A，记作

$$\lim_{x\to x_0} f(x)=A\text{，或者 } f(x)\to A(x\to x_0).$$

【例 1】 $\lim\limits_{x\to 2}(3x+5)=11$

我们指出，在定义中并没有说明函数 $f(x)$ 在点 x_0 是否有定义，这即是说，函数 $f(x)$ 在点 x_0 的极限 $\lim\limits_{x\to x_0} f(x)$ 是否存在与 $f(x)$ 在点 x_0 是否有定义没有关系．例如，$f(x)=\dfrac{x^2-1}{x+1}$ 在点 $x_0=-1$ 处无定义，但是极限 $\lim\limits_{x\to -1} f(x)=-2$ 存在．

(2) $x\to x_0^+$

定义 2 设函数 $f(x)$ 在区间 $(x_0,\ x_0+\delta)$ 内有定义，如果当 $x\to x_0^+$ 时，函数值 $f(x)$ 能够无限趋近于某个常数 A，则称 A 为函数 $f(x)$ 在点 x_0 的右极限，记作

$$\lim_{x\to x_0^+} f(x)=A \text{ 或者 } f(x_0+0)=A.$$

(3) $x\to x_0^-$

定义 3 设函数 $f(x)$ 在区间 $(x_0-\delta,\ x_0)$ 内有定义，如果当 $x\to x_0^-$ 时，函数值 $f(x)$ 能够无限趋近于某个常数 A，则称 A 为函数 $f(x)$ 在点 x_0 的左极限，记作

$$\lim_{x\to x_0^-} f(x)=A\text{，或者 } f(x_0-0)=A.$$

【例 2】 设 $f(x)=\begin{cases} x+1, & x>0, \\ 3, & x=0, \\ x-1, & x<0, \end{cases}$ 求 $\lim\limits_{x\to 0^+} f(x)$，$\lim\limits_{x\to 0^-} f(x)$.

解：$\lim\limits_{x\to 0^+} f(x)=\lim\limits_{x\to 0^+}(x+1)=1$，

$\lim\limits_{x\to 0^-} f(x)=\lim\limits_{x\to 0^-}(x-1)=-1.$

【例 3】 设 $f(x)=\begin{cases} x, & x\geqslant 0, \\ -x, & x<0, \end{cases}$ 求 $\lim\limits_{x\to 0^+} f(x)$，$\lim\limits_{x\to 0^-} f(x)$.

解：$\lim\limits_{x\to 0^+} f(x)=\lim\limits_{x\to 0^+} x=0$，

$\lim\limits_{x\to 0^-} f(x)=\lim\limits_{x\to 0^-}(-x)=0.$

定理 1 函数 $f(x)$，当 $x\to x_0$ 时极限存在的充要条件是左极限与右极限同时存在并且相等，即 $\lim\limits_{x\to x_0^-} f(x)=\lim\limits_{x\to x_0^+} f(x)$.

显然，在例 2 中 $\lim\limits_{x\to 0} f(x)$ 不存在，在例 3 中 $\lim\limits_{x\to 0} f(x)=0$.

【例 4】 设 $f(x)=\begin{cases} x^2-3, & x\leqslant 3, \\ 2x-1, & x>3, \end{cases}$ 讨论 $\lim\limits_{x\to 3} f(x)$ 是否存在．

解：因为 $\lim\limits_{x\to 3^-} f(x)=\lim\limits_{x\to 3^-}(x^2-3)=6$，

$\lim\limits_{x\to 3^+} f(x)=\lim\limits_{x\to 3^+}(2x-1)=5$，

所以 $\lim\limits_{x\to 3} f(x)$ 不存在．

【例 5】 设 $f(x)=\begin{cases} \cos x+a, & x\leqslant 0, \\ 2x-3, & x>0, \end{cases}$ 且 $\lim\limits_{x\to 0} f(x)$ 存在，求 a 的值．

解：因为$\lim\limits_{x\to0^-}f(x)=\lim\limits_{x\to0^-}(\cos x+a)=1+a$，

$\lim\limits_{x\to0^+}f(x)=\lim\limits_{x\to0^+}(2x-3)=-3$，

$\lim\limits_{x\to0}f(x)$存在，

所以 $\lim\limits_{x\to0^+}f(x)=\lim\limits_{x\to0^-}f(x)$即$1+a=-3$，

所以 $a=-4$.

二、x 趋向无穷大时的极限定义

(1) $x\to+\infty$

定义 4 设函数 $f(x)$在区间$[a,+\infty)(a>0)$上有定义，如果当$x\to+\infty$时，函数值$f(x)$能够无限趋近于某个常数A，则称当$x\to+\infty$时，函数$f(x)$的极限为A，记作

$$\lim_{x\to+\infty}f(x)=A，或者\ f(x)\to A(x\to+\infty).$$

【例 6】 $\lim\limits_{x\to+\infty}\frac{1}{x}=0$.（解略）

(2) $x\to-\infty$

定义 5 设函数 $f(x)$在区间$(-\infty,a](a>0)$上有定义，如果当$x\to-\infty$时，函数值$f(x)$能够无限趋近于某个常数A，则称当$x\to-\infty$时，函数$f(x)$的极限为A，记作

$$\lim_{x\to-\infty}f(x)=A，或者\ f(x)\to A(x\to-\infty).$$

【例 7】 $\lim\limits_{x\to-\infty}3^x=0$.（解略）

(3) $x\to\infty$

定义 6 设函数 $f(x)$在$|x|>a(a>0)$时有定义，如果当$x\to\infty$时，函数值$f(x)$能够无限趋近于某个常数A，则称当$x\to\infty$时，函数$f(x)$的极限为A，记作

$$\lim_{x\to\infty}f(x)=A，或者\ f(x)\to A(x\to\infty).$$

【例 8】 $\lim\limits_{x\to\infty}\frac{1}{x^4}=0$.（解略）

定理 2 函数$f(x)$当$x\to\infty$时，极限存在的充要条件是$\lim\limits_{x\to-\infty}f(x)$与$\lim\limits_{x\to+\infty}f(x)$同时存在且$\lim\limits_{x\to-\infty}f(x)=\lim\limits_{x\to+\infty}f(x)$.

【例 9】 设$f(x)=\arctan x$，讨论$\lim\limits_{x\to\infty}f(x)$是否存在.

解：因为$\lim\limits_{x\to-\infty}f(x)=\lim\limits_{x\to-\infty}\arctan x=-\frac{\pi}{2}$，

$\lim\limits_{x\to+\infty}f(x)=\lim\limits_{x\to+\infty}\arctan x=\frac{\pi}{2}$，

所以$\lim\limits_{x\to\infty}f(x)$不存在.

【例 10】 设$f(x)=\begin{cases}2^x, & x<0,\\ \frac{1}{x+1}, & x\geqslant0,\end{cases}$ 求$\lim\limits_{x\to\infty}f(x)$.

解：因为$\lim\limits_{x\to-\infty}f(x)=\lim\limits_{x\to-\infty}2^x=0$，

$$\lim_{x\to+\infty} f(x)=\lim_{x\to+\infty}\frac{1}{x+1}=0,$$

所以 $\lim\limits_{x\to\infty} f(x)=0$.

课堂练习

1. 设 $f(x)=\begin{cases}2x+1, & x<2,\\ x^2+1, & x\geqslant 2,\end{cases}$ 求 $\lim\limits_{x\to 2} f(x)$.

2. 设 $f(x)=\begin{cases}-1, & x<0,\\ x^2+k, & x\geqslant 0,\end{cases}$ 若 $\lim\limits_{x\to 0} f(x)$ 存在，求 k 的值．

3. 设 $f(x)=\dfrac{1}{x}$，讨论 $\lim\limits_{x\to\infty} f(x)$ 是否存在．

4. 设 $f(x)=\begin{cases}2^x, & x\leqslant 0,\\ \left(\dfrac{1}{2}\right)^x, & x>0,\end{cases}$ 求 $\lim\limits_{x\to\infty} f(x)$.

课外作业

1. 利用函数的图形，求下列函数的极限：

(1) $\lim\limits_{x\to 0}\tan x$；　(2)$\lim\limits_{x\to 0}\cos x$；　(3) $\lim\limits_{x\to -\infty}2^x$；　(4) $\lim\limits_{x\to +\infty}\left(\frac{1}{2}\right)^x$.

2. 设函数 $f(x)=\begin{cases}x^2+1, & x<0,\\ x, & x>0,\end{cases}$ 求极限 $\lim\limits_{x\to 0^-}f(x)$及 $\lim\limits_{x\to 0^+}f(x)$. 并判断 $\lim\limits_{x\to 0}f(x)$是否存在 .

项目三　无穷小量与无穷大量

> **学习目标**　理解无穷大(小)量的定义及二者之间的关系，掌握无穷小量的性质及无穷小量的比较，会利用等价无穷小量的代换计算一些函数的极限

> **学习重点**　无穷小量的定义、性质、等价无穷小量及其应用，无穷小量与无穷大量之间的关系

> **学习难点**　无穷小量的定义、性质，利用等价无穷小量的代换求函数的极限

一、无穷小量

1. 定义

定义 1　若函数 $y=f(x)$在自变量 x 的某个变化过程中以零为极限，则称在该变化过程中，$f(x)$为无穷小量，简称为无穷小 .

我们常用希腊字母 α、β、γ 表示无穷小量 .

【例 1】　当 $x\to 0$ 时，x^2，$\sin x$，$\tan x$，$1-\cos x$ 都趋近于零，因此当 $x\to 0$ 时，这些变量都是无穷小量 .

【例 2】　当 $x\to +\infty$时，$\frac{1}{x}$，$\frac{1}{2^x}$，$\frac{1}{\ln x}$都趋近于零，因此当 $x\to +\infty$时，这些变量都是无穷小量 .

关于无穷小量，应当注意以下两点：

(1) 无穷小量不是一个很小的数，因此任意的非零常数 c，不论它的绝对值多么小，都不是无穷小量，0 是唯一的可以作为无穷小量的常数 .

(2) 某个变量是否是无穷小量与自变量的变化过程有关 . 例如 $\lim\limits_{x\to +\infty}\frac{1}{x}=0$，所以当 $x\to +\infty$时，$\frac{1}{x}$为无穷小，又 $\lim\limits_{x\to 1}\frac{1}{x}=1\neq 0$，所以当 $x\to 1$ 时，$\frac{1}{x}$不是无穷小 . 因此不能笼统地说某个变量是无穷小量，必须同时指明自变量的变化过程 .

2. 性质

无穷小量有下列重要性质：

(1) 有限个无穷小量的代数和仍为无穷小量 .

（2）有限个无穷小量的乘积仍为无穷小量．

（3）常量与无穷小量的乘积为无穷小量．

（4）有界变量与无穷小量的乘积为无穷小量．

【例 3】　求极限 $\lim\limits_{x\to0}x\sin\dfrac{1}{x}$.

解：因为当 $x\to0$ 时，x 为无穷小量，且 $\left|\sin\dfrac{1}{x}\right|\leqslant1$，

所以由性质(4)可知：$\lim\limits_{x\to0}x\sin\dfrac{1}{x}=0$.

3. 无穷小的比较

在同一变化过程中有许多无穷小量，例如当 $x\to0$ 时，x，x^2，$\sin x$，$\tan x$，$1-\cos x$ 等都是无穷小量，但是它们趋近于零的速度却不相同，为了区别这些无穷小量趋近于零的速度的快慢，我们引入无穷小量的比较的概念．

定义 2　设 α、β 是同一变化过程中的两个无穷小量，且 $\alpha\neq0$.

（1）若 $\lim\dfrac{\beta}{\alpha}=0$，则称 β 是 α 的高阶无穷小，记作 $\beta=o(\alpha)$.

（2）若 $\lim\dfrac{\beta}{\alpha}=c(c\neq0)$，则称 β 与 α 是同阶无穷小，记作 $\beta=o(\alpha)$.

（3）若 $\lim\dfrac{\beta}{\alpha}=1$，则称 β 与 α 是等价无穷小，记作 $\alpha\sim\beta$.

例如，因为 $\lim\limits_{x\to0}\dfrac{x^3}{x}=0$，所以当 $x\to0$ 时，x^3 是 x 的高阶无穷小；因为 $\lim\limits_{x\to0}\dfrac{3x}{x}=3$，所以当 $x\to0$ 时，$3x$ 与 x 是同阶无穷小；因为 $\lim\limits_{x\to0}\dfrac{\sin x}{\tan x}=1$，所以当 $x\to0$ 时，$\sin x$ 与 $\tan x$ 是等价无穷小．

当 $x\to0$ 时，有下列常见等价无穷小：

$\sin x\sim x$，$\arcsin x\sim x$，$\tan x\sim x$，$\arctan x\sim x$，$e^x-1\sim x$，$\ln(1+x)\sim x$，$1-\cos x\sim\dfrac{1}{2}x^2$，$(1+\alpha x)^\beta-1\sim\alpha\beta x$（$\alpha$，$\beta$ 为非零常数）.

等价无穷小在极限运算中有重要的应用．

定理 1　设在同一变化过程中，$\alpha\sim\beta$，且 α，$\beta\neq0$，

（1）若 $\lim\alpha\gamma=A$，则 $\lim\beta\gamma=A$；

（2）若 $\lim\dfrac{\gamma}{\alpha}=B$，则 $\lim\dfrac{\gamma}{\beta}=B$.

此定理说明，在乘除运算的极限中，用非零的等价无穷小替换不改变其极限值，因此求极限时，在乘除运算中可以将无穷小用其形式简单的等价无穷小去替换，从而简化极限的计算.

【例 4】　求下列极限：

（1）$\lim\limits_{x\to0}\dfrac{\sin4x}{\tan3x}$；　　　　（2）$\lim\limits_{x\to0}\dfrac{\ln(1+\sin x)}{\sin2x}$；

(3) $\lim\limits_{x\to 0}\dfrac{1-\cos x}{x\sin x}$；　　　(4) $\lim\limits_{x\to 0}\dfrac{\tan x-\sin x}{x^3}$.

解：(1) $\lim\limits_{x\to 0}\dfrac{\sin 4x}{\tan 3x}=\lim\limits_{x\to 0}\dfrac{4x}{3x}=\dfrac{4}{3}$；

(2) $\lim\limits_{x\to 0}\dfrac{\ln(1+\sin x)}{\sin 2x}=\lim\limits_{x\to 0}\dfrac{\sin x}{2x}=\lim\limits_{x\to 0}\dfrac{x}{2x}=\dfrac{1}{2}$；

(3) $\lim\limits_{x\to 0}\dfrac{1-\cos x}{x\sin x}=\lim\limits_{x\to 0}\dfrac{\frac{1}{2}x^2}{x\cdot x}=\dfrac{1}{2}$；

(4) $\lim\limits_{x\to 0}\dfrac{\tan x-\sin x}{x^3}=\lim\limits_{x\to 0}\dfrac{\tan x(1-\cos x)}{x^3}=\lim\limits_{x\to 0}\dfrac{x\cdot\frac{1}{2}x^2}{x^3}=\dfrac{1}{2}$.

二、无穷大量

定义 3　在自变量 x 的某个变化过程中，相应的函数值的绝对值 $|f(x)|$ 能够无限增大，则称 $f(x)$ 为该自变量变化过程中的无穷大量，简称为无穷大.

【例 5】　当 $x\to 0$ 时，$\dfrac{1}{x^2}$，$\dfrac{1}{\sin x}$，$\dfrac{1}{\tan x}$都是无穷大量.

【例 6】　当 $x\to+\infty$时，x^2，e^x，$\ln(x+1)$都是无穷大量.

关于无穷大量，应当注意以下两点：

(1) 无穷大量不是很大的数，因此任意的常数，不论它的绝对值多么大，都不是无穷大量.

(2) 某个变量是否是无穷大量与自变量的变化过程有关.

例如，因为$\lim\limits_{x\to 1}(x+1)=\ln 2$，所以当 $x\to 1$ 时，$\ln(1+x)$不是无穷大量；又因为当$x\to+\infty$时 $\ln(1+x)$的值能够无限增大，所以当 $x\to+\infty$时，$\ln(1+x)$是无穷大量. 因此不能笼统地说某个变量是无穷大量，必须同时指明自变量的变化过程.

三、无穷小量与无穷大量的关系

从无穷小量与无穷大量的定义，可以看出它们之间有着密切的关系，体现为下列的定理.

定理 2　在同一变化过程中，无穷大的倒数为无穷小；恒不等于零的无穷小的倒数为无穷大.

例如，当 $x\to+\infty$时，2^x 为无穷大，故$\dfrac{1}{2^x}$为无穷小；当 $x\to 1$ 时，$x-1$ 为非零无穷小，故$\dfrac{1}{x-1}$为无穷大.

根据该定理，我们可以把对无穷大的研究转化为对无穷小的研究，而无穷小的分析正是微积分学中的精髓.

课堂练习

1. 指出下列变量中，哪些是无穷小量，哪些是无穷大量：

(1) $50x^2(x\to 0)$；

(2) $\frac{3}{\sqrt{x}}(x\to 0^+)$；

(3) $e^{\frac{1}{x}}-1(x\to\infty)$；

(4) $\tan x(x\to\frac{\pi}{2}^-)$.

2. 函数 $f(x)=\frac{1}{(x-1)^2}$在什么变化过程中是无穷小量？又在什么变化过程中是无穷大量？

3. 求极限 $\lim\limits_{x\to\infty}\frac{\sin x}{x}$.

课外作业

1. 指出下列函数在什么情况下是无穷小量，在什么情况下是无穷大量：

(1) $y=\frac{x+2}{x-1}$； (2) $y=\lg x$； (3) $y=\frac{x+3}{x^2-1}$.

2. 求下列极限：

(1) $\lim\limits_{x\to 0}\sin x\cos\frac{1}{x}$；

(2) $\lim\limits_{x\to\infty}\frac{\sin x}{x}$.

项目四 极限的运算法则与函数的连续性

> **学习目标** 掌握极限的四则运算法则及推论，会利用这些法则及公式熟练计算一些函数的极限；了解函数在给定点处连续的定义，会正确判断所给函数在指定点是否连续

> **学习重点** 极限的四则运算法则及推论，正确判断所给函数在指定点是否连续

> **学习难点** 极限运算法则中商的公式及其应用，判断给定函数在一点处是否连续

一、极限的运算法则

1. 定理

定理 1 设 $\lim f(x)=A$，$\lim g(x)=B$，则

(1) $\lim[f(x)\pm g(x)]=\lim f(x)\pm\lim g(x)=A\pm B$；

(2) $\lim(f(x)g(x))=\lim f(x)\cdot\lim g(x)=AB$；

(3) $\lim\dfrac{f(x)}{g(x)}=\dfrac{\lim f(x)}{\lim g(x)}=\dfrac{A}{B}(B\neq 0)$.

2. 推论

由上述定理可以得下面的推论

设 $\lim f(x)=A$

(1) 若 C 为常数，则 $\lim[Cf(x)]=C\lim f(x)=CA$；

(2) 若 n 为正整数，则 $\lim(f(x))^n=(\lim f(x))^n=A^n$.

3. 常见类型及其解法

在应用极限的四则运算法则时，通常会遇到以下三种类型的未定式.

(1) $\dfrac{0}{0}$型未定式

$\dfrac{0}{0}$型未定式的求解方法通常有两种，一种是分解因式，分子、分母约去极限为零的公因子；另一种是分子或分母中含有根式时，分子或分母有理化.

【例 1】 求极限 $\lim\limits_{x\to 2}(x^2+3x-2)$.

解：$\lim\limits_{x\to 2}(x^2+3x-2)=\lim\limits_{x\to 2}x^2+\lim\limits_{x\to 2}3x-\lim\limits_{x\to 2}2=2^2+3\times 2-2=8$.

【例 2】 求极限 $\lim\limits_{x\to -2}\dfrac{x^2-9}{x^2-5x+6}$.

解：$\lim\limits_{x\to -2}\dfrac{x^2-9}{x^2-5x+6}=\lim\limits_{x\to -2}\dfrac{(x-3)(x+3)}{(x-3)(x-2)}=\lim\limits_{x\to -2}\dfrac{x+3}{x-2}=6$.

【例 3】 求极限$\lim\limits_{x\to 2}\dfrac{x^2-5x+6}{x^2-4}$.

解：$\lim\limits_{x\to 2}\dfrac{x^2-5x+6}{x^2-4}=\lim\limits_{x\to 2}\dfrac{(x-2)(x-3)}{(x-2)(x+2)}=\lim\limits_{x\to 2}\dfrac{x-3}{x+2}=-\dfrac{1}{4}$.

【例 4】 求极限$\lim\limits_{x\to 1}\dfrac{\sqrt{3x+1}-2}{x-1}$.

解：

$$\lim_{x\to 1}\frac{\sqrt{3x+1}-2}{x-1}$$

$$=\lim_{x\to 1}\frac{(\sqrt{3x+1}-2)(\sqrt{3x+1}+2)}{(x-1)(\sqrt{3x+1}+2)}$$

$$=\lim_{x\to 1}\frac{3(x-1)}{(x-1)(\sqrt{3x+1}+2)}$$

$$=\lim_{x\to 1}\frac{3}{\sqrt{3x+1}+2}$$

$=\frac{3}{4}$.

(2) $\frac{\infty}{\infty}$型未定式

对于$\frac{\infty}{\infty}$型未定式，若分子与分母都是 x 的多项式函数，则$\frac{\infty}{\infty}$型未定义的求解方法是分子与分母同时除以分子、分母中 x 的最高次幂.

【例 5】　求极限$\lim\limits_{x\to\infty}\frac{5x^3-2x-1}{7x^2+6x+1}$.

解：$\lim\limits_{x\to\infty}\frac{5x^3-2x-1}{7x^2+6x+1}=\lim\limits_{x\to\infty}\frac{5-\frac{2}{x^2}-\frac{1}{x^3}}{\frac{7}{x}+\frac{6}{x^2}+\frac{1}{x^3}}=\infty$.

【例 6】　求极限$\lim\limits_{x\to\infty}\frac{5x^2-2x-1}{7x^2+6x+1}$.

解：$\lim\limits_{x\to\infty}\frac{5x^2-2x-1}{7x^2+6x+1}=\lim\limits_{x\to\infty}\frac{5-\frac{2}{x}-\frac{1}{x^2}}{7+\frac{6}{x}+\frac{1}{x^2}}=\frac{5}{7}$.

【例 7】　求极限$\lim\limits_{x\to\infty}\frac{5x^2-2x-1}{7x^3+6x+1}$.

解：$\lim\limits_{x\to\infty}\frac{5x^2-2x-1}{7x^3+6x+1}=\lim\limits_{x\to\infty}\frac{\frac{5}{x}-\frac{2}{x^2}-\frac{1}{x^3}}{7+\frac{6}{x^2}+\frac{1}{x^3}}=0$.

总结上面三个极限可得到一般的结果，用数学式子可表示为：

$$\lim_{x\to\infty}\frac{a_lx^l+a_{l-1}x^{l-1}+\cdots+a_1x+a_0}{b_mx^m+b_{m-1}x^{m-1}+\cdots+b_1x+b_0}=\begin{cases}\infty, & l>m\\ \frac{a_l}{b_m}, & l=m\\ 0, & l<m\end{cases}$$

(l、m 为正常数；a_l，…，a_0，b_m，…，b_0 为常数且 $a_l\cdot b_m\neq 0$).

以后在计算上述$\frac{\infty}{\infty}$型未定式的极限时，可利用上面一般的结果直接得到极限值，特别是求解填空题、选择题时.

【例 8】　填空题.

极限$\lim\limits_{x\to\infty}\frac{(x^3+1)(5x-2)}{(x^2+1)^2}=$________.

解：注意到 $x\to\infty$时，这是$\frac{\infty}{\infty}$型未定式，容易判断分子最高幂次等于分母最高幂次，都等于 4，因此当 $x\to\infty$时，此未定式极限等于分子 x^4 的系数与分母 x^4 的系数的比值，即

$$\lim_{x\to\infty}\frac{(x^3+1)(5x-2)}{(x^2+1)^2}=\frac{5}{1}=5.$$

(3) $\infty-\infty$型未定式

若 $\lim f(x)=\infty$，$\lim g(x)=\infty$，则称极限 $\lim[f(x)-g(x)]$为$\infty-\infty$型未定式. $\infty-\infty$

型未定式的求解方法通常有两种，一种是通分，另一种是含有根式时，考虑有理化．

【例 9】 求极限$\lim\limits_{x\to 1}\left(\frac{x}{x-1}-\frac{1}{x^2-x}\right)$.

解：$\lim\limits_{x\to 1}\left(\frac{x}{x-1}-\frac{1}{x^2-x}\right)=\lim\limits_{x\to 1}\frac{x^2-1}{(x-1)x}=\lim\limits_{x\to 1}\frac{(x-1)(x+1)}{(x-1)x}=\lim\limits_{x\to 1}\frac{x+1}{x}=2$.

二、函数的连续性

自然界中有许多现象，如气温的变化、河水的流动、植物的生长等，都是连续变化的．这种现象在函数关系上的反映，就是函数的连续性．

1. 增量

定义 1 设变量 u 从它的一个初值 u_1 变到终值 u_2，终值与初值的差 u_2-u_1 叫做变量 u 的增量，记为 Δu，即 $\Delta u=u_2-u_1$.

变量的增量也称为变量的改变量或变化量，增量 Δu 可以是正的，也可以是负的．在 Δu 为正时，变量 u 从 u_1 变到 $u_2=u_1+\Delta u$ 是增大的；在 Δu 为负时，变量 u 从 u_1 变到 $u_2=u_1+\Delta u$ 是减小的．

2. $f(x)$在点 x_0 连续的定义

定义 2 设函数 $y=f(x)$在点 x_0 的某邻域内有定义，自变量 x 在点 x_0 取得增量 Δx 时，相应的函数增量为 $\Delta y=f(x_0+\Delta x)-f(x_0)$，若当 $\Delta x\to 0$ 时，极限$\lim\limits_{\Delta x\to 0}\Delta y=0$，则称函数 $f(x)$在点 x_0 连续．

事实上，设 $x=x_0+\Delta x$，则 $\Delta y=f(x_0+\Delta x)-f(x_0)=f(x)-f(x_0)$，且 $\Delta x\to 0$ 就是 $x\to x_0$，故 $f(x)=f(x_0)+\Delta y$，$\lim\limits_{\Delta x\to 0}\Delta y=0$ 等价于$\lim\limits_{x\to x_0}f(x)=f(x_0)$，于是得到函数连续的等价定义．

定义 3 设函数 $y=f(x)$在点 x_0 的某邻域内有定义，若当 $x\to x_0$ 时，极限$\lim\limits_{x\to x_0}f(x)=f(x_0)$，则称函数 $y=f(x)$在点 x_0 连续．

所谓函数 $f(x)$在 x_0 点连续就是指：当 x 无限接近于 x_0 时，函数值 $f(x)$无限接近于 $f(x_0)$，它的直观意义是：函数 $f(x)$不仅在 x_0 点的极限存在，而且这个极限正是 $f(x)$在 x_0 点的函数值，这意味着函数的图形在 x_0 点"联结"起来了．

【例 10】 证明函数 $f(x)=x^2+1$ 在 $x_0=1$ 处连续．

证明：给 $x_0=1$ 处一增量 Δx，则 $\Delta y=f(1+\Delta x)-f(1)=(1+\Delta x)^2+1-1^2-1$

$$=2\Delta x+(\Delta x)^2.$$

因为 $\lim\limits_{\Delta x\to 0}\Delta y=\lim\limits_{\Delta x\to 0}[2\Delta x+(\Delta x)^2]=0$，所以 $f(x)=x^2+1$ 在 $x_0=1$ 处连续．

【例 11】 判断函数 $f(x)=\begin{cases}x^2+1, & x\geqslant 1,\\ 2x, & x<1,\end{cases}$在 $x=1$ 处是否连续．

解：因为 $\lim\limits_{x\to 1^+}f(x)=\lim\limits_{x\to 1^+}(x^2+1)=2$，$\lim\limits_{x\to 1^-}f(x)=\lim\limits_{x\to 1^-}2x=2$，所以 $\lim\limits_{x\to 1}f(x)=2$.

又因为 $f(1)=1^2+1=2$，所以 $\lim\limits_{x\to 1}f(x)=f(1)$，

所以 $f(x)=\begin{cases}x^2+1, & x\geqslant 1,\\ 2x, & x<1,\end{cases}$在 $x=1$ 处连续．

课堂练习

求下列极限：

(1) $\lim\limits_{x\to 1}\dfrac{x^2-1}{2x^2-x-1}$；　　(2) $\lim\limits_{x\to 0}\dfrac{x^2}{1-\sqrt{1+x^2}}$；

(3) $\lim\limits_{x\to\infty}\dfrac{2x+3}{6x-1}$；　　(4) $\lim\limits_{x\to 2}\dfrac{x^2+5}{x-3}$.

课外作业

1. 求下列极限：

(1) $\lim\limits_{x\to 1}\dfrac{x+1}{2x-3}$；　　(2) $\lim\limits_{x\to 0}\dfrac{x^2-2x+1}{x^2-1}$；

(3) $\lim\limits_{x\to\infty}\dfrac{4x^3-2x^2+x}{3x^2+2x}$；　　(4) $\lim\limits_{x\to 2}\dfrac{x^2-3x+2}{x^2-4x+3}$.

2. 判断函数 $f(x)=\begin{cases}x^2+1, & x>1,\\ 2x, & x=1,\\ 3x-1, & x<1,\end{cases}$ 在 $x=1$ 处是否连续.

模块二 一元函数微积分

项目一 导数的概念

➤ **学习目标** 理解导数的概念及其几何意义，掌握用导数定义求函数导数的方法

➤ **学习重点** 导数概念以及导数的求法

➤ **学习难点** 导数概念的理解及用定义求导数

一、平面曲线的切线

已知曲线 $y=f(x)$ 过点 $P[x_0, f(x_0)]$，求曲线 $y=f(x)$ 在点 $P[x_0, f(x_0)]$ 处的切线方程．

我们先来学习切线的定义．建立直角坐标系，画出已知曲线 $y=f(x)$ 及它上面的定点 $P[x_0, f(x_0)]$，再在曲线 $y=f(x)$ 上点 P 的附近，任取一点 $Q[x_0+\Delta x, f(x_0+\Delta x)]$，联结 P、Q 两点，得到曲线 $y=f(x)$ 在点 $P[x_0, f(x_0)]$ 处的割线，当点 Q 沿曲线 $y=f(x)$ 无限趋近于点 P 时，称割线 PQ 的极限位置 PT 为曲线 $y=f(x)$ 在点 $P[x_0, f(x_0)]$ 处的切线，如图 2-1 所示．

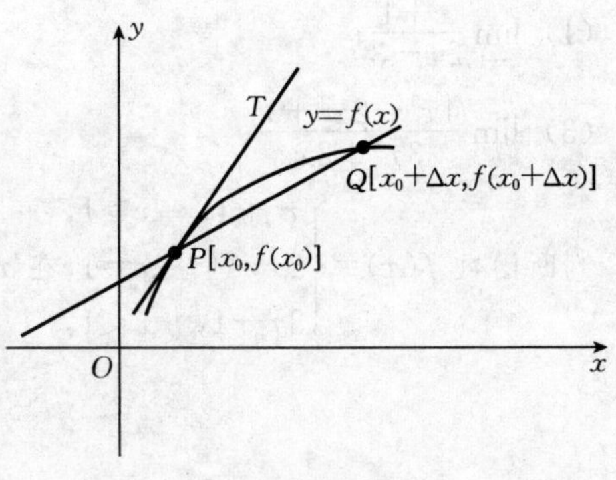

图 2-1

下面我们来求曲线 $y=f(x)$ 在点 $P[x_0, f(x_0)]$ 处的切线．根据切线的定义我们知道割线的极限位置就是切线，因此割线斜率的极限就是切线的斜率．而割线斜率为

$$\frac{\Delta y}{\Delta x}=\frac{f(x_0+\Delta x)-f(x_0)}{\Delta x},$$

且点 Q 沿曲线 $y=f(x)$ 无限趋近于点 P 时，即有 $\Delta x\to 0$，所以切线的斜率

$$k=\lim_{\Delta x\to 0}\frac{f(x_0+\Delta x)-f(x_0)}{\Delta x},$$

代入直线的点斜式方程，切线方程为

$$y-f(x_0)=k(x-x_0).$$

通过对上面具体问题的分析解答，可引入导数的概念．

二、导数的概念

1. 导数的定义

定义　设函数 $y=f(x)$ 在点 x_0 的某邻域内有定义，当自变量 x 在点 x_0 处有增量 $\Delta x(\Delta x\neq 0, x_0+\Delta x$ 仍在该邻域内)时，相应地函数有增量

$$\Delta y=f(x_0+\Delta x)-f(x_0).$$

如果极限 $\lim\limits_{\Delta x\to 0}\dfrac{\Delta y}{\Delta x}$ 存在，则称函数 $y=f(x)$ 在点 x_0 处可导，并称此极限值为函数 $y=f(x)$ 在点 x_0 处的导数，记为

$$f'(x_0),\ y'\Big|_{x=x_0},\ \frac{\mathrm{d}y}{\mathrm{d}x}\Big|_{x=x_0},\ 或\frac{\mathrm{d}f(x)}{\mathrm{d}x}\Big|_{x=x_0},$$

即

$$f'(x_0)=\lim_{\Delta x\to 0}\frac{\Delta y}{\Delta x}=\lim_{\Delta x\to 0}\frac{f(x_0+\Delta x)-f(x_0)}{\Delta x}.$$

如果上述极限不存在，则称函数 $y=f(x)$ 在点 x_0 处不可导．

极限

$$\lim_{\Delta x\to 0^-}\frac{\Delta y}{\Delta x}=\lim_{\Delta x\to 0^-}\frac{f(x_0+\Delta x)-f(x_0)}{\Delta x}=f'_-(x_0),$$

$$\lim_{\Delta x\to 0^+}\frac{\Delta y}{\Delta x}=\lim_{\Delta x\to 0^+}\frac{f(x_0+\Delta x)-f(x_0)}{\Delta x}=f'_+(x_0)$$

分别称为函数 $f(x)$ 在点 x_0 处的左导数和右导数．函数 $y=f(x)$ 在点 x_0 处可导的充分必要条件是 $y=f(x)$ 在点 x_0 处的左导数和右导数都存在且相等．

2. 导函数

如果函数 $y=f(x)$ 在区间 (a, b) 内的每一点都可导，则称函数 $y=f(x)$ 在区间 (a, b) 内可导．这时，对于区间 (a, b) 内每一 x 值，都有唯一确定的导数值 $f'(x)$ 与之对应，这样就确定了一个新的函数，我们称为函数 $y=f(x)$ 的导函数，简称为导数，记作

$$f'(x),\ y',\ \frac{\mathrm{d}y}{\mathrm{d}x},\ \frac{\mathrm{d}f(x)}{\mathrm{d}x}.$$

将导数定义中的 x_0 换成 x，则

$$f'(x)=\lim_{\Delta x\to 0}\frac{\Delta y}{\Delta x}=\lim_{\Delta x\to 0}\frac{f(x+\Delta x)-f(x)}{\Delta x}.$$

函数 $y=f(x)$ 在点 x_0 处的导数 $f'(x_0)$ 是导函数 $f'(x)$ 在点 x_0 处的函数值，即 $f'(x_0)=f'(x)\big|_{x=x_0}$．

3. 求导举例

由导数的定义可知，求函数 $y=f(x)$ 的导数可分为以下四个步骤：

(1) 给增量 Δx；

(2) 求增量 $\Delta y=f(x+\Delta x)-f(x)$；

(3) 算比值 $\dfrac{\Delta y}{\Delta x}=\dfrac{f(x+\Delta x)-f(x)}{\Delta x}$；

(4) 取极限 $y'=\lim\limits_{\Delta x\to 0}\dfrac{\Delta y}{\Delta x}=\lim\limits_{\Delta x\to 0}\dfrac{f(x+\Delta x)-f(x)}{\Delta x}$.

【例 1】 求函数 $f(x)=x^2+1$ 在点 $x_0=1$ 处的导数.

解：给 $x_0=1$ 处一个增量 Δx，

则 $\Delta y=f(1+\Delta x)-f(1)=(1+\Delta x)^2+1-1^2-1=2\Delta x+(\Delta x)^2$，

因为 $\dfrac{\Delta y}{\Delta x}=2+\Delta x$，

所以 $f'(1)=\lim\limits_{\Delta x\to 0}\dfrac{\Delta y}{\Delta x}=\lim\limits_{\Delta x\to 0}(2+\Delta x)=2$.

【例 2】 求函数 $f(x)=x^3$ 的导函数.

解：给 x 处一个增量 Δx，

则 $\Delta y=f(x+\Delta x)-f(x)=(x+\Delta x)^3-x^3$

$=x^3+3\times x^2\Delta x+3x\times(\Delta x)^2+(\Delta x)^3-x^3$

$=3x^2\Delta x+3x(\Delta x)^2+(\Delta x)^3$，

因为 $\dfrac{\Delta y}{\Delta x}=3x^2+3x\Delta x+(\Delta x)^2$，

所以 $f'(x)=\lim\limits_{\Delta x\to 0}\dfrac{\Delta y}{\Delta x}=3x^2$.

三、导数的几何意义

函数 $y=f(x)$ 在 x_0 处的导数 $f'(x_0)$ 就是曲线 $y=f(x)$ 在点 $[x_0, f(x_0)]$ 处的切线斜率，这就是导数的几何意义，如图 2-2 所示.

$$f'(x_0)=\lim_{\Delta x\to 0}\frac{\Delta y}{\Delta x}=\lim_{\Delta x\to 0}\tan\varphi=\tan\alpha.$$

于是 $y=f(x)$ 上 (x_0, y_0) 点处的切线和法线方程分别为

$$y-y_0=f'(x_0)(x-x_0),$$

$$y-y_0=-\frac{1}{f'(x_0)}(x-x_0).$$

若 $f(x)$ 在 x_0 处连续，而 $\lim\limits_{\Delta x\to 0}\dfrac{\Delta y}{\Delta x}$ 不存在，则 $f(x)$ 在 x_0 处的导数不存在，这时 $[x_0, f(x_0)]$ 处的切线方程为 $x=x_0$，此时切线垂直于 x 轴.

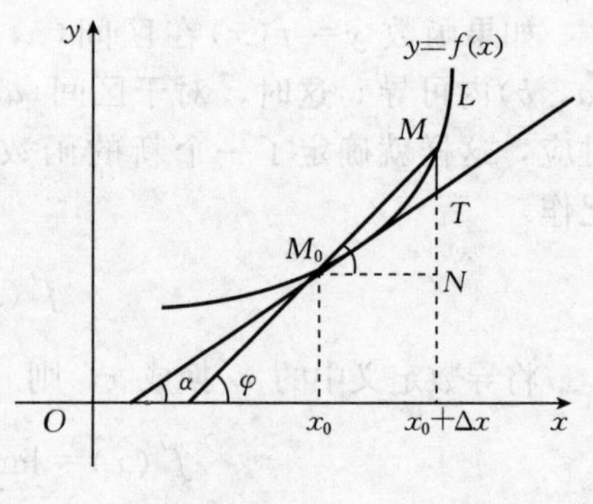

图 2-2

【例 3】 在例 1 的计算基础上，求过曲线 $f(x)=x^2+1$ 上一点(1, 2)处的切线和法线方程.

解：由导数的几何意义知：$k_{切}=f'(1)=2$，$k_{法}=-\dfrac{1}{2}$，根据点斜式方程得：

切线和法线的方程分别为

$y-2=2(x-1)$，$y-2=-\dfrac{1}{2}(x-1)$.

课堂练习

根据导数的定义，求下列函数在指定点的导数：

(1) $y=\sqrt{x}$，$x_0=1$；　　(2) $y=\dfrac{1}{x}$，$x_0=2$.

课外作业

1. 根据导数的定义，求下列函数在指定点的导数：

(1) $y=x^2-2$，$x=3$；　　(2) $y=\dfrac{2}{x}$，$x=1$.

2. 一质点做直线运动，其运动方程为 $s=3t^2+1$，求 $t=2$ 时的瞬时速率．
3. 求曲线 $y=x^3$ 在 $x=2$ 处的切线、法线方程．
4. 曲线 $y=x^{\frac{3}{2}}$ 上哪一点切线与直线 $y=3x-1$ 平行．

项目二　求导法则

➤ **学习目标**　熟练掌握导数的计算公式及求导法则，会正确计算函数的导数

➤ **学习重点**　正确求函数的导数

➤ **学习难点**　求较复杂函数的导数

一、导数的四则运算法则

定理 1　设函数 $u(x)$ 与 $v(x)$ 在点 x 处可导，则它们的和、差、积、商(分母为零的点除外)都在点 x 处可导，且有如下的求导法则：

(1) $(u\pm v)'=u'\pm v'$；

(2) $(uv)'=u'v+uv'$；

(3) $\left(\dfrac{u}{v}\right)'=\dfrac{u'v-uv'}{v^2}(v\neq 0)$.

特别的，当 $v(x)=C$(C 为常数)，由法则(2)可得以下推论：

推论 1　若 $v(x)=C$(C 为常数)，则 $(Cu(x))'=Cu'(x)$

推论 2 $\left(\frac{C}{u(x)}\right)'=-\frac{Cu(x)'}{u^2(x)}$.

二、基本初等函数的导数公式

(1) $(C)'=0$(C是常数)；

(2) $(x^n)'=nx^{n-1}$；

(3) $(\log_a x)'=\frac{1}{x\ln a}$；

(4) $(\ln x)'=\frac{1}{x}$；

(5) $(a^x)'=a^x\ln a$；

(6) $(e^x)'=e^x$；

(7) $(\sin x)'=\cos x$；

(8) $(\cos x)'=-\sin x$；

(9) $(\cot x)^2=-\frac{1}{\sin^2 x}=-\csc^2 x$；

(10) $(\tan x)'=\frac{1}{\cos^2 x}=\sec^2 x$；

(11) $(\arcsin x)'=\frac{1}{\sqrt{1-x^2}}$；

(12) $(\arccos x)'=-\frac{1}{\sqrt{1-x^2}}$；

(13) $(\arctan x)'=\frac{1}{1+x^2}$；

(14) $(\text{arccot}\, x)'=-\frac{1}{1+x^2}$.

【例 1】 设 $y=x^3+\sin x+7$，求 y'.

解：$y'=(x^3+\sin x+7)'=(x^3)'+(\sin x)'+(7)'=3x^2+\cos x$.

【例 2】 设 $y=\sqrt{x}-\log_3 x$，求 y'.

解：$y'=(\sqrt{x}-\log_3 x)'=(\sqrt{x})'-(\log_3 x)'=\frac{1}{2\sqrt{x}}-\frac{1}{x\ln 3}$.

【例 3】 设 $y=4\cos x$，求 y'.

解：$y'=(4\cos x)'=4(\cos x)'=-4\sin x$.

【例 4】 设 $y=x\cdot\sin x\cdot\ln x$，求 y'.

解：
$$\begin{aligned}y'&=(x\sin x\ln x)'\\&=(x)'\sin x\ln x+x(\sin x)'\ln x+x\sin x(\ln x)'\\&=\sin x\ln x+x\cos x\ln x+\sin x.\end{aligned}$$

【例 5】 设 $y=\frac{1}{\ln x}$，求 y'.

解：$y'=\left(\frac{1}{\ln x}\right)'=-\frac{(\ln x)'}{\ln^2 x}=-\frac{1}{x\ln^2 x}$.

【例 6】 设 $y=\frac{1+\sin x}{1+\cos x}$，求 y'.

解：
$$\begin{aligned}y'&=\left(\frac{1+\sin x}{1+\cos x}\right)'\\&=\frac{(1+\sin x)'(1+\cos x)-(1+\sin x)(1+\cos x)'}{(1+\cos x)^2}\\&=\frac{\cos x(1+\cos x)-(1+\sin x)(-\sin x)}{(1+\cos x)^2}\\&=\frac{\cos x+\cos^2 x+\sin^2 x+\sin x}{(1+\cos x)^2}\\&=\frac{1+\cos x+\sin x}{(1+\cos x)^2}.\end{aligned}$$

三、复合函数的求导法则

定理 2　设函数 $y=f[\varphi(x)]$，由 $y=f(u)$，$u=\varphi(x)$复合而成，若函数 $u=\varphi(x)$在点 x 处可导，$y=f(u)$在对应点 u 处可导，则复合函数 $y=f(\varphi(x))$在 x 处也可导，且

$$\frac{dy}{dx}=f'(u)\varphi'(x)=f'(\varphi(x))\cdot\varphi'(x)\quad 或\ y'_x=y'_u\cdot u'_x.$$

即：复合函数的导数等于复合函数对中间变量的导数乘以中间变量对自变量的导数．

【例 7】　求下列函数的导数：

(1) $y=\sin^3 x$；　　(2) $y=e^{3x+1}$；

(3) $y=(1+5x)^{10}$；　　(4) $y=\ln\cos x$；

(5) $y=\ln\sin 3x$；　　(6) $y=\sqrt[3]{1-x^2}$．

解：(1) 函数 $y=\sin^3 x$ 可看作由 $y=u^3$ 与 $u=\sin x$ 复合而成的，由复合函数的求导法则得

$$y'=(u^3)'\sin' x=3u^2\cos x=3\sin^2 x\cos x.$$

(2) 函数 $y=e^{3x+1}$ 可看作由 $y=e^u$ 和 $u=3x+1$ 复合而成的，由复合函数的求导法则得

$$y'=(e^u)'(3x+1)'=3e^u=3e^{3x+1}.$$

(3) 函数 $y=(1+5x)^{10}$ 可看作由 $y=u^{10}$ 与 $u=1+5x$ 复合而成的，由复合函数的求导法则得

$$y'=(u^{10})'\cdot(1+5x)'=10u^9\cdot 5=50u^9=50(1+5x)^9.$$

(4) 函数 $y=\ln\cos x$ 可看作由 $y=\ln u$ 与 $u=\cos x$ 复合而成，由复合函数的求导法则得

$$y'=(\ln u)'\cdot(\cos x)'=\frac{1}{u}\cdot(-\sin x)=\frac{1}{\cos x}\cdot(-\sin x)=-\frac{\sin x}{\cos x}=-\tan x.$$

(5) 函数 $y=\ln\sin 3x$ 可看成是由 $y=\ln t$，$t=\sin u$，$u=3x$ 复合而成的，由复合函数的求导法则得

$$y'=(\ln t)'(\sin u)'(3x)'=3\cot 3x.$$

当熟练掌握了复合函数的求导法则后，计算时不必将中间变量写出来．

(6) $$y'=[(1-x^2)^{\frac{1}{3}}]'=\frac{1}{3}(1-x^2)^{\frac{1}{3}-1}(1-x^2)'$$

$$=\frac{1}{3}(1-x^2)^{-\frac{2}{3}}\cdot(-2x)$$

$$=-\frac{2x}{\sqrt[3]{(1-x^2)^2}}.$$

四、隐函数的导数

如果因变量 y 可以用自变量 x 的关系式 $y=f(x)$来表示，这种形式的函数称为显函数．在实际问题中，常常会遇到利用方程表示函数关系的情形，如 $x^2+y^2=R^2$，$e^{xy}-xy=0$ 等，像这样由方程 $F(x,y)=0$ 所确定的函数称为隐函数．

隐函数的求导法则：将方程两边对 x 求导，同时注意 y 是 x 的函数，当遇到 y 的函数时，把 y 看作中间变量，先对中间变量 y 求导，再乘上 y 对 x 的导数 y'，然后求出 y'即可．

【例 8】　隐函数 $xy-e^x+e^y=0$ 的导数．

解：将方程两边对 x 求导，得

$$y+xy'-e^x+e^y y'=0.$$

由上式解出 y'，便得隐函数的导数为

$$y'=\frac{e^x-y}{x+e^x}.$$

【例 9】 求椭圆$\frac{x^2}{4}+\frac{y^2}{16}=1$在点$(\sqrt{2},2\sqrt{2})$处的切线方程．

解：方程两边对 x 求导，得$\frac{x}{2}+\frac{y}{8}y'=0$，所以

$$y'=-\frac{4x}{y}(y\neq 0),\ y'\Big|_{(\sqrt{2},2\sqrt{2})}=-2,$$

因而所求切线方程为

$$y-2\sqrt{2}=-2(x-\sqrt{2}).$$

即

$$2x+y-4\sqrt{2}=0.$$

五、参数方程所确定函数的导数

由参数方程

$$\begin{cases}x=\varphi(t),\\ y=\psi(t)\end{cases}\quad(t\text{ 为参数})$$

所确定的函数关系，称此函数为参数式函数．

对于参数式函数，通常并不需要由参数方程消去参数 t，化为 y 与 x 之间的直接函数关系再求导．事实上，如果 $x=\varphi(t)$ 和 $y=\psi(t)$ 都可导，且 $\varphi'(t)\neq 0$ 则

$$\frac{dy}{dx}=\frac{dy}{dt}\cdot\frac{dt}{dx}=\frac{dy}{dt}\cdot\frac{1}{\frac{dx}{dt}}=\psi'(t)\cdot\frac{1}{\varphi'(t)}=\frac{\psi'(t)}{\varphi'(t)}.$$

【例 10】 求由参数方程(摆线)$\begin{cases}x=a(t-\sin t),\\ y=a(1-\cos t)\end{cases}$ $(0\leqslant t\leqslant 2\pi)$，确定函数 $y=f(x)$ 的导数.

解：由参数方程确定函数的导数公式，得

$$\frac{dy}{dx}=\frac{\frac{dy}{dt}}{\frac{dx}{dt}}=\frac{a\sin t}{a(1-\cos t)}=\frac{\sin t}{1-\cos t}.$$

六、高阶导数

对函数 $f(x)$ 的导数 $f'(x)$ 再求一次导数，就称为函数 $f(x)$ 的二阶导数，记作 $f''(x)$ 或 $\frac{d^2y}{dx^2}$ 即

$$\lim_{\Delta x\to 0}\frac{f'(x+\Delta x)-f'(x)}{\Delta x}=f''(x).$$

类似地，二阶导数 $y''=f''(x)$ 的导数就称为三阶导数，记作

$$y''' \text{或} f'''(x) \text{或} \frac{d^3 y}{dx^3}.$$

三阶导数的导数称为四阶导数，依此类推，函数 $y=f(x)$ 的 $n-1$ 阶导数的导数称为函数 $f(x)$ 的 n 阶导数，记作

$$y^{(4)}, \cdots, y^{(n)} \text{或} f^{(4)}(x), \cdots, f^{(n)}(x) \text{或} \frac{d^4 y}{dx^4}, \cdots, \frac{d^n y}{dx^n}.$$

二阶及二阶以上的导数统称为高阶导数，相应地，把 $y=f(x)$ 的导数 $f'(x)$ 称为函数 $f(x)$ 的一阶导数. 显然，求高阶导数并不需要引入新的公式和法则，只需用一阶导数的公式和法则求导，直到所要求的阶数.

【例 11】　求函数 $y=2x^2+x-5$ 的二阶和三阶导数.

解：$y'=4x+1$，$y''=4$，$y'''=0$.

【例 12】　求函数 $y=e^{-x}\cos x$ 的二阶导数.

解：$y'=-e^{-x}\cos x+e^{-x}(-\sin x)=-e^{-x}(\cos x+\sin x)$.

$y''=e^{-x}(\cos x+\sin x)-e^{-x}(-\sin x+\cos x)=2e^{-x}\sin x$.

【例 13】　设 $y=e^x$，求 $y^{(n)}$.

解：$y'=e^x$，$y''=e^x$，$y'''=e^x$，$y^{(4)}=e^x$，…，$y^{(n)}=e^x$.

课堂练习

求下列函数的导数：

(1) $y=x^3+3\sin x$；

(2) $y=2\sqrt{x}-\frac{1}{x}+6\sqrt{5}$；

(3) $y=x\ln x$；

(4) $y=(2x+3)^5$；

(5) $y=\sin(2x-1)$；

(6) $y=e^{\cos x}$.

课外作业

1. 求下列函数的导数：

(1) $y=\dfrac{x}{\sin x}+\dfrac{\sin x}{x}$；　(2) $y=x\ln x+\dfrac{\ln x}{x}$；

(3) $y=(2x+3)^5$；　(4) $y=\sin\sqrt{x}$；

(5) $y=\cos(xy)$；　(6) $y=1+x\sin y$.

2. 求下列函数在指定点处的导数：

(1) $f(x)=\dfrac{x-\sin x}{x+\sin x}$，求 $f'\left(\dfrac{\pi}{2}\right)$；　(2) $y=\dfrac{\cos x}{2x^3+3}$，求 $y'\Big|_{x=\frac{\pi}{2}}$.

3. 求下列函数的导数：

(1) $y=e^{\ln x}$；　(2) $y=\sqrt{1-x^2}$；

(3) $y=\ln\ln x$；　(4) $y=e^{\ln x}$.

4. 求由下列方程所确定的隐函数的导数 y'：

(1) $y=\cos(x+y)$；　(2) $x^3+y^3-3xy=0$；

(3) $x^{\frac{2}{3}}+y^{\frac{2}{3}}=a^{\frac{2}{3}}$；　(4) $e^y-e^{-x}+xy=0$.

5. 求由下列参数方程所确定函数的导数：

(1) $\begin{cases}x=2e^t,\\ y=e^{-t};\end{cases}$　(2) $\begin{cases}x=\sin t,\\ y=\cos 2t.\end{cases}$

6. 求曲线$\begin{cases}x=\ln\sin t\\ y=\cos t\end{cases}$在 $t=\dfrac{\pi}{2}$ 处的切线方程和法线方程.

7. 求下列函数的二阶导数：

(1) $y=xe^{x^2}$；　(2) $y=\dfrac{e^x}{x}$；

(3) $y=\ln(1+x^2)$；　(4) $y=x\ln x$.

8. 求下列函数的 n 阶导数：

(1) $y=xe^x$；　(2) $y=\ln(1+x)$；

(3) $y=a^x$；　(4) $y=\sin x$.

项目三　微　　分

➤ 学习目标　理解微分的概念，掌握微分的计算方法以及微分在近似计算中的应用，培养应用数学知识解决实际问题的能力

➤ 学习重点　微分概念和微分计算

➤ 学习难点　微分概念的理解以及微分在近似计算的应用

一、微分的概念

【例 1】 边长为 x_0 的正方形均匀铁板，受热膨胀后边长增加了 Δx，如图 2 - 3 所示，问面积 y 改变了多少?

解：正方形铁板原来的面积为

$$y=x_0^2,$$

当边长增加 Δx 时，面积为

$$y=(x_0+\Delta x)^2,$$

则面积的改变量为

$$\Delta y=(x_0+\Delta x)^2-x_0^2=2x_0\Delta x+(\Delta x)^2.$$

上式表明 Δy 包括两部分：第一部分 $2x_0\Delta x$ 是 Δx 的线性函数，第二部分 $(\Delta x)^2$，当 $\Delta x\to 0$ 时，$(\Delta x)^2\to 0$，因此，当 Δx 很小时，我们可以用 $2x_0\Delta x$ 来近似地代替 Δy，由此引入微分的概念.

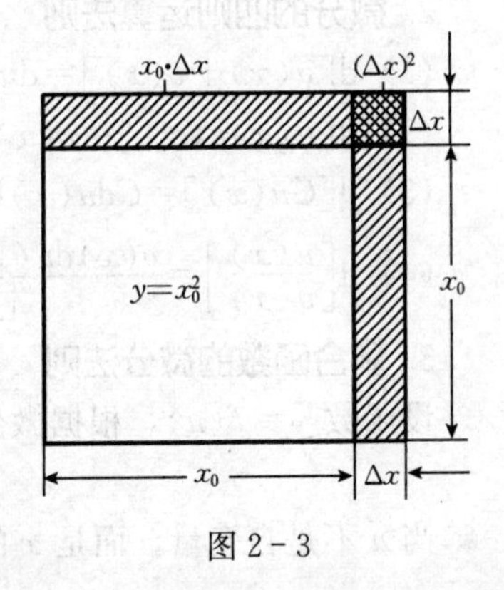

图 2 - 3

定义 如果函数 $y=f(x)$ 在点 x 的增量 $\Delta y=f(x+\Delta x)-f(x)$ 可以表示为

$$\Delta y=A\Delta x,$$

其中 A 是与 Δx 无关的常数，那么称函数 $y=f(x)$ 在点 x 处可微，并称 $A\Delta x$ 为该函数在点 x 处的微分，记作 $\mathrm{d}y$，即 $\mathrm{d}y=A\Delta x$.

定理 如果函数 $y=f(x)$ 在点 x 处可微，则函数在点 x 处可导，且 $\mathrm{d}y=f'(x)\Delta x$，反之，如果函数 $y=f(x)$ 在点 x 处可导，则函数 $y=f(x)$ 在点 x 处可微．特别地，当 $y=x$ 时，$y'=1$，$\mathrm{d}x=\Delta x$，所以通常将自变量的增量称为函数的微分，于是有

$$\mathrm{d}y=f'(x)\mathrm{d}x.$$

即函数的微分等于函数的导数乘以自变量的微分.

上式中，$\mathrm{d}x$ 与 $\mathrm{d}y$ 都有确定的含义，它们分别是自变量与函数的微分，因此，有

$$\mathrm{d}y=f'(x)\mathrm{d}x\text{，可得 }f'(x)=\frac{\mathrm{d}y}{\mathrm{d}x}.$$

即函数的导数等于函数的微分与自变量微分之商，因而导数也称微商.

这样，求函数的微分只要先求出这个函数的导数，再乘以自变量的微分即可.

二、微分的运算

1. 微分的基本公式

(1) $\mathrm{d}(C)=0$；

(2) $\mathrm{d}(x^n)=nx^{n-1}\mathrm{d}x$；

(3) $\mathrm{d}(a^x)=a^x\ln a\mathrm{d}x$；

(4) $\mathrm{d}(\mathrm{e}^x)=\mathrm{e}^x\mathrm{d}x$；

(5) $\mathrm{d}(\log_a x)=\dfrac{1}{x\ln a}\mathrm{d}x$；

(6) $\mathrm{d}(\ln x)=\dfrac{1}{x}\mathrm{d}x$；

(7) $\mathrm{d}(\sin x)=\cos x\mathrm{d}x$；

(8) $\mathrm{d}(\cos x)=-\sin x\mathrm{d}x$；

(9) $\mathrm{d}(\tan x)=\dfrac{1}{\cos^2 x}\mathrm{d}x=\sec^2 x\mathrm{d}x$；

(10) $\mathrm{d}(\cot x)=-\dfrac{1}{\sin^2 x}\mathrm{d}x=-\csc^2 x\mathrm{d}x$；

(11) $d(\arcsin x)=\frac{1}{\sqrt{1-x^2}}dx$； (12) $d(\arccos x)=\frac{1}{\sqrt{1-x^2}}dx$；

(13) $d(\arctan x)=\frac{1}{1+x^2}dx$； (14) $d(\text{arccot}\, x)=-\frac{1}{1+x^2}dx$.

2. 微分的四则运算法则

(1) $d[u(x)+v(x)]=du(x)+dv(x)$；

(2) $d[u(x)v(x)]=v(x)du(x)+u(x)dv(x)$；

(3) $d[Cu(x)]=Cdu(x)$（C 为任意常数）；

(4) $d\left[\frac{u(x)}{v(x)}\right]=\frac{v(x)du(x)-u(x)dv(x)}{[v(x)]^2}$.

3. 复合函数的微分法则

设函数 $y=f(u)$，根据微分的定义，当 u 是自变量时，函数 $y=f(u)$ 的微分是

$$dy=f'(u)du. \tag{1}$$

当 u 不是自变量，而是 x 的可导函数 $u=\varphi(x)$ 时，复合函数 $y=f[\varphi(x)]$ 的微分为

$$dy=f'(u)\varphi'(x)dx,$$

而 $\varphi'(x)dx=du$，所以有

$$dy=f'(u)du. \tag{2}$$

(1) 式与(2)式中，变量 u 的意义不同，但从形式上看，两式完全相同，即不论 u 是自变量还是中间变量，函数 $y=f(u)$ 的微分总保持同一形式 $dy=f'(u)du$，这一性质称为一阶微分形式不变性．

【例 2】 求函数 $y=\sqrt[3]{x}$ 在 $x=1$ 当 $\Delta x=0.003$ 时的微分．

解：$y'=(\sqrt[3]{x})'=\frac{1}{3}x^{-\frac{2}{3}}$，

$y'|_{x=1}=\frac{1}{3}$，

$dy|_{x=1}=\frac{1}{3}\times 0.003=0.001$.

【例 3】 求下列函数的微分：

(1) $y=x\ln x$； (2) $y=e^{\cos x}$； (3) $y=\ln\sin\frac{x}{2}$.

解：(1) $y'=\ln x+x\cdot\frac{1}{x}=\ln x+1$，

$dy=(\ln x+1)dx$；

(2) $y'=-\sin x e^{\cos x}$，

$dy=-\sin x e^{\cos x}dx$；

(3) $y'=\frac{1}{\sin\frac{x}{2}}\cos\frac{x}{2}\cdot\frac{1}{2}=\frac{1}{2}\cot\frac{x}{2}$，

$dy=\frac{1}{2}\cot\frac{x}{2}dx$.

【例 4】 求 $y=\sin(2x+1)$ 的微分．

解 1：$dy=[\sin(2x+1)]'dx=(2x+1)'\cos(2x+1)dx=2\cos(2x+1)dx$；

解 2：$dy=d\sin(2x+1)=\sin(2x+1)'d(2x+1)=2\cos(2x+1)dx$.

三、微分在近似计算中的应用

我们已经知道，函数 $y=f(x)$ 在点 $x=x_0$ 的增量 $\Delta y=f(x+\Delta x)-f(x)$，当 $|\Delta x|$ 很小时，可以用函数的微分 dy 来近似代替，即

$$\Delta y=f(x_0+\Delta x)-f(x_0)\approx dy=f'(x_0)\Delta x. \tag{1}$$

一般来说，$|\Delta x|$ 越小，近似的精确度越高，由于 dy 较 Δy 容易计算，所以上式很有实用价值，下面从两个方面讨论微分在近似计算中的应用.

1. 计算函数增量的近似值

由(1)式可得

$$\Delta y\approx f'(x_0)\Delta x. \tag{2}$$

【例 5】　半径为 10 cm 的金属圆球加热后，半径伸长了 0.05 cm，求体积增大的近似值.

解：设圆球的体积为 V，半径为 R，由球的体积公式 $V=\frac{4}{3}\pi R^3$ 得

$$\Delta V\approx dV=4\pi R^2\Delta R=400\pi\times 0.05\approx 62.8319(\text{cm}).$$

2. 计算函数值的近似值

由(1)式得

$$f(x_0+\Delta x)-f(x_0)\approx f'(x_0)\Delta x,$$

即

$$f(x)\approx f(x_0)+f'(x_0)(x-x_0). \tag{3}$$

【例 6】　求 $\sqrt{8.9}$ 的近似值.

解：首先要把 $\sqrt{8.9}$ 看作函数 $f(x)=\sqrt{x}$，当 $x=8.9$ 时的函数值，这一步称为选函数，第二步选 $x_0=9$，它与 8.9 比较接近，且 $f(x_0)$ 与 $f'(x_0)$ 容易计算，第三步公式中所需各项的值

$$f(x)=\sqrt{x},\ f'(x)=\frac{1}{2\sqrt{x}},\ f(9)=3,\ f'(9)=\frac{1}{6},\ x=8.9,\ x-x_0=-0.1,$$

代入公式得

$$\sqrt{8.9}\approx f(9)+f'(9)(-0.1)\approx 2.98.$$

3. 利用微分估计误差

在实际工作，特别是实验中，常常会遇到估计误差的问题. 例如要测量球的体积往往先测量出球的直径，由球的体积公式 $V=\frac{1}{6}\pi D^3$，计算球的体积. 由于在测量直径 D 时有误差，因而计算球的体积时也会有误差. 直径 D 的测量误差可由测量工具知道，那么，由直径的误差所引起的球的体积的误差，就称为间接误差.

一般地说误差有两种，即绝对误差和相对误差.

(1) 若量的实际值为 A，它的近似值为 a，则称 $|A-a|$ 为 a 的绝对误差；而绝对误差与近似值之比称为相对误差，即 $\frac{|A-a|}{|a|}$ 称为 a 的相对误差.

(2) 对于函数 $y=f(x)$，设自变量的近似值为 x，若 x 与自变量实际值的误差为 Δx，

那么由 x 确定的函数近似值 $f(x)$ 与函数的实际值误差为 Δy.

通常称 $|\Delta x|$ 为自变量 x 的相对误差，$|\Delta y|$ 为函数 y 的绝对误差，$\left|\frac{\Delta x}{x}\right|$ 为自变量的相对误差，$\left|\frac{\Delta y}{y}\right|$ 为函数的相对误差，在 $|\Delta x|$ 很小时，$\Delta y\approx \mathrm{d}y$，因此可用 $\left|\frac{\mathrm{d}y}{y}\right|$ 代替 $\left|\frac{\Delta y}{y}\right|$，相对误差一般用百分数表示．

【例 7】 甲轴的设计长度为 120 mm，加工后的测量长度为 120.03 mm；乙轴的设计长度为 12 mm，加工后的测量长度为 12.03 mm. 哪根轴加工更精确．

解：甲轴的绝对误差为

$$|120-120.03|=0.03.$$

乙轴的绝对误差为

$$|12-12.03|=0.03.$$

虽然绝对误差相同，但两轴的精确度实际上不相同，因为甲轴的相对误差为

$$\left|\frac{0.03}{120.03}\right|\approx 0.025\%,$$

乙轴的相对误差为

$$\left|\frac{0.03}{12.03}\right|\approx 0.25\%.$$

显然，甲轴的相对误差比乙轴的小得多，因此甲的精确度比乙的高得多．

【例 8】 多次测量一根圆钢，测得它的直径平均值为 $D=50$ mm，绝对误差的平均值为 0.04 mm，试计算圆钢的截面积，并估算它的误差．

解：圆钢的截面积为

$$S=\frac{\pi}{4}D^2=\frac{\pi}{4}\times 50^2\approx 1963.5(\mathrm{mm}^2).$$

S 的绝对误差为

$$|\Delta S|\approx|\mathrm{d}S|=|S'\cdot\Delta D|=\left|\frac{\pi}{2}D\cdot\Delta D\right|=\frac{\pi}{2}\times 50\times 0.04\approx 3.14(\mathrm{mm}^2),$$

相对误差为

$$\left|\frac{\Delta S}{S}\right|=\left|\frac{\frac{\pi}{2}D\cdot\Delta D}{\frac{\pi}{4}D^2}\right|=\left|2\cdot\frac{\Delta D}{D}\right|\approx\frac{1}{625}=0.16\%.$$

所以圆钢截面积的近似值为 1 963.5 mm^2，绝对误差为 3.14 mm^2，相对误差为 0.16%.

课堂练习

1. 已知 $y=x^3-x$，计算当 $x=2$，Δx 分别等于 1，0.1，0.01 时的 Δy 及 $\mathrm{d}y$ 的值．

2. 求下列函数的微分：

(1) $y=\ln(2x+3)$；

(2) $y=2x+xe^{x}$；

(3) $y=\frac{1}{x}+2\sqrt{x}$；

(4) $y=e^{-x}\cos x$.

课外作业

1. 求下列函数的微分：

(1) $y=2x^{3}-6x^{2}+3x$；

(2) $y=\frac{1}{x}+2\sqrt{x}$；

(3) $y=x\sin 3x$；

(4) $y=\ln\sin 2x$；

(5) $y=(e^{x}+e^{-x})^{2}$；

(6) $y=\ln\sqrt{1-x^{2}}$；

(7) $y=\cos(1-3x)$；

(8) $y=\tan(1+2x^{2})$.

2. 计算 $\sin 29°$ 的近似值 .
3. 计算 $\sqrt[3]{998}$ 的近似值 .
4. 如果半径为 15 cm 的球的半径伸长 2 mm，球的体积约扩大多少？
5. 有一立方体的铁箱，测得其边长为 70 cm，已知边长的误差为 0.1 cm，求体积的绝对误差和相对误差 .

项目四　导数的应用

> 学习目标

- 掌握函数单调性的判断方法及单调区间的求法
- 掌握函数的极值及极值点的判断方法和求法
- 掌握函数的最大(小)值的判断方法，了解最大(小)值在解决实际问题中的基本思路

> 学习重点

- 掌握函数极值的判断方法
- 掌握函数最大(小)值的求法

> 学习难点　函数极值与最大(小)值在实际中的应用

一、函数的单调性及判断

单调性是函数的重要性质，但是利用函数单调性的定义来讨论函数的单调性往往是比较困难的，特别是函数单调区间的划分．下面我们介绍利用导数来判断函数单调性及单调区间的一种方法．

定理 1　设函数在闭区间$[a, b]$上连续，在开区间(a, b)内可导，则有

(1) 若在(a, b)内$f'(x)>0$，则函数在$[a, b]$上单调增加；

(2) 若在(a, b)内$f'(x)<0$，则函数在$[a, b]$上单调减少．

由定理可知，函数单调增加和单调减少区间的分界点可能是$f'(x)=0$的点(称为驻点)或$f'(x)$不存在的点(称为不可导点)．

由此可得确定函数单调性的一般步骤：

(1) 确定函数的定义域；

(2) 求出使$f'(x)=0$的点或不存在的点；

(3) 用这些点将函数的定义域划分成若干子区间；

(4) 再利用定理判断各个子区间中导数的符号；

(5) 写出最后的结论．

【例 1】　求函数$f(x)=6x^4-8x^3-12x^2+24x$的驻点．

解：

$$f'(x)=24(x^3-x^2-x+1).$$

令$f'(x)=0$，即$(x-1)^2(x+1)=0$，解得$x=1$，$x=-1$．

所以函数的驻点是$x=1$，$x=-1$．

【例 2】　讨论函数$f(x)=x^3-6x^2+9x-2$的单调性．

解：函数的定义域是$(-\infty, +\infty)$，

$$f'(x)=3x^2-12x+9=3(x-1)(x-3).$$

令$f'(x)=0$，得驻点$x=1$，$x=3$，没有不可导点．用$x=1$，$x=3$作为分点，将定义域分成三个区间，列于表 2-1．

表 2-1

x	$(-\infty, 1)$	1	$(1, 3)$	3	$(3, +\infty)$
$f'(x)$	+	0	−	0	+
$f(x)$	单调增加		单调减少		单调增加

由表 2-1 可知，函数$f(x)$在$(-\infty, 1)$和$(3, +\infty)$上单调增加，在$(1, 3)$上单调减少．

【例 3】　讨论函数$f(x)=\sqrt[3]{x^2}$的单调性．

解：函数的定义域是$(-\infty, +\infty)$，且$f'(x)=\dfrac{2}{3\sqrt[3]{x}}$．

当$x=0$时，函数导数不存在，而在$(-\infty, +\infty)$内没有驻点，所以用不可导点作为分点，将定义域分成两个子区间，列于表 2-2．

表 2-2

x	$(-\infty, 0)$	0	$(0, +\infty)$
$f'(x)$	$-$	不存在	$+$
$f(x)$	单调减少		单调增加

由表 2-2 可知，函数 $f(x)$在$(-\infty, 0)$上单调增加，在$(0, +\infty)$上单调减少.

二、函数的极值及其求法

设函数 $y=f(x)$的图像如图 2-4 所示，可以看出函数在 x_1，x_3 点处的函数值 $f(x_1)$，$f(x_3)$比其相邻的点的函数值都大；而在点 x_2，x_4 处的函数值 $f(x_2)$，$f(x_4)$比其相邻的点的函数值都小. 为研究问题的方便，我们称它们为极值.

定义 1　设函数 $f(x)$在点 x_0 的某个邻域内有定义，如果对于此邻域内的任意一点 $x(x\neq x_0)$都有 $f(x)<f(x_0)$，则称 $f(x_0)$是函数 $f(x)$的一个极大值；设函数在点 x_0 的某个邻域内有定义，如果对于此邻域内的任意一点 $x(x\neq x_0)$都有 $f(x)>f(x_0)$，则称 $f(x_0)$是函数 $f(x)$的一个极小值.

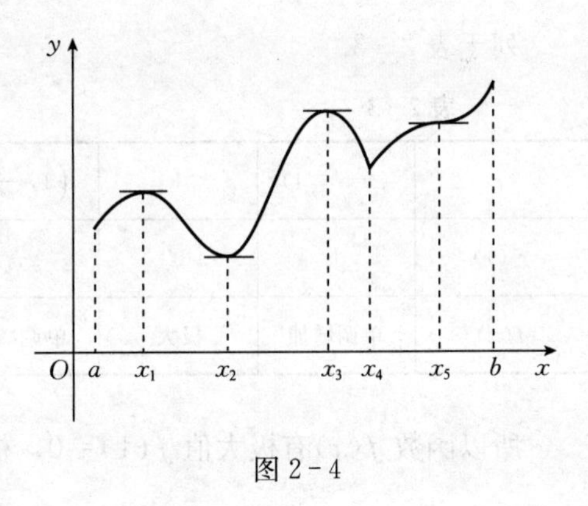

图 2-4

把极大值与极小值统称为极值，把取得极大值处的点称为极大值点，取得极小值处的点称为极小值点，如图 2-4 中，点 x_1，x_3 都称为极大值点；x_2，x_4 都称为极小值点，并且把极大值点与极小值点统称为极值点.

说明：

(1) 极值是一个局部概念；

(2) 极大值与极小值无法比较大小，也就是说，极大值不一定比极小值大，极小值不一定比极大值小.

(3) 极值往往是不唯一的，即一个函数可能有几个极大值和极小值.

(4) 函数的极值不可能在区间的端点处取得.

知道了极值及极值点，我们如何判断并求函数的极值呢?

定理 2　(极值存在的必要条件)若函数 $f(x)$在点 x_0 处可导，且在 x_0 处取得极值，则 $f'(x_0)=0$.

由极值的必要条件知，可导函数的极值点必定是它的驻点，但其逆不真，即函数的驻点不一定是它的极值点. 另外，函数还可能在它的不可导点取得极值. 综合上述，函数的极值点包含于它的驻点及不可导点之中.

定理 3　(极值判定的第一充分条件)设函数 $f(x)$在点 x_0 处连续，且在点 x_0 的某一个去心邻域内可导. 若在点 x_0 的左侧邻近有 $f'(x_0)>0$，在右侧邻近有 $f'(x_0)<0$，则称函

数 $f(x)$在点 x_0 处取得极大值；若在点 x_0 的左侧邻近有 $f'(x_0)<0$，在右侧邻近有 $f'(x_0)>0$，则称函数 $f(x)$在点 x_0 处取得极小值；若在点 x_0 左右邻近 $f'(x_0)$具有相同的符号，则函数 $f(x)$在点 x_0 处无极值．

由此可得求连续函数的极值的步骤：

(1) 确定函数的定义域；

(2) 求出使 $f'(x)=0$ 和 $f'(x)$不存在的点，即求出定义域内所有的驻点与不可导点；

(3) 用这些点将函数的定义域分成若干子区间；

(4) 根据定理判断各子区间内导数的符号，确定极值点，并求出极值．

【例 4】 求函数 $f(x)=(x-2)^3(x-1)^2$ 的极值．

解：函数的定义域是$(-\infty, +\infty)$，且

$$f'(x)=(x-2)^2(x-1)(5x-7).$$

令 $f'(x)=0$，得驻点 $x=1$，$x=2$，$x=\frac{7}{5}$.

列于表 2 - 3.

表 2 - 3

x	$(-\infty, 1)$	1	$\left(1, \frac{7}{5}\right)$	$\frac{7}{5}$	$\left(\frac{7}{5}, 2\right)$	2	$(2, +\infty)$
$f'(x)$	+	0	−	0	+	0	+
$f(x)$	单调增加	极大	单调减少	极小	单调增加		单调增加

所以函数 $f(x)$有极大值 $f(1)=0$，极小值 $f\left(\frac{7}{5}\right)=-\frac{108}{3125}$.

【例 5】 求 $f(x)=x-\frac{3}{2}x^{\frac{2}{3}}$ 的极值．

解：函数的定义域为$(-\infty, +\infty)$，

$$f'(x)=1-x^{-\frac{1}{3}}=\frac{x^{\frac{1}{3}}-1}{x^{\frac{1}{3}}},$$

当 $x=1$ 时，$f'(x)=0$，$x=0$ 时，$f'(x)$不存在．

列于表 2 - 4.

表 2 - 4

x	$(-\infty, 0)$	0	$(0, 1)$	1	$(1, +\infty)$
y'	+	不存在	−	0	+
y	↗	0 极大值	↘	$-\frac{1}{2}$ 极小值	↗

函数 $f(x)$有极大值 $f(0)=0$，有极小值 $f(1)=-\frac{1}{2}$.

定理 4 (极值判定的第二充分条件)设函数 $f(x)$在点 x_0 处具有二阶导数，且

$f'(x)=0$，$f''(x)\neq 0$，则点 x_0 是函数的极值点，且当 $f''(x)<0$ 时，函数 $f(x)$ 在点 x_0 取得极大值；当 $f''(x)>0$ 时，函数 $f(x)$ 在点 x_0 取得极小值．

【例 6】　求函数 $f(x)=x^3-3x$ 的极值．

解：函数的定义域是 $(-\infty,\ +\infty)$，且

$$f'(x)=3x^2-3=3(x-1)(x+1),\ f''(x)=6x.$$

令 $f'(x)=0$，得驻点 $x=1$，$x=-1$．

由于 $f''(-1)<0$，$f''(1)>0$，所以函数有极大值 $f(-1)=2$ 和极小值 $f(1)=-2$．

三、函数的最大值与最小值

定义 2　(1) 设 x_0 是函数 $f(x)$ 定义域区间 I 上的一点，对于任意的 $x\in I$，恒有 $f(x_0)\geqslant f(x)$ 成立，则称函数 $f(x)$ 在点 x_0 处达到最大值 $f(x_0)$，x_0 称为函数的最大值点；

(2) 设 x_0 是函数 $f(x)$ 定义域区间 I 上的一点，对于任意的 $x\in I$，恒有 $f(x_0)\leqslant f(x)$ 成立，则称函数 $f(x)$ 在点 x_0 处达到最小值 $f(x_0)$，x_0 称为函数的最小值点．

通常把函数的最大值和最小值统称为函数的最值，最大值点和最小值点统称为函数的最值点．

在实际问题和很多学科领域中，经常会涉及求函数最值的问题，如在一定条件下的用料最省、成本最低、时间最短、效益最大等问题．下面以闭区间上连续函数的最大(小)值和实际问题中最大(小)值的求法为例加以说明．

1. 函数在闭区间上的最大值和最小值的求法

求连续函数在闭区间上的最大(小)值的步骤：

(1) 求出函数在 $(a,\ b)$ 所有可能的极值点(驻点与不可导点)；

(2) 求出函数 $f(x)$ 在这些点及两个端点处的函数值，比较它们的大小，其中最大者为函数 $f(x)$ 在 $[a,\ b]$ 上的最大值，最小者为函数 $f(x)$ 在 $[a,\ b]$ 上的最小值．

【例 7】　求函数 $f(x)=2x^3+3x^2-12x+14$ 在区间 $[-3,\ 3]$ 上的最大值与最小值．

解：
$$f'(x)=6x^2+6x-12=6(x-1)(x+2).$$

令 $f'(x)=0$，得驻点 $x=1$，$x=-2$，计算驻点及端点上的函数值

$$f(1)=7,\ f(-2)=34,\ f(-3)=-28,\ f(3)=59.$$

比较得函数 $f(x)$ 在区间 $[-3,\ 3]$ 上的最大值为 $f(3)=59$，最小值为 $f(1)=7$．

2. 实际问题中的最大值与最小值

【例 8】　(容积最大)如图 2-5 所示，将一块边长为 a 的正方形铁皮，从每个角截去同样的小正方形，然后把四边折起来，成为一个无盖的方盒，为其容积最大，问截去的小正方形的边长为多少？

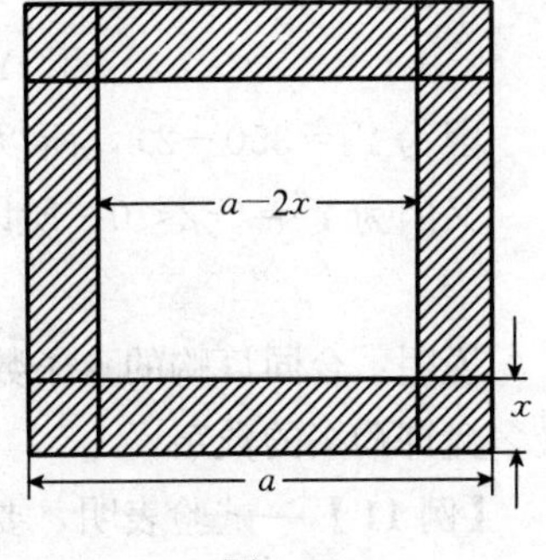

图 2-5

解：设截去的小正方形的边长为 x，则方盒的容积为

$$V=(a-2x)^2x,\ \left(0<x<\frac{a}{2}\right).$$

$$V'=-4x(a-2x)+(a-2x)^2=(a-2x)(a-6x).$$

令 $V'=0$，得驻点 $x=\frac{a}{6}$，$x=\frac{a}{2}$(不合题意，舍去).

由于 V 在 $\left(0, \frac{a}{2}\right)$ 内只有一个驻点，且盒子的最大容积是存在的，所以当 $x=\frac{a}{6}$ 时，V 取得最大值，即方盒的最大容积.

【例 9】 (易拉罐的设计)如果把易拉罐视为圆柱体，是否注意到大饮料公司出售的易拉罐的半径与高之比是多少？不妨测量一下，为什么这些公司会选择这种比例呢？若要设计一个容积为 500 ml 的圆柱形容器，当其底面积半径与高之比为多少时容器所耗材料最少？

分析：企业常考虑最低的成本并获取最高的利润，当设计易拉罐时，大饮料公司除考虑外包装的美观之外，还必须考虑在容积一定(一般为 250 ml)的情况下，所用材料最少(表面积最小)、焊接或加工制作费最低等.

解：设其底面半径为 r，高为 h，其面积为

$$S=2\pi rh+2\pi r^2,$$

容积为

$$V=500=\pi r^2 h,$$

即 $h=\frac{500}{\pi r^2}$，代入 $S=2\pi rh+2\pi r^2$，得表面积

$$S=\frac{1000}{r}+2\pi r^2,$$

求导

$$S'=\frac{-1000}{r^2}+4\pi r.$$

当 $S'=0$，得唯一驻点 $r=\left(\frac{500}{2\pi}\right)^{\frac{1}{3}}$，因为此问题的最小值一定存在，此驻点即为最小值点，将 $r=\left(\frac{500}{2\pi}\right)^{\frac{1}{3}}$ 代入 $500=\pi r^2 h$，得 $h=\left(\frac{2000}{\pi}\right)^{\frac{1}{3}}$ 即 $\frac{r}{h}=\frac{1}{2}$.

故当底面积半径与高之比为 1∶2 时，所用材料最少.

【例 10】 (最大收益)某公司规定：对小于或等于 150 个盒子的订购合同，每个盒子售价定为 200 元；对超出 150 个盒子的订购合同，每个盒子的售价比原来减少 α 元. 试问订购多少盒子的合同使公司收益最大？

分析：设 x 代表销售的盒子数，收益用 Y 代表，Y=盒子销售数×每个盒子的售价.

解：设 $x>150$，则

$$Y=x[200-(x-150)]=350x-x^2.$$

因为 $Y'=350-2x$，所以令 $Y'=0$，则有 $x=175$.

又因为 $Y''=-2<0$，所以收益最大.

$$Y=350\times 175-175^2=30625.$$

说明：合同订购的盒子数超出 175，公司的收益开始减少，所以该公司把这个数字作为最多允许购买的数字.

【例 11】 试验表明，要分离经常接合式离合器，必须在压紧套筒上施加作用力 $P=mc(s_p^2-s^2)s$，式中 m 为刚性系数，c 为与压紧机构有关的常数，s_p 为闭合行程，s 为压紧套

筒的行程．

分析：由作用力的式子可见，P 是 s 的函数．在工作行程开始时 $s=s_p$，所以 $P=0$，此时表明在压紧套筒上尚未受到压紧力的作用；当套筒位于死点位置时，即 $s=0$ 时，则 $P=0$；当套筒超出死点位置时，即 $s>s_p$，则套筒上的力变为负值．

解：对 P 关于 s 求导，得

$$P'=[mc(s_p^2-s^2)s]'=mc(s_p^2-3s^2).$$

令 $P'=0$，即

$$mc(s_p^2-3s^2)=0,$$

得

$$s\approx\sqrt{\frac{s_p^2}{3}}\approx 0.5787s_p.$$

【例 12】　(材料最小)某车间要生产一批带盖的圆柱形铁桶，要求每个铁桶的容积为定值，怎样设计才能使材料最省？

分析：首先应该建立在容积为定值的条件下，表面积与底面半径之间的函数关系，结合容积与底面半径关系．

解：设容积定值为 V，底面半径为 r，表面积为 S，圆柱体的高为 h.

$$S=2\pi r^2+2\pi rh, \tag{1}$$

$$V=\pi r^2 h. \tag{2}$$

由(2)式，得

$$h=\frac{V}{\pi r^2}.$$

将 $h=\frac{V}{\pi r^2}$ 代入(1)，得

$$S=2\pi r^2+\frac{2V}{r},\ (r>0).$$

求导数

$$S'=4\pi r-\frac{2V}{r^2}=\frac{4\pi r^3-2V}{r^2}.$$

令 $S'=0$，得 $r=\sqrt[3]{\frac{V}{2\pi}}$.

根据前面的分析，最小表面积 S 一定存在，而且在$(0,+\infty)$内取得．所以当 $r=\sqrt[3]{\frac{V}{2\pi}}$ 时，S 的值最小，这时铁桶的高 $h=\frac{V}{\pi r^2}=\frac{Vr}{\pi r^3}=2r$.

课堂练习

1. 判断下列函数的单调性：

(1) $y=4x^3-9x^2+6x$；　　(2) $y=2x^2-\ln x$.

2. 求下列函数的极值：

(1) $y=x^3-3x$;　　(2) $y=2x^3-2x^2-12x+21$.

3. 要做一个圆锥形漏斗，其母线长 20 cm，问其高为多少时才能使漏斗体积最大？

课外作业

1. 判断下列函数的单调性：

(1) $y=2x^2+4x-7$;　　(2) $y=2x+\dfrac{8}{x}$.

2. 求下列函数的极值：

(1) $y=2x^3-3x^2-12x+21$;　　(2) $y=x+\sqrt{1-x}$.

3. 求下列函数在指定区间上的最大(小)值：

(1) $y=x^4-2x^2+5$，$[-2, 2]$;　　(2) $y=x+2\sqrt{x}$，$[1, 2]$.

4. 一鱼雷艇停泊在距海岸 9 km 处(设海岸线为直线)，派人送信给距鱼雷艇为 $3\sqrt{34}$ km 处的司令部，若送信人步行速率为 5 km/h，划船速率为 4 km/h，问他在何处上岸到达司令部的时间最短？

5. 某车间靠墙壁要盖一间长方体小屋，现有存砖只够砌 20 m 的墙壁，问应该围成怎样的长方体才能使这间小屋的面积最大？

项目五　函数图像的描绘

➤ 学习目标

- 掌握函数凹凸性的判断方法
- 掌握描绘函数图像基本方法
- 了解函数渐近线的求法

➤ 学习重点

- 函数凹凸的判断方法
- 函数图像的画法

➤ 学习难点　函数图像的描绘

一、函数的凹凸性及拐点

如图 2－6 和图 2－7 所示可以看出，曲线虽然有上升与下降，但是上升与下降的方向与弯曲是有区别的，为了区别这种不同的弯曲现象，数学中给它引进了曲线的凹凸性来区别它们的不同．

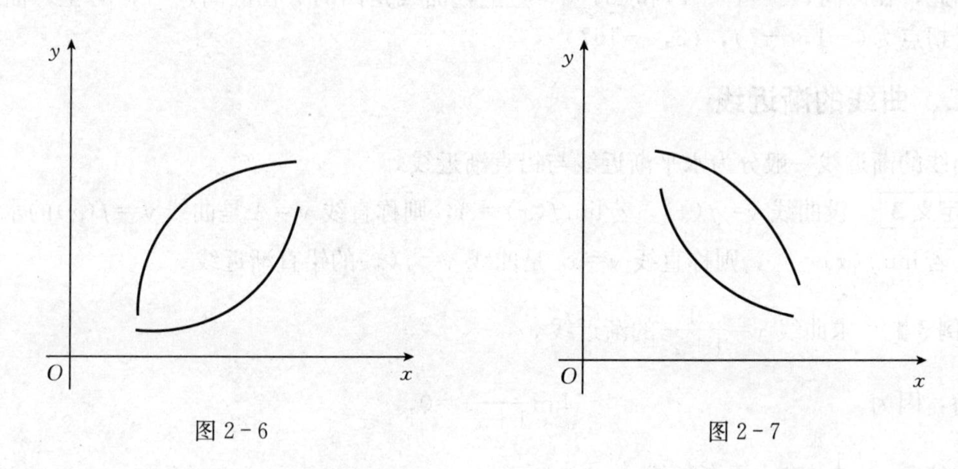

图 2－6　　　　图 2－7

定义 1　设函数 $y=f(x)$ 在区间 (a, b) 内具有二阶导数，如果在 (a, b) 上 $f''(x)>0$，则曲线 $y=f(x)$ 在 (a, b) 内时是凹的；如果在 (a, b) 上 $f''(x)<0$，则曲线 $y=f(x)$ 在 (a, b) 内时是凸的．

【例 1】　判断曲线 $y=\frac{1}{x}$ 的凹凸性．

解：函数的定义域为 $(-\infty, 0)\cup(0, +\infty)$，

$$y'=-\frac{1}{x^2},\ y''=\frac{2}{x^3}.$$

当 $x\in(-\infty, 0)$ 时，$y''<0$；当 $x\in(0, +\infty)$，$y''>0$.

所以曲线 $y=f(x)$ 在 $x\in(0, +\infty)$ 内是凹的，在 $x\in(-\infty, 0)$ 内是凸的．

定义 2　连续曲线上凹曲线和凸曲线的分界点称为曲线的拐点．

如果 $y=f(x)$ 在区间 (a, b) 上具有二阶导数，可以按下面的步骤判定曲线的拐点：

(1) 确定函数 $y=f(x)$ 的定义域；

(2) 求 y''，令 $y''=0$ 得实根；

(3) 对每个实根，考察其左右两侧的二阶导数符号，如果符号相反，就是曲线的拐点，否则就不是拐点．

【例 2】　求曲线 $f(x)=x^4-4x^3-18x^2+4x+10$ 的凹凸区间和拐点．

解：函数的定义域是 $(-\infty, +\infty)$，且

$$f'(x)=4x^3-12x^2-36x+4,$$
$$f''(x)=12x^2-24x-36=12(x+1)(x-3).$$

由 $f''(x)=0$，得 $x=-1$，$x=3$.

列于表 2－5.

表 2-5

x	$(-\infty, -1)$	-1	$(-1, 3)$	3	$(3, +\infty)$
$f''(x)$	$+$	0	$-$	0	$+$
$f(x)$	凹	拐点$(-1, -7)$	凸	拐点$(3, -167)$	凹

因此，在区间$(-\infty, -1)$和$(3, +\infty)$上，曲线是凹的．在区间$(-1, 3)$上，曲线是凸的；拐点为$(-1, -7)$，$(3, -167)$．

二、曲线的渐近线

曲线的渐近线一般分为水平渐近线与铅直渐近线．

定义 3 设曲线 $y=f(x)$，若$\lim\limits_{x\to\infty}f(x)=A$，则称直线 $y=A$ 是曲线 $y=f(x)$的水平渐近线；若$\lim\limits_{x\to x_0}f(x)=\infty$，则称直线 $y=x_0$ 是曲线 $y=f(x)$的铅直渐近线．

【例 3】 求曲线 $y=\dfrac{1}{1+x^2}$的渐近线．

解：因为

$$\lim_{x\to\infty}\frac{1}{1+x^2}=0,$$

所以曲线 $y=\dfrac{1}{1+x^2}$有水平渐近线 $y=0$.

【例 4】 求曲线 $y=\dfrac{2x+1}{(x+3)^2}$的渐近线．

解：因为

$$\lim_{x\to\infty}\frac{2x+1}{(x+3)^2}=0,$$

$$\lim_{x\to-3}\frac{2x+1}{(x+3)^2}=\infty,$$

所以曲线 $y=\dfrac{2x+1}{(x+3)^2}$有水平渐近线 $y=0$，铅直渐近线 $x=-3$.

三、函数图形的描绘

描绘函数图形的基本步骤如下：

(1) 确定函数 $y=f(x)$的定义域并考察函数是否具有奇偶性、周期性等性质；

(2) 求函数的导数及二阶导数，在定义域内求函数的可能极值点、二阶导数为零或不存在的点，并用这些点划分定义域成若干子区间；

(3) 在每个子区间内分别确定一、二阶导数的符号，由此确定函数的单调区间和极值点，函数图像的凹凸区间及拐点，综合考虑以上结果，列表表示；

(4) 考察函数的图像有无渐近线；

(5) 作函数的图像与坐标轴交点的图像上的若干个辅助点，按(1)、(2)、(4)的结果描绘作图．

【例 5】 描绘函数 $y=\dfrac{1}{3}x^3-x^2-8x+3$ 的图形．

解：函数的定义域是$(-\infty, +\infty)$，且

$$y'=x^2-2x-8=(x-4)(x+2),$$

由 $y'=0$，得驻点 $x=4$，$x=2$.

$$y''=2x-2,$$

由 $y''=0$，得 $x=1$.

用以上所求各点划分定义域并列表分析(表 2-6)，作图(图 2-8)所示：

表 2-6

x	$(-\infty,\ -2)$	-2	$(-2,\ 1)$	1	$(1,\ 4)$	4	$(4,\ +\infty)$
y'	$+$	0	$-$	0	$-$	0	$+$
y''	$-$	$-$	$-$	0	$+$	$+$	$+$
y	凸、增	极大值	凸、减	拐点$\left(1,\ -\frac{17}{3}\right)$	凹、减	极小值	凹、增

【例 6】　描绘函数 $y=\dfrac{x}{x^2-1}$的图形.

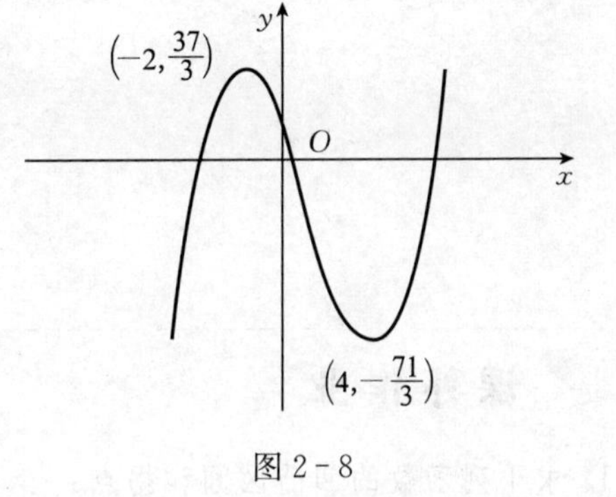

图 2-8

解：函数的定义域是$(-\infty,\ -1)\cup(-1,\ 1)\cup(1,\ +\infty)$，且

$$y'=\frac{-(x^2+1)}{(x^2-1)^2}<0，无驻点.$$

$$y''=\frac{2x(x^2+3)}{(x^2-1)^3}，由 y''=0，得 x=0.$$

因为$\lim\limits_{x\to\infty}\dfrac{x}{x^2-1}=0$，$\lim\limits_{x\to 1}\dfrac{x}{x^2-1}=\infty$，$\lim\limits_{x\to -1}\dfrac{x}{x^2-1}=\infty$，所以有水平渐近线 $y=0$，铅直渐近线 $x=-1$ 和 $x=1$.

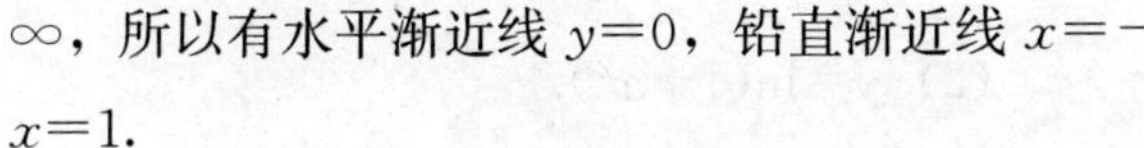

用以上所求各点划分定义域并列表分析(表 2-7)，作图 2-9 所示.

表 2-7

x	$(-\infty,\ -1)$	-1	$(-1,\ 0)$	0	$(0,\ 1)$	1	$(1,\ +\infty)$
y'	$-$		$-$	$-$	$-$		$-$
y''	$-$		$+$	0	$-$		$+$
y	凸、减	间断	凹、减	拐点$(0,\ 0)$	凸、减	间断	凹、减

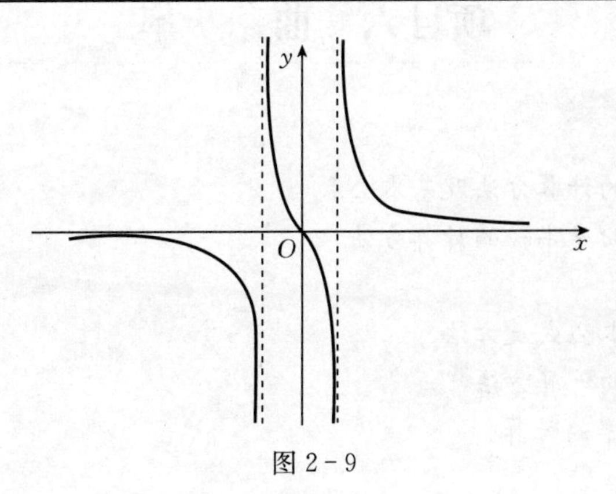

图 2-9

课堂练习

1. 求下列函数的凹凸区间和拐点：

(1) $y=x^3-5x^2+3x-5$；　　(2) $y=x^4-2x^3+1$.

2. 作出函数 $y=\frac{x}{x^2+1}$ 的图形.

课外作业

1. 求下列函数的凹凸区间和拐点：

(1) $y=x^3-5x^2+3x-5$；　　(2) $y=\ln(1+x^2)$.

2. 求下列函数的渐近线：

(1) $y=e^x$；　　(2) $y=\frac{e^x}{1+x}$.

3. 作出下列函数的图形：

(1) $y=x^3-x^2-x+1$；　　(2) $y=\frac{x}{x^2+1}$.

项目六　曲　　率

➤ **学习目标**

· 掌握函数曲率的计算方法及基本公式

· 掌握曲率圆与曲率半径的计算方法

➤ **学习重点**

· 函数曲率的基本公式及方法

· 函数曲率半径的计算方法

➤ **学习难点**　函数曲率的计算

曲率是刻画曲线弯曲程度的一个概念，在工程技术等领域中经常用到，因此这里简单介绍曲率的有关知识．

一、曲率及计算公式

曲率所研究的是曲线的弯曲程度，怎样衡量曲线的弯曲程度呢，如图 2－10 所示．在弧$\overset{\frown}{AB}$两端点作切线，切线的正向与曲线的正向相一致．A 和 B 处两切线正向之间的夹角 ω 称为弧段$\overset{\frown}{AB}$上的切线转角．转角大是否曲线的弯曲程度就大呢？答案是不一定，还要看是在多大的弧段上的转角．对于同样大小的弧段，转角越大，曲线的弯曲程度就越大，所以应考虑用单位弧段上切线的转角来衡量曲线的弯曲程度．

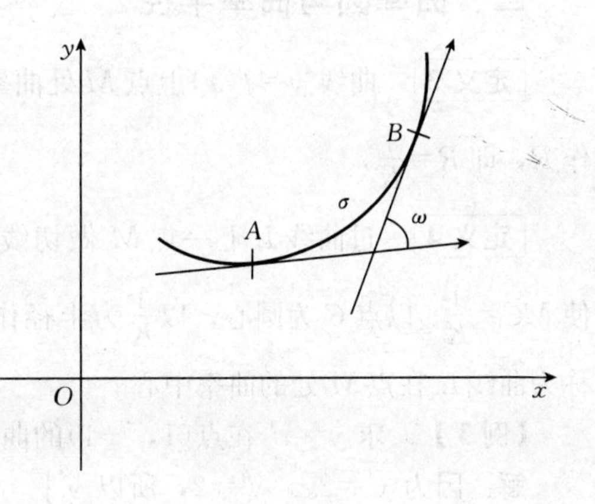

图 2－10

定义 1　设在曲线 L 上一段长为 σ 的弧段$\overset{\frown}{AB}$，此弧段的切线的转角为 ω，则$\frac{\omega}{\sigma}$称为弧段$\overset{\frown}{AB}$的平均曲率，记作 $\overline{K}$，即 $\overline{K}=\frac{\omega}{\sigma}$.

对于一般曲线，还要引进“一点处”的曲率概念．

定义 2　当点 B(图 2－10)沿曲线趋向点 A 时，如果平均曲率 $\overline{K}$ 的极限存在，则称此极限值为曲线在点 A 处的曲率，记作 K，即 $K=\lim\limits_{B\to A}\frac{\omega}{\sigma}$.

对于一般曲线来讲，根据曲率的定义来计算曲率显得比较困难．为此给出计算曲率的公式.

设曲线 L 的方程为 $y=f(x)$，则 $y'=\tan\alpha$.

曲率公式：

$$K=\frac{|y''|}{(1+(y')^2)^{\frac{3}{2}}}.$$

如果曲线以参数形式给出

$$\begin{cases}x=x(t),\\ y=y(t),\end{cases}$$

则
$$K=\frac{|x_t'y_t''-x_t''y_t'|}{((x_t')^2+(y_t')^2)^{\frac{3}{2}}}.$$

【例 1】　求曲线 $y=x^3$ 在点$(-1，-1)$处的曲率．

解：因为 $y'=3x^2$，$y''=6x$，所以 $y'(-1)=3$，$y''(-1)=-6$.

代入曲率公式得

$$K=\frac{|y''|}{(1+(y')^2)^{\frac{3}{2}}}=\frac{|-6|}{(1+3^2)^{\frac{3}{2}}}=\frac{3}{5\sqrt{10}}.$$

【例 2】　求直线 $y=ax+b$ 上任意一点$(x，y)$处的曲率．

解：因 $y'=a$，$y''=0$，从而

$$K=\frac{|y''|}{(1+(y')^2)^{\frac{3}{2}}}=0.$$

可见，直线上各点处的曲率为零，故直线无弯曲．

二、曲率圆与曲率半径

定义 3　曲线 $y=f(x)$ 上点 M 处曲率 K 的倒数，称为曲线在点 M 处的曲率半径，记作 R，即 $R=\frac{1}{K}$.

定义 4　过曲线 L 上一点 M 做切线的法线，在法线指向曲线凹的一侧上取一点 C，使 $MC=\frac{1}{K}$. 以点 C 为圆心，以 $\frac{1}{K}$ 为半径作圆，该圆称为曲线 L 在点 M 处的曲率圆，点 C 称为曲线 L 在点 M 处的曲率中心．

【例 3】　求 $y=x^2$ 在点$(1, -1)$的曲率半径．

解：因为 $y'=2x$，$y''=2$，所以 $y'|_{x=1}=2$，$y''|_{x=1}=2$.

得

$$K=\frac{|y''|}{(1+(y')^2)^{\frac{3}{2}}}=\frac{|2|}{(1+2^2)^{\frac{3}{2}}}=\frac{2}{\sqrt{125}}=\frac{2\sqrt{5}}{25},$$

$$R=\frac{1}{K}=\frac{5\sqrt{5}}{2}.$$

【例 4】　求曲线 $y=\cos x$ 在$\left(\frac{\pi}{3}, \frac{1}{2}\right)$处的曲率及曲率半径．

解：因 $y'=-\sin x$，$y''=-\cos x$，所以 $y'|_{x=\frac{\pi}{3}}=-\frac{\sqrt{3}}{2}$，$y''\Big|_{x=\frac{\pi}{3}}=-\frac{1}{2}$.

得

$$K=\frac{|y''|}{(1+(y')^2)^{\frac{3}{2}}}=\frac{\left|-\frac{1}{2}\right|}{\left(1+\left(-\frac{\sqrt{3}}{2}\right)^2\right)^{\frac{3}{2}}}=\frac{4\sqrt{7}}{49},$$

$$R=\frac{1}{K}=\frac{7\sqrt{7}}{4}.$$

课堂练习

1. 求函数 $y=x^3$ 在指定点$(1, 1)$处的曲率．

2. 求抛物线 $y=x^2-4x+3$ 在顶点处的曲率及曲率半径．

课外作业

1. 求下列函数在指定点处的曲率：

(1) $y=x^3-1$，(1，0)；　　　　(2) $y=x^2+2$，(0，2)．

2. 计算抛物线 $y=4x-x^2$ 在顶点处的曲率．

3. 求曲线 $y=\sin x$ 在 $\left(\frac{\pi}{3}, \frac{\sqrt{3}}{2}\right)$ 处的曲率及曲率半径．

项目七　不定积分

> 学习目标

- 理解原函数和不定积分的概念
- 掌握不定积分的基本公式、不定积分的性质和换元积分法与分部积分法

> 学习重点

- 不定积分的概念
- 不定积分的性质及基本公式
- 换元积分法与分部积分法

> 学习难点

- 换元积分法
- 分部积分法

一、不定积分的定义

1. 原函数的概念

设函数 $f(x)$ 定义在区间 M 上，如果存在一点 $x\in M$，都有 $F'(x)=f(x)$，则称函数 $F(x)$ 是 $f(x)$ 在 M 上的一个原函数．

例如，在$(-\infty, +\infty)$内，有 $\left(\frac{1}{2}x^2\right)'=x$，所以，$\frac{1}{2}x^2$ 是 x 在$(-\infty, +\infty)$内的一个原函数．显然，$\left(\frac{1}{2}x^2+1\right)'=x$，$\left(\frac{1}{2}x^2+C\right)'$（$C$ 为任意常数），即 $\frac{1}{2}x^2+1$，$\frac{1}{2}x^2+C$ 也是 x 在$(-\infty, +\infty)$内的原函数．

由以上情况可知，如果一个函数的原函数存在，那么必有无穷多个原函数。如何寻找所有的原函数呢？如果能找到原函数之间的关系，那么找出所有的原函数也就不难了．

定理 1 如果函数在区间 M 上有原函数 $F(x)$，则

$$F(x)+C(C\text{为任意常数})$$

也是 $f(x)$ 在 M 上的原函数，且 $f(x)$ 的任一个原函数均可表示成 $F(x)+C$ 的形式．

2. 不定积分的概念

若 $F(x)$ 是 $f(x)$ 在区间 M 上的一个原函数，那么表达式 $F(x)+C(C$ 为任意常数) 称为 $f(x)$ 在 M 上的不定积分，记作 $\int f(x)\mathrm{d}x$，即

$$\int f(x)\mathrm{d}x=F(x)+C.$$

其中：x 为积分变量，$f(x)$ 为被积函数，$f(x)\mathrm{d}x$ 为被积表达式，$\int$ 为积分号，C 为任意常数．

求 $\int f(x)\mathrm{d}x$，就是求 $f(x)$ 的全体原函数．因此，只需求出 $f(x)$ 的一个原函数，再加任意常数 C 即可．

【例 1】 求 $\int 3x^2\mathrm{d}x$.

解：由于 $(x^3)'=3x^2$，即 x^3 是 $3x^2$ 的一个原函数．

因此
$$\int 3x^2\mathrm{d}x=x^3+C.$$

二、不定积分的基本公式

由于积分运算是微分运算的逆运算，因此我们可以从基本的导数公式得到相应的基本积分公式：

(1) $\int k\mathrm{d}x=kx+C(k\text{是常数})$；

(2) $\int x^{\mu}\mathrm{d}x=\dfrac{1}{\mu+1}x^{\mu+1}+C$；

(3) $\int\dfrac{1}{x}\mathrm{d}x=\ln|x|+C$；

(4) $\int \mathrm{e}^x\mathrm{d}x=\mathrm{e}^x+C$；

(5) $\int a^x\mathrm{d}x=\dfrac{a^x}{\ln a}+C$；

(6) $\int\cos x\mathrm{d}x=\sin x+C$；

(7) $\int\sin x\mathrm{d}x=-\cos x+C$；

(8) $\int\dfrac{1}{\cos^2 x}\mathrm{d}x=\int\sec^2 x\mathrm{d}x=\tan x+C$；

(9) $\int\dfrac{1}{\sin^2 x}\mathrm{d}x=\int\csc^2 x\mathrm{d}x=-\cot x+C$；

(10) $\int\dfrac{1}{1+x^2}\mathrm{d}x=\arctan x+C$；

(11) $\int\dfrac{1}{\sqrt{1-x^2}}\mathrm{d}x=\arcsin x+C$；

(12) $\int\sec x\tan x\mathrm{d}x=\sec x+C$；

(13) $\int\csc x\cot \mathrm{d}x=-\csc x+C$；

(14) $\int\mathrm{sh}\, x\mathrm{d}x=\mathrm{ch}\, x+C$；

(15) $\int\mathrm{ch}\, x\mathrm{d}x=\mathrm{sh}\, x+C$.

以上基本积分公式是求不定积分的基础，必须熟记，下面举几个应用基本公式求不定积

分的例子．

【例 2】　求$\int \frac{1}{x^2}\mathrm{d}x$.

解：$\int \frac{1}{x^2}\mathrm{d}x=\int x^{-2}\mathrm{d}x=\frac{x^{-2+1}}{-2+1}+C=-\frac{1}{x}+C.$

三、不定积分的性质

根据不定积分的定义，可以得出有如下两个性质：

性质 1　设函数 $f(x)$及 $g(x)$的原函数存在，则

$$\int[f(x)+g(x)]\mathrm{d}x=\int f(x)\mathrm{d}x+\int g(x)\mathrm{d}x.$$

性质 2　设函数 $f(x)$的原函数存在，k 为非零常数，则

$$\int kf(x)\mathrm{d}x=k\int f(x)\mathrm{d}x.$$

利用基本积分表以及不定积分的两个性质，可以求出一些简单函数的不定积分．

【例 3】　求$\int(3\sin x+x^2-\mathrm{e}^x)\mathrm{d}x$.

解：$\int(3\sin x+x^2-\mathrm{e}^x)\mathrm{d}x=\int 3\sin x\mathrm{d}x+\int x^2\mathrm{d}x-\int \mathrm{e}^x\mathrm{d}x=-3\cos x+\frac{x^3}{3}-\mathrm{e}^x+C$．

四、不定积分的解法

利用基本积分表和积分公式的性质，所能计算的不定积分是非常有限的．因此，有必要进一步研究不定积分的求法，下面介绍三种求不定积分的方法．

1. 直接积分法

利用不定积分的基本积分公式和性质直接求解函数的不定积分的方法，称为**直接积分法**.

【例 4】　求$\int \frac{\mathrm{d}x}{1+\cos 2x}$.

解：$\int \frac{\mathrm{d}x}{1+\cos 2x}=\int \frac{\mathrm{d}x}{2\cos^2 x}=\frac{1}{2}\tan x+C.$

【例 5】　求$\int \frac{2\times 3^x-5\times 2^x}{3^x}\mathrm{d}x$．

解：$\int \frac{2\times 3^x-5\times 2^x}{3^x}\mathrm{d}x=\int\left[2-5\times\left(\frac{2}{3}\right)^x\right]\mathrm{d}x=2x-\frac{5}{\ln\frac{2}{3}}\left(\frac{2}{3}\right)^x+C.$

【例 6】　求不定积分$\int x^2(\sqrt{x}-1)\mathrm{d}x$.

解：
$$\begin{aligned}\int x^2(\sqrt{x}-1)\mathrm{d}x&=\int(x^{\frac{5}{2}}-x^2)\mathrm{d}x=\int x^{\frac{5}{2}}\mathrm{d}x-\int x^2\mathrm{d}x\\&=\frac{1}{\frac{5}{2}+1}x^{\frac{5}{2}+1}-\frac{1}{2+1}x^{2+1}+C\\&=\frac{2}{7}x^{\frac{7}{2}}-\frac{1}{3}x^3+C.\end{aligned}$$

在进行不定积分的计算时，两个不定积分应该各含一个积分常数，但由于任意常数的和仍为任意常数，所以在整个不定积分的运算结果中只需写一个任意常数 C 即可．

【例 7】 求不定积分 $\int(\frac{x}{3}+\frac{3}{x})\mathrm{d}x$.

解：$\int(\frac{x}{3}+\frac{3}{x})\mathrm{d}x=\frac{1}{3}\int x\mathrm{d}x+3\int\frac{1}{x}\mathrm{d}x=\frac{1}{6}x^2+3\ln|x|+C.$

【例 8】 求不定积分 $\int(1+\mathrm{e}^x-2\cos x)\mathrm{d}x$.

解：$\int(1+\mathrm{e}^x-2\cos x)\mathrm{d}x=\int\mathrm{d}x+\int\mathrm{e}^x\mathrm{d}x-2\int\cos x\mathrm{d}x=x+\mathrm{e}^x-2\sin x+C.$

【例 9】 求不定积分 $\int 3^x\mathrm{e}^x\mathrm{d}x$.

解：$\int 3^x\mathrm{e}^x\mathrm{d}x=\int(3\mathrm{e})^x\mathrm{d}x=\frac{(3\mathrm{e})^x}{\ln 3\mathrm{e}}+C=\frac{3^x\mathrm{e}^x}{1+\ln 3}+C.$

在进行不定积分的计算时，有时需要把被积函数做适当的变形，然后再利用不定积分的基本积分公式及性质进行计算．

【例 10】 求不定积分 $\int\frac{x^4}{1+x^2}\mathrm{d}x$.

解：
$$\begin{aligned}\int\frac{x^4}{1+x^2}\mathrm{d}x&=\int\frac{(x^4-1)+1}{1+x^2}\mathrm{d}x=\int\frac{x^4-1}{x^2+1}\mathrm{d}x+\int\frac{1}{1+x^2}\mathrm{d}x\\&=\int(x^2-1)\mathrm{d}x+\int\frac{1}{1+x^2}\mathrm{d}x\\&=\frac{1}{3}x^3-x+\arctan x+C.\end{aligned}$$

2. 换元积分法

利用直接积分法能解决的积分运算是十分有限的，例如积分 $\int\ln x\mathrm{d}x$，$\int\cos 2x\mathrm{d}x$ 等就不能用上述方法求解，因此，我们有必要寻求其他的积分方法．例如，我们想求 $\int\cos 2x\mathrm{d}x$，基本积分公式里只有 $\int\cos x\mathrm{d}x=\sin x+C$，它的特点是被积表达式中函数符号“cos”下的变量 x 与微分号“d”下的变量 x 是相同的，而 $\int\cos 2x\mathrm{d}x$ 不具备此特点，因此不能直接运用上述公式去计算它，而

$$\int\cos 2x\mathrm{d}x=\frac{1}{2}\int\cos 2x\mathrm{d}(2x),$$

令 $2x=u$，则有

$$\int\cos 2x\mathrm{d}x=\frac{1}{2}\int\cos 2x\mathrm{d}(2x)=\frac{1}{2}\int\cos u\mathrm{d}u=\frac{1}{2}\sin u+C,$$

再将 u 换成 $2x$，得

$$\int\cos 2x\mathrm{d}x=\frac{1}{2}\sin 2x+C.$$

不难验证，$\frac{1}{2}\sin 2x$ 确是 $\cos 2x$ 的一个原函数．上述积分方法是通过改变积分变量，使

所求的积分化为能直接利用基本积分公式求解的一种积分方法．

定理 2　若 $\int f(u)\mathrm{d}u = F(u)+C$，且 $u=\varphi(x)$可导，则

$$\int f[\varphi(x)]\varphi'(x)\mathrm{d}x = \mathrm{F}[\varphi(x)]+C.$$

该方法也叫凑微分法，此法也可以形象地表述为：

$$\int f[\varphi(x)]\varphi'(x)\mathrm{d}x \xlongequal{\text{凑微分}} \int f[\varphi(x)]\mathrm{d}\varphi(x) \xlongequal[\varphi(x)=u]{\text{替换}} \int f(u)\mathrm{d}u$$

$$= \mathrm{F}(u)+c \xlongequal[u=\varphi(x)]{\text{还原}} \mathrm{F}[\varphi(x)]+C.$$

【例 11】　求 $\int (x-1)^3\mathrm{d}x$.

解：将 $\mathrm{d}x$ 凑成 $\mathrm{d}x=\mathrm{d}(x-1)$，则

$$\int (x-1)^3\mathrm{d}x = \int (x-1)^3\mathrm{d}(x-1) \xlongequal[x-1=u]{\text{替换}} \int u^3\mathrm{d}u$$

$$= \frac{1}{4}u^4 + c \xlongequal[u=x-1]{\text{还原}} \frac{1}{4}(x-1)^4 + C$$

【例 12】　求 $\int \frac{1}{3x+4}\mathrm{d}x$.

解：将 $\mathrm{d}x$ 凑成 $\mathrm{d}x=\frac{1}{3}\mathrm{d}(3x+4)$，则

$$\int \frac{1}{3x+4}\mathrm{d}x = \frac{1}{3}\int \frac{1}{3x+4}\mathrm{d}(3x+4) \xlongequal[3x+4=u]{\text{替换}} \frac{1}{3}\int \frac{1}{u}\mathrm{d}u$$

$$= \frac{1}{3}\ln|u|+C \xlongequal[u=3x+4]{\text{还原}} \frac{1}{3}\ln|3x+4|+C$$

熟练之后，可以省去中间的换元过程．

【例 13】　求 $\int xe^{x^2}\mathrm{d}x$.

解：因 $x\mathrm{d}x=\frac{1}{2}\mathrm{d}x^2$，故

$$\int xe^{x^2}\mathrm{d}x = \frac{1}{2}\int \mathrm{e}^{x^2}\mathrm{d}(x^2) = \frac{1}{2}\mathrm{e}^{x^2} + C.$$

运用凑微分法进行不定积分运算的难点在于从原被积函数中找出合适的部分同 $\mathrm{d}x$ 结合凑出新变量的微分 $\mathrm{d}\varphi(x)$来，这需要解题经验，如果熟记下面一些微分式，会给解题过程带来帮助．

（1）$\mathrm{d}x=\frac{1}{a}\mathrm{d}(ax+b)$（$a$，$b$ 为常数且 $a\neq0$）；　（2）$x\mathrm{d}x=\frac{1}{2}\mathrm{d}x^2$；

（3）$x^2\mathrm{d}x=\frac{1}{3}\mathrm{d}x^3$；　（4）$\frac{1}{x}\mathrm{d}x=\mathrm{d}\ln x\,(x>0)$；

（5）$\frac{1}{x^2}\mathrm{d}x=-\mathrm{d}\frac{1}{x}$；　（6）$\frac{1}{\sqrt{x}}\mathrm{d}x=2\mathrm{d}\sqrt{x}$；

（7）$\mathrm{e}^x\mathrm{d}x=\mathrm{d}\mathrm{e}^x$；　（8）$\mathrm{e}^{-x}\mathrm{d}x=-\mathrm{d}\mathrm{e}^{-x}$；

（9）$\sin x\mathrm{d}x=-\mathrm{d}\cos x$；　（10）$\cos x\mathrm{d}x=\mathrm{d}\sin x$.

注：因为 $\mathrm{d}f(x)=f'(x)\mathrm{d}x$，所以 $f'(x)\mathrm{d}x=\mathrm{d}f(x)$，由此可以验证上述微分式．

【例 14】 求 $\int x\sqrt{x^2-1}\mathrm{d}x$.

解：$\int x\sqrt{x^2-1}\mathrm{d}x=\frac{1}{2}\int\sqrt{x^2-1}\mathrm{d}(x^2-1)=\frac{1}{2}\cdot\frac{1}{\frac{3}{2}}(x^2-1)^{\frac{3}{2}}+C$

$$=\frac{1}{3}(x^2-1)^{\frac{3}{2}}+C=\frac{1}{3}\sqrt{(x^2-1)^3}+C.$$

【例 15】 求 $\int\frac{\ln^3x}{x}\mathrm{d}x$.

解：$\int\frac{\ln^3x}{x}\mathrm{d}x=\int\ln^3x\mathrm{d}\ln x=\frac{1}{4}\ln^4x+C$.

【例 16】 求 $\int\cos^6x\sin x\mathrm{d}x$.

解：$\int\cos^6x\sin x\mathrm{d}x=-\int\cos^6x\mathrm{d}\cos x=-\frac{1}{7}\cos^7x+C$.

进行不定积分的运算时，有时被积函数需要先做适当变形，然后再运用第一换元积分法进行求解．

【例 17】 求 $\int\tan x\mathrm{d}x$.

解：$\int\tan x\mathrm{d}x=\int\frac{\sin x}{\cos x}\mathrm{d}x=-\int\frac{1}{\cos x}\mathrm{d}\cos x=-\ln|\cos x|+C$.

同理，有 $\int\cot x\mathrm{d}x=\ln|\sin x|+C$.

3. 分部积分法

前面我们在复合函数求导法则的基础上，得到了换元积分法．现在我们利用两个函数乘积的求导法则，来推得另一个求积分的基本方法——分部积分法．

设 u、v 是关于 x 的可微函数，由微分运算法则，有

$$\mathrm{d}(uv)=u\mathrm{d}v+v\mathrm{d}u,$$

移项，得

$$u\mathrm{d}v=\mathrm{d}(uv)-v\mathrm{d}u,$$

两端积分，得

$$\int u\mathrm{d}v=uv-\int v\mathrm{d}u.$$

上式叫做分部积分公式．

【例 18】 求 $\int x\ln x\mathrm{d}x$.

解：$\int x\ln x\mathrm{d}x\xlongequal{\text{凑微分}}\frac{1}{2}\int\ln x\mathrm{d}x^2\xlongequal{u\text{与}v\text{交换地位}}$

$$\frac{1}{2}\left(x^2\ln x-\int x^2\mathrm{d}\ln x\right)\xlongequal{\text{求出微分}}\frac{1}{2}x^2\ln x-\frac{1}{2}\int x^2\cdot\frac{1}{x}\mathrm{d}x$$

$$=\frac{1}{2}x^2\ln x-\frac{1}{4}x^2+C.$$

步骤：凑微分→分部积分法→求出微分→求出积分．

【例 19】　求$\int x\cos x\mathrm{d}x$.

解：$\int x\cos x\mathrm{d}x=\int x\mathrm{d}\sin x=x\sin x-\int\sin x\mathrm{d}x=x\sin x+\cos x+C$.

【例 20】　求$\int x^2\mathrm{e}^x\mathrm{d}x$.

解：$\int x^2\mathrm{e}^x\mathrm{d}x=\int x^2\mathrm{d}\mathrm{e}^x=x^2\mathrm{e}^x-\int\mathrm{e}^x\mathrm{d}x^2=x^2\mathrm{e}^x-2\int x\mathrm{e}^x\mathrm{d}x=x^2\mathrm{e}^x-2\int x\mathrm{d}\mathrm{e}^x$

$$=x^2\mathrm{e}^x-2(x\mathrm{e}^x-\int\mathrm{e}^x\mathrm{d}x)=x^2\mathrm{e}^x-2(x\mathrm{e}^x-\mathrm{e}^x)+C=\mathrm{e}^x(x^2-2x+2)+C.$$

有时需要多次使用分部积分法才能求出结果．

【例 21】　求$\int\mathrm{e}^x\sin x\mathrm{d}x$.

解：$\int\mathrm{e}^x\sin x\mathrm{d}x=\int\sin x\mathrm{d}\mathrm{e}^x=\mathrm{e}^x\sin x-\int\mathrm{e}^x\cos x\mathrm{d}x=\mathrm{e}^x\sin x-\int\cos x\mathrm{d}\mathrm{e}^x$

$$=\mathrm{e}^x\sin x-\mathrm{e}^x\cos x-\int\mathrm{e}^x\sin x\mathrm{d}x,$$

两次使用分部积分后出现循环，从中解出

$$\int\mathrm{e}^x\sin x\mathrm{d}x=\frac{1}{2}\mathrm{e}^x(\sin x-\cos x)+C.$$

课堂练习

1. 填空题．

(1) 如果e^{-x}是函数$f(x)$的一个原函数，则$\int f(x)\mathrm{d}x=$________.

(2) 若$\int f(x)\mathrm{d}x=2\cos\frac{x}{2}+C$，则$f(x)=$________.

(3) 设$f(x)=\frac{1}{x}$，则$\int f'(x)\mathrm{d}x=$________.

(4) $\int f(x)\mathrm{d}f(x)=$________.

(5) $\int\sin x\cos x\mathrm{d}x=$________.

(6) 已知$f(x)$的一个原函数为$\frac{\sin x}{x}$，则$\int xf'(x)\mathrm{d}x=$________.

2. 求下列不定积分：

(1) $\int\frac{x^4}{1+x^2}\mathrm{d}x$;　　(2) $\int\sin^2x\mathrm{d}x$;

(3) $\int \frac{dx}{x^2\sqrt{x}}$；

(4) $\int \frac{(1-x)^2}{\sqrt{x}}dx$；

(5) $\int x\sqrt{1-x^2}dx$；

(6) $\int \frac{e^x}{3+e^x}dx$；

(7) $\int e^x \cos x dx$；

(8) $\int \cot x dx$；

(9) $\int \frac{\ln^2 x}{x}dx$；

(10) $\int x^2 \ln x dx$；

(11) $\int \frac{dx}{2x+3}$；

(12) $\int \sin^2 x \cos x dx$.

课外作业

计算下列不定积分：

(1) $\int \frac{dx}{x^2\sqrt{x}}$；

(2) $\int e^x\left(1-\frac{e^{-x}}{\sqrt{x}}\right)dx$；

(3) $\int \frac{1+2x^2}{x^2(1+x^2)}\mathrm{d}x$；

(4) $\int \cos(2x+3)\mathrm{d}x$；

(5) $\int \frac{x\mathrm{d}x}{1+x^2}$；

(6) $\int \frac{x\mathrm{d}x}{\sqrt{2-3x^2}}$；

(7) $\int \frac{\mathrm{d}x}{1-2x}$；

(8) $\int \frac{\mathrm{d}x}{x\ln x}$；

(9) $\int \frac{x-1}{x^2-1}\mathrm{d}x$；

(10) $\int \frac{\mathrm{d}x}{x^2-x-6}$；

(11) $\int x\mathrm{e}^x\mathrm{d}x$；

(12) $\int x\sin x\mathrm{d}x$；

(13) $\int x\mathrm{e}^{-x}\mathrm{d}x$；

(14) $\int x\cos 5x\mathrm{d}x$.

项目八　定 积 分

➤ 学习目标

- 理解定积分的概念
- 掌握定积分的性质及定积分的中值定理，掌握定积分的换元积分法与分部积分法

➤ 学习重点

- 定积分的性质及定积分的中值定理
- 定积分的换元积分法与分部积分法
- 牛顿-莱布尼茨公式

➤ 学习难点

- 定积分的概念
- 定积分的中值定理
- 定积分的换元积分法与分部积分法

一、定积分问题的引入

我们用曲边梯形的面积的计算来引入定积分问题。所谓曲边梯形是指这样一个图形，它的三条边是直线段，其中有两条边互相平行且同垂直于第三条边，而它的第四条边是一条曲线．我们选坐标系，使它的两个平行边与 y 轴平行，另一条直线段的边落在 x 轴上，它的两个端点分别有横坐标 a 与 $b(a<b)$，而整个曲边梯形在在 x 轴的上方，曲边的方程为 $y=f(x)$，其中 $f(x)$在$[a, b]$上连续，且 $f(x)\geqslant 0$(图 2-11).

由于它的面积不能用初等数学的方法来解决，所以人们产生了如下想法：

用平行于 y 轴的直线将曲边梯形切割成若干个小曲边梯形，每个小曲边梯形用相应的小矩形近似代替，把这些小矩形的面积累加起来，就得到曲边梯形面积的一个近似值，当分割得无限细时，这个近似值就无限趋近于所求曲边梯形的面积(图 2-12).

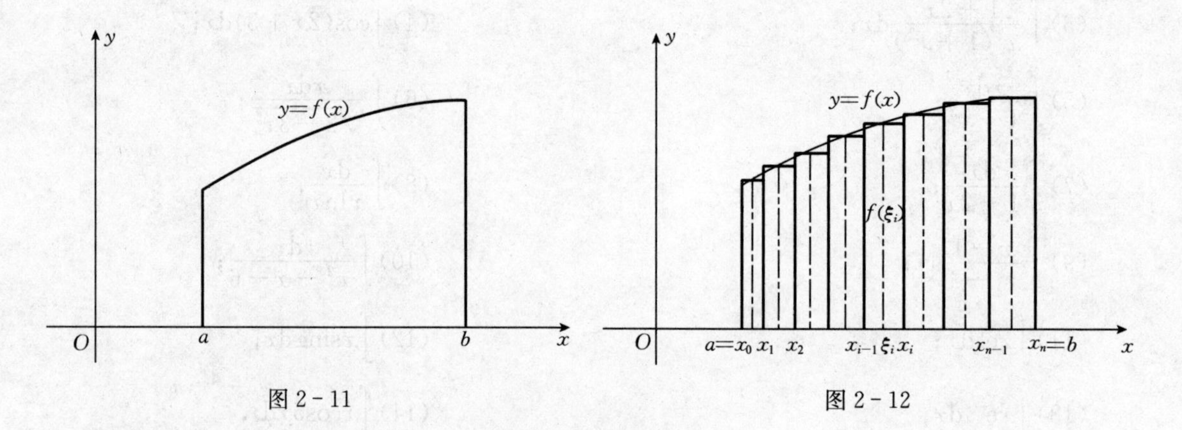

图 2-11　　　　　图 2-12

根据上面的想法，曲边梯形的面积可按下述步骤来计算：

(1) 分割．将曲边梯形分割成 n 个小曲边梯形．用分点 $a=x_0<x_1<x_2<\cdots<x_{i-1}<x_i<\cdots<x_{n-1}<x_n=b$ 把区间 $[a, b]$ 任意分成 n 个小区间 $[x_{i-1}, x_i](i=1, 2, \cdots, n)$，于是每个小区间的长度为 $\Delta x_i=x_i-x_{i-1}$，过各分点作 x 轴垂线，把曲边梯形分成 n 个小曲边梯形，它的面积分别记作 $\Delta S_i(i=1, 2, \cdots, n)$.

(2) 近似．用小矩形面积近似代替小曲边梯形的面积．在每个小区间 $[x_{i-1}, x_i]$ 上任取一点 $\xi_i(i=1, 2, \cdots, n)$，作以 $[x_{i-1}, x_i]$ 为底，$f(\xi_i)$ 为高的小矩形，用其面积近似代替第 i 个小曲边梯形的面积 ΔS_i，

则

$$\Delta S_i \approx f(\xi_i)\Delta x_i(i=1, 2, \cdots, n).$$

(3) 求和．把 n 个小矩形的面积加起来得到所求曲边梯形面积 S 的近似值，

即

$$S=\sum_{i=1}^{n}\Delta S_i \approx \sum_{i=1}^{n} f(\xi_i)\Delta x_i.$$

(4) 取极限．无限细分区间 $[a, b]$，使所有小区间的长度趋于零．为此，记 $\lambda=\max\limits_{1\leqslant i\leqslant n}\{\Delta x_i\}$，当 $\lambda\to 0$ 时(这时分段数 n 无限增多，即 $n\to\infty$)，和式 $\sum\limits_{i=1}^{n} f(\xi_i)\Delta x_i$ 的极限便是曲边梯形的面积 S.

即

$$S=\lim_{\lambda\to 0}\sum_{i=1}^{n} f(\xi_i)\Delta x_i.$$

二、定积分的概念及几何意义

1. 定积分的概念

定义 1　设函数 $f(x)$ 在区间 $[a, b]$ 上有定义，任取分点 $a=x_0<x_1<x_2<\cdots<x_{i-1}<x_i<\cdots<x_{n-1}<x_n=b$，把区间 $[a, b]$ 任意分成 n 个小区间 $[x_{i-1}, x_i]$，每个小区间的长度为 $\Delta x_i=x_i-x_{i-1}(i=1, 2, \cdots, n)$，记 $\lambda=\max\limits_{1\leqslant i\leqslant n}\{\Delta x_i\}$，在每个小区间 $[x_{i-1}, x_i]$ 上任取一点 ξ_i，作和式

$$S_n=\sum_{i=1}^{n} f(\xi_i)\Delta x_i.$$

如果不论对 $[a, b]$ 怎样分割，也不管在小区间上如何取点 ξ_i，只要当 $\lambda\to 0$ 时，和式 S_n 总趋

向于确定的极限，则称这个极限为$f(x)$在区间$[a, b]$上的定积分．记作$\int_a^b f(x)\mathrm{d}x$，

即
$$\int_a^b f(x)\mathrm{d}x = \lim_{\lambda\to 0}\sum_{i=1}^{n} f(\xi_i)\Delta x_i.$$

其中，$f(x)$称为被积函数，$f(x)\mathrm{d}x$称为被积表达式，x称为积分变量，a称为积分下限，b称为积分上限，$[a, b]$称为积分区间．

利用定积分的定义，曲边梯形的面积S即为$f(x)(f(x)\geqslant 0)$在区间$[a, b]$上的定积分，

即
$$S=\int_a^b f(x)\mathrm{d}x.$$

关于定积分的定义，还应注意以下几点：

(1) 在定积分的定义中，求极限过程之所以用$\lambda\to 0$而不是用$n\to\infty$，是因为$[a, b]$的分点x_0, x_1，$x_2\cdots x_n$不一定是均匀分布的，$n\to\infty$不能保证所有的Δx_i都趋于0，从而不能保证每个小区间上的近似越来越精确．

(2) 定积分$\int_a^b f(x)\mathrm{d}x$是积分和式$\sum_{i=1}^{n} f(\xi_i)\Delta x_i$的极限，是一个数值．它只与被积函数$f(x)$以及积分区间$[a, b]$有关，而与积分变量的记号无关．即$\int_a^b f(x)\mathrm{d}x=\int_a^b f(t)\mathrm{d}t$.

(3) 在定积分$\int_a^b f(x)\mathrm{d}x$的定义中，假设$a<b$，为了以后应用方便，当$a>b$时，我们规定$\int_a^b f(x)\mathrm{d}x=-\int_b^a f(x)\mathrm{d}x$；当$a=b$时，$\int_a^b f(x)\mathrm{d}x=0$.

2. 定积分的几何意义

由曲边梯形面积问题的讨论及定积分的定义，我们知道在区间$[a, b]$上$f(x)\geqslant 0$，定积分$\int_a^b f(x)\mathrm{d}x$在几何上表示由曲线$y=f(x)$与直线$x=a$，$x=b$以及x轴所围成的曲边梯形的面积，如图2-11所示；如果在$[a, b]$上$f(x)\leqslant 0$，则定积分$\int_a^b f(x)\mathrm{d}x$在几何上表示由曲线$y=f(x)$与直线$x=a$，$x=b$以及x轴所围成的曲边梯形的面积的负值，如图2-13所示；如果在区间$[a, b]$上$f(x)$既取正值又取负值，那么函数的图形有些位于x轴上方，有些位于x轴下方，此时定积分$\int_a^b f(x)\mathrm{d}x$在几何上表示由曲线$y=f(x)$与直线$x=a$，$x=b$以及x轴所围成各部分曲边梯形的面积的代数和，位于x轴上方的图形面积取正，位于x轴下方的图形面积取负，如图2-14所示．

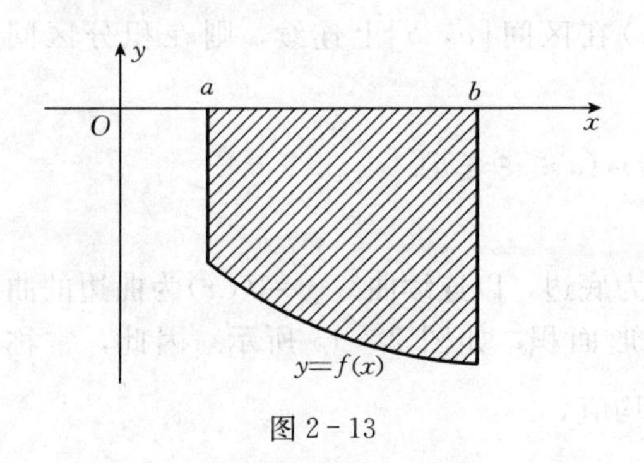

图2-13

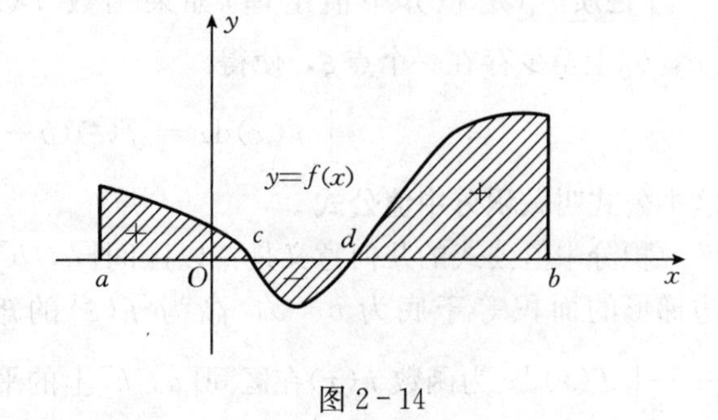

图2-14

三、定积分性质

由定积分的定义，可以直接推证定积分具有下述性质，并假设各性质中所列出的定积分都是存在的.

性质1 函数的和(差)的定积分等于它们的定积分的和(差)，即

$$\int_a^b [f(x) \pm g(x)]\mathrm{d}x = \int_a^b f(x)\mathrm{d}x \pm \int_a^b g(x)\mathrm{d}x.$$

这个性质可以推广到有限个函数代数和的情形.

性质2 被积函数中的常数因子可以提到积分号外面，即

$$\int_a^b kf(x)\mathrm{d}x = k\int_a^b f(x)\mathrm{d}x (k\text{ 是常数}).$$

性质3（积分对区间的可加性）如果将积分区间 $[a, b]$ 分成两部分 $[a, c]$ 和 $[c, b]$，那么

$$\int_a^b f(x)\mathrm{d}x = \int_a^c f(x)\mathrm{d}x + \int_c^b f(x)\mathrm{d}x.$$

这个性质中，不论 a、b、c 的相对位置如何，等式仍成立.

性质4 如果在区间 $[a, b]$ 上 $f(x) \equiv 1$，则

$$\int_a^b f(x)\mathrm{d}x = \int_a^b \mathrm{d}x = b - a.$$

性质5 如果在区间 $[a, b]$ 上，$f(x) \geqslant 0$，则

$$\int_a^b f(x)\mathrm{d}x \geqslant 0, (a < b).$$

推论1 如果在区间 $[a, b]$ 上，$f(x) \leqslant g(x)$，则

$$\int_a^b f(x)\mathrm{d}x \leqslant \int_a^b g(x)\mathrm{d}x, (a < b).$$

推论2 $\left|\int_a^b f(x)\mathrm{d}x\right| \leqslant \int_a^b |f(x)|\mathrm{d}x, (a < b).$

性质6 设 M，m 分别是函数 $f(x)$ 在区间 $[a, b]$ 上的最大值和最小值. 则

$$m(b-a) \leqslant \int_a^b f(x)\mathrm{d}x \leqslant M(b-a), (a < b).$$

这一性质又叫定积分估值定理.

性质7（定积分中值定理）如果函数 $f(x)$ 在区间 $[a, b]$ 上连续，则在积分区间 $[a, b]$ 上至少存在一个点 ξ，使得

$$\int_a^b f(x)\mathrm{d}x = f(\xi)(b-a), (a \leqslant \xi \leqslant b).$$

这个公式叫做**积分中值公式**.

积分中值公式的几何意义是：以区间 $[a, b]$ 为底边，以连续曲线 $y = f(x)$ 为曲边的曲边梯形的面积等于底为 $b-a$，高为 $f(\xi)$ 的矩形面积，如图 2－15 所示. 因此，常称 $\frac{1}{b-a}\int_a^b f(x)\mathrm{d}x$ 为函数 $f(x)$ 在区间 $[a, b]$ 上的平均值.

【例 1】　比较定积分 $\int_0^1 x^2 \mathrm{d}x$ 与 $\int_0^1 x^3 \mathrm{d}x$ 的大小．

解：因为在区间 $[0, 1]$ 上，有 $x^2 \geqslant x^3$，由性质 6 得 $\int_0^1 x^2 \mathrm{d}x \geqslant \int_0^1 x^3 \mathrm{d}x$.

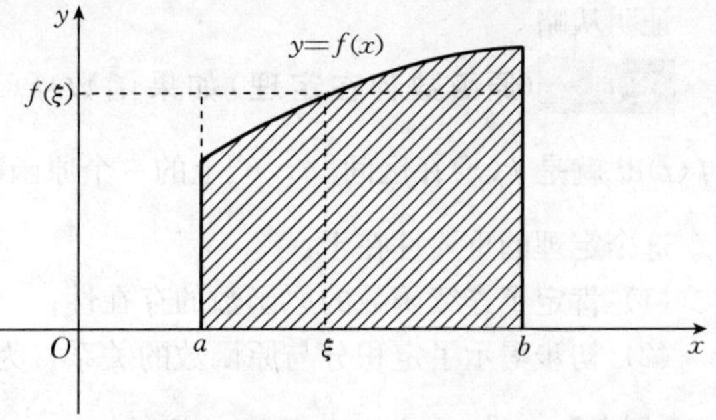

图 2-15

【例 2】　估计定积分 $\int_{\frac{\pi}{4}}^{\frac{5\pi}{4}} (1+\sin^2 x)\mathrm{d}x$ 的值．

解：因为 $f(x)=1+\sin^2 x$ 在区间 $\left[\frac{\pi}{4}, \frac{5\pi}{4}\right]$ 上的最大值为 $f(\frac{\pi}{2})=2$，最小值为 $f(\pi)=1$，故由定积分的估值定理知

$$1\cdot\left(\frac{5\pi}{4}-\frac{\pi}{4}\right) \leqslant \int_{\frac{\pi}{4}}^{\frac{5\pi}{4}} (1+\sin^2 x)\mathrm{d}x \leqslant 2\cdot\left(\frac{5\pi}{4}-\frac{\pi}{4}\right),$$

即

$$\pi \leqslant \int_{\frac{\pi}{4}}^{\frac{5\pi}{4}} (1+\sin^2 x)\mathrm{d}x \leqslant 2\pi.$$

四、积分上限函数与微积分基本定理

1. 积分上限函数及其导数

设函数 $f(x)$ 在区间 $[a, b]$ 上连续，并且设 x 为 $[a, b]$ 上的一点，由于 $f(x)$ $[a, x]$ 上仍旧连续，所以定积分 $\int_a^x f(x)\mathrm{d}x$ 存在．这时 x 既表示积分上限，又表示积分变量．由于定积分与积分变量的记法无关，所以，为了明确起见，把积分变量 x 换成 t，于是上面的定积分可以写成 $\int_a^x f(t)\mathrm{d}t$.

如果上限 x 在区间 $[a, b]$ 上任意变动，则对于每一个取定的 x 值，定积分有一个对应值，所以 $\int_a^x f(t)\mathrm{d}t$ 是积分上限 x 的函数，此函数定义在闭区间 $[a, b]$ 上．通常称这样的函数为积分上限函数，记作 $\varphi(x)$：$\varphi(x)=\int_a^x f(t)\mathrm{d}t(a\leqslant x\leqslant b)$. 其几何意义如图 2-16 所示．

函数 $\varphi(x)$ 具有下面的重要性质：

定理 1　设函数 $f(x)$ 在区间 $[a, b]$ 上连续，那么积分上限的函数 $\varphi(x)=\int_a^x f(t)\mathrm{d}t$ 在区间 $[a, b]$ 上可导 $(a\leqslant x\leqslant b)$，且

$$\varphi'(x)=\frac{\mathrm{d}}{\mathrm{d}x}\int_a^x f(t)\mathrm{d}t = f(x), (a\leqslant x\leqslant b).$$

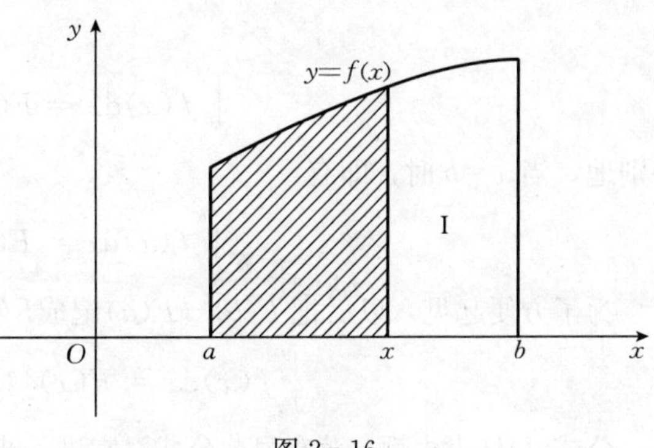

图 2-16

证明从略.

定理 2 (**原函数存在定理**)如果函数 $f(x)$ 在区间 $[a, b]$ 上连续，则函数 $\varphi(x) = \int_a^x f(t)\mathrm{d}t$ 就是 $f(x)$ 在区间 $[a, b]$ 上的一个原函数.

这个定理的重要性在于：

(1) 肯定了连续函数的原函数的存在性；

(2) 初步揭示了定积分与原函数的关系，为利用原函数计算定积分奠定了基础.

【例 3】 设 $\varphi(x) = \int_a^x e^t \mathrm{d}t$，求 $\varphi'(x)$.

解：$\varphi'(x) = \frac{\mathrm{d}}{\mathrm{d}x}\int_a^x e^t \mathrm{d}t = e^x$.

【例 4】 设 $\varphi(x) = \int_x^0 \cos t\mathrm{d}t$，求 $\varphi'(x)$.

解：因为 $\int_x^0 \cos t\mathrm{d}t = -\int_0^x \cos t\mathrm{d}t$

所以 $\varphi'(x) = -\frac{\mathrm{d}}{\mathrm{d}x}\int_0^x \cos t\mathrm{d}t = -\cos x$.

2. 微积分基本定理

定理 3 (**微积分基本定理**)如果函数 $F(x)$ 是连续 $f(x)$ 在区间 $[a, b]$ 上的一个原函数，则

$$\int_a^b f(x)\mathrm{d}x = F(b) - F(a) \tag{1}$$

证明：已知函数 $F(x)$ 是连续函数 $f(x)$ 的一个原函数，又根据定理 2 知道，积分上限的函数 $\varphi(x) = \int_a^x f(t)\mathrm{d}t$ 也是 $f(x)$ 的一个原函数，于是这两个原函数之间相差某个常数 C，即

$$F(x) - \varphi(x) = C，(a \leqslant x \leqslant b) \tag{2}$$

令 $x=a$，得

$$F(a) - \varphi(a) = C，\varphi(a) = \int_a^a f(t)\mathrm{d}t = 0.$$

故 $C = -F(a)$. 代入(2)式得

$$\varphi(x) = F(x) - F(a).$$

即

$$\int_a^x f(x)\mathrm{d}x = F(x) - F(a).$$

特别地，当 $x=b$ 时，即有

$$\int_a^b f(x)\mathrm{d}x = F(b) - F(a).$$

为了方便起见，以后把 $F(b)-F(a)$ 记成 $F(x)\big|_a^b$，于是(1)式又可以写成

$$\int_a^b f(x)\mathrm{d}x = F(x)\big|_a^b = F(b) - F(a).$$

公式(1)称为牛顿—莱布尼兹公式，它进一步揭示了定积分与不定积分之间的联系. 它表

明：一个连续函数在区间$[a, b]$上的定积分等于它的任意一个原函数在区间$[a, b]$上的增量．

通常把公式(1)叫作微积分基本公式．

下面我们举几个利用公式(1)来计算定积分的简单例子．

【例 5】　计算定积分$\int_0^1 x^3 \mathrm{d}x$.

解：因为$\frac{x^4}{4}$是x^3的一个原函数，所以按牛顿—莱布尼兹公式，有

$$\int_0^1 x^3 \mathrm{d}x = \frac{x^4}{4}\Big|_0^1 = \frac{1}{4} - 0 = \frac{1}{4}.$$

【例 6】　计算定积分$\int_0^5 |2x-4| \mathrm{d}x$.

解：将被积函数中的绝对值符号去掉，变成分段函数：

$$|2x-4| = \begin{cases} 4-2x, & 0 \leqslant x \leqslant 2, \\ 2x-4, & 2 < x \leqslant 5, \end{cases}$$

于是

$$\begin{aligned} \int_0^5 |2x-4| \mathrm{d}x &= \int_0^2 (4-2x)\mathrm{d}x + \int_2^5 (2x-4)\mathrm{d}x \\ &= (4x - x^2)\big|_0^2 + (x^2 - 4x)\big|_2^5 \\ &= 4 + 9 = 13. \end{aligned}$$

五、定积分的换元法、分部积分法

1. 定积分的换元法

定理 4　假设函数$f(x)$在区间$[a, b]$上连续，作变换$x=\varphi(t)$，如果

(1) 函数$x=\varphi(t)$在区间$[\alpha, \beta]$上有连续导数$\varphi'(t)$；

(2) 当 t 在区间$[\alpha, \beta]$上变化时，$x=\varphi(t)$的值从$\varphi(\alpha)=a$单调地变到$\varphi(\beta)=b$，则

$$\int_a^b f(x)\mathrm{d}x = \int_\alpha^\beta f[\varphi(t)] \cdot \varphi'(t)\mathrm{d}t.$$

上式叫做定积分的换元公式．

【例 7】　求$\int_0^4 \frac{\mathrm{d}x}{1+\sqrt{x}}$.

解：令$\sqrt{x}=t$则$x=t^2$，$\mathrm{d}x=2t\mathrm{d}t$. 当$x=0$时，$t=0$；$x=4$时，$t=2$. 于是

$$\int_0^4 \frac{\mathrm{d}x}{1+\sqrt{x}} = \int_0^2 \frac{2t}{1+t}\mathrm{d}t = 2\int_0^2 \left[1 - \frac{1}{1+t}\right]\mathrm{d}t = 2[t - \ln(1+t)]\big|_0^2 = 4 - 2\ln 3.$$

【例 8】　求$\int_0^{\frac{\pi}{2}} \cos^5 x \sin x \mathrm{d}x$.

解：设$t=\cos x$，则$\mathrm{d}t=-\sin x\mathrm{d}x$，当$x=0$时，$t=1$；$x=\frac{\pi}{2}$时，$t=0$.

于是

$$\int_0^{\frac{\pi}{2}} \cos^5 x \sin x \mathrm{d}x = -\int_1^0 t^5 \mathrm{d}t = \int_0^1 t^5 \mathrm{d}t = \frac{t^6}{6}\Big|_0^1 = \frac{1}{6}.$$

这个定积分中被积函数的原函数也可用凑微分法求得，即

$$\int_0^{\frac{\pi}{2}}\cos^5 x\sin x\mathrm{d}x=-\int_0^{\frac{\pi}{2}}\cos^5 x\mathrm{d}(\cos x)=-\frac{1}{6}\cos^6 x\Big|_0^{\frac{\pi}{2}}=\frac{1}{6}.$$

从上面两个例子可以看出，在应用换元公式时有两点值得注意．

注意：(1) 使用定积分的换元积分法，最后不必回代原来的变量，但必须记住，在换元的同时，积分上、下限一定要作相应的变换，而且下限 α 不一定比上限 β 小．

(2) 用凑微积分法求定积分时，可以不设中间变量，因而积分的上、下限也不用变换．

【例 9】 求 $\int_0^a\sqrt{a^2-x^2}\,\mathrm{d}x\,(a>0)$.

解：令 $x=a\sin t$，则 $\mathrm{d}x=a\cos x\mathrm{d}t$，当 $x=0$ 时，$t=0$；$x=a$ 时，$t=\frac{\pi}{2}$，

$$\begin{aligned}\int_0^a\sqrt{a^2-x^2}\,\mathrm{d}x&=a^2\int_0^{\frac{\pi}{2}}\cos^2 t\mathrm{d}t\\&=\frac{a^2}{2}\int_0^{\frac{\pi}{2}}(1+\cos 2t)\mathrm{d}t\\&=\frac{a^2}{2}\left[t+\frac{1}{2}\sin 2t\right]\Bigg|_0^{\frac{\pi}{2}}\\&=\frac{\pi}{4}a^2.\end{aligned}$$

【例 10】 求 $\int_0^{\pi}\sqrt{\sin^3 x-\sin^5 x}\,\mathrm{d}x$.

解：
$$\begin{aligned}\int_0^{\pi}\sqrt{\sin^3 x-\sin^5 x}\,\mathrm{d}x&=\int_0^{\pi}\sqrt{\sin^3 x(1-\sin^2 x)}\,\mathrm{d}x\\&=\int_0^{\pi}\sqrt{\sin^3 x}\,|\cos x|\,\mathrm{d}x\\&=\int_0^{\frac{\pi}{2}}\sin^{\frac{3}{2}}x\cos x\mathrm{d}x+\int_{\frac{\pi}{2}}^{\pi}\sin^{\frac{3}{2}}x(-\cos x)\mathrm{d}x\\&=\int_0^{\frac{\pi}{2}}\sin^{\frac{3}{2}}x\mathrm{d}\sin x-\int_{\frac{\pi}{2}}^{\pi}\sin^{\frac{3}{2}}x\mathrm{d}\sin x\\&=\frac{2}{5}\sin^{\frac{5}{2}}x\Big|_0^{\frac{\pi}{2}}-\frac{2}{5}\sin^{\frac{5}{2}}x\Big|_{\frac{\pi}{2}}^{\pi}\\&=\frac{2}{5}-\left(-\frac{2}{5}\right)=\frac{4}{5}.\end{aligned}$$

2. 定积分的分部积分法

由不定积分的分部积分公式，不难推导出定积分的分部积分公式．

设函数 $u=u(x)$、$v=v(x)$ 在区间 $[a,b]$ 上有连续导数，则有

$$\int_a^b u\mathrm{d}v=uv\Big|_a^b-\int_a^b v\mathrm{d}u.$$

上式称为定积分的分部积分公式．

【例 11】 计算 $\int_0^1 x\mathrm{e}^x\mathrm{d}x$.

解：$\int_0^1 xe^x dx = \int_0^1 x de^x = xe^x \Big|_0^1 - \int_0^1 e^x dx = xe^x \Big|_0^1 - e^x \Big|_0^1 = e - e + 1 = 1.$

【例 12】　求 $\int_0^{\frac{\pi}{2}} x^2 \cos x dx$.

解：$\int_0^{\frac{\pi}{2}} x^2 \cos x dx = \int_0^{\frac{\pi}{2}} x^2 d(\sin x) = x^2 \sin x \Big|_0^{\frac{\pi}{2}} - \int_0^{\frac{\pi}{2}} 2x \sin x dx$

$$= \frac{\pi^2}{4} + 2\int_0^{\frac{\pi}{2}} x d(\cos x) = \frac{\pi^2}{4} + 2x\cos x \Big|_0^{\frac{\pi}{2}} - 2\int_0^{\frac{\pi}{2}} \cos x dx$$

$$= \frac{\pi^2}{4} - 2\sin x \Big|_0^{\frac{\pi}{2}} = \frac{\pi^2}{4} - 2.$$

【例 13】　计算 $\int_0^1 e^{\sqrt{x}} dx$.

解：用换元积分法，令 $x=t^2$，则 $dx=2tdt$，当 $x=0$ 时，$t=0$；$x=1$ 时，$t=1$. 于是

$$\int_0^1 e^{\sqrt{x}} dx = 2\int_0^1 te^t dt,$$

再用分部积分法，因为

$$\int_0^1 te^t dt = \int_0^1 t de^t = [te^t] \big|_0^1 - \int_0^1 e^t dt$$
$$= e - e^t \big|_0^1 = e - (e - 1) = 1.$$

所以

$$\int_0^1 e^{\sqrt{x}} dx = 2\int_0^1 te^t dt = 2.$$

课堂练习

1. 用定积分的几何意义，填写下列定积分值：

(1) $\int_0^1 2x dx =$ ________；　　(2) $\int_0^{2\pi} \cos x dx =$ ________；

(3) $\int_0^1 \sqrt{1-x^2} dx =$ ________.

2. 不求定积分的值，比较下列各对定积分的大小：

(1) $\int_0^1 x dx$ 与 $\int_0^1 x^2 dx$；　　(2) $\int_0^{\frac{\pi}{2}} x dx$ 与 $\int_0^{\frac{\pi}{2}} \sin x dx$；

3. 计算下列定积分：

(1) $\int_0^1 (2x+3)\mathrm{d}x$； (2) $\int_0^1 \frac{1-x^2}{1+x^2}\mathrm{d}x$； (3) $\int_e^{e^2} \frac{\mathrm{d}x}{x\ln x}$；

(4) $\int_0^1 \frac{e^x - e^{-x}}{2}\mathrm{d}x$； (5) $\int_0^{\frac{\pi}{3}} \tan^2 x\mathrm{d}x$； (6) $\int_4^9 (\sqrt{x}+\frac{1}{\sqrt{x}})\mathrm{d}x$；

(7) $\int_0^4 \frac{\mathrm{d}x}{1+\sqrt{x}}$； (8) $\int_{-2}^2 |x^2-1|\mathrm{d}x$.

课外作业

1. 求下列函数的定积分：

(1) $\int_4^9 \sqrt{x}(1+\sqrt{x}\mathrm{d}x)$； (2) $\int_{-\frac{1}{2}}^{\frac{1}{2}} \frac{\mathrm{d}x}{\sqrt{1-x^2}}$；

(3) $\int_1^e \frac{1+\ln x}{x}\mathrm{d}x$； (4) $\int_{-\frac{\pi}{2}}^{\frac{\pi}{2}} \sqrt{\cos x - \cos^3 x}\mathrm{d}x$.

2. 用换元积分法求下列定积分：

(1) $\int_{-2}^1 \frac{\mathrm{d}x}{(11+5x)^3}$； (2) $\int_{-1}^1 \frac{1}{\sqrt{5-4x}}\mathrm{d}x$；

(3) $\int_4^9 \frac{\sqrt{x}-1}{\sqrt{x}}\mathrm{d}x$； (4) $\int_1^{\sqrt{3}} \frac{\mathrm{d}x}{x\sqrt{x^2+1}}$.

3. 用分部积分法求下列定积分：

(1) $\int_1^e x\ln x\mathrm{d}x$； (2) $\int_1^4 \ln x\mathrm{d}x$；

(3) $\int_0^{\frac{\pi}{2}} e^x \cos x\mathrm{d}x$； (4) $\int_{\frac{1}{e}}^e |\ln x|\mathrm{d}x$.

项目九　微元法及平面图形的面积

➤ **学习目标**

- 理解微元法的基本思想
- 掌握用定积分表达和计算平面图形的面积

➤ **学习重点**　计算平面图形的面积

➤ **学习难点**　微元法的基本思想

一、微元法

1. 复习曲边梯形面积的求法

设 $f(x)$在区间$[a, b]$上连续，且 $f(x)\geqslant 0$，求曲线 $y=f(x)$及直线 $x=a$，$x=b$，$y=0$ 所围成的曲边梯形的面积 A，其求解的步骤是：

第一步：分割．将区间$[a, b]$任意分成 n 个小区间$[x_{i-1}, x_i]$($i=1, 2, \cdots, n$)，由此曲边梯形就相应地分成 n 个小曲边梯形，所求的曲边梯形面积 A 为每个小区间上小曲边梯形面积 ΔA_i 之和，即 $A=\sum\limits_{i=1}^{n}\Delta A_i$；

第二步：近似．对于任意小区间$[x_{i-1}, x_i]$上的小曲面梯形的面积 ΔA_i，用高为 $f(\xi_i)$，底为 $\Delta x_i=x_i-x_{i-1}$的小矩形面积 $f(\xi_i)\Delta x_i$ 近似代替，即 $\Delta A_i\approx f(\xi_i)\Delta x_i$，其中 $\xi_i\in[x_{i-1}, x_i]$；

第三步：求和．曲面梯形的面积 A 的近似值为 $A\approx\sum\limits_{i=1}^{n}f(\xi_i)\Delta x_i$；

第四步：取极限．曲面梯形的面积为 $A=\lim\limits_{\lambda\to 0}\sum\limits_{i=1}^{n}f(\xi_i)\Delta x_i=\int_a^b f(x)\mathrm{d}x$，其中，$\lambda=\max\limits_{1\leqslant i\leqslant n}\{\Delta x_i\}$.

上述四个步骤中，由第一步知，所求面积 A 这个量与区间$[a, b]$有关，如果把区间$[a, b]$分成许多个小区间，那么我们所求的面积 A 这个量相应地分成许多部分量，而 A 是所有部分量之和．这种性质称为所求量 A 对区间$[a, b]$具有可加性，这样也就确定了$[a, b]$是定积分的积分区间．

由上述四个步骤中第二步的近似表达式 $\Delta A_i\approx f(\xi_i)\Delta x_i$ 可确定出定积分的被积表达式 $f(x)\mathrm{d}x$. 我们不妨取 $\xi_i=x_{i-1}$，于是有 $\Delta A_i\approx f(x_{i-1})\Delta x_i$，如果记$[a, b]$的任一区间$[x_{i-1}, x_i]$为$[x, x+\mathrm{d}x]$，那么所要求的总量 A 在这一区间上相应的部分量 $\Delta A_i\approx f(x_{i-1})\Delta x_i$ 可写为$\Delta A\approx f(x)\mathrm{d}x$，称 $f(x)\mathrm{d}x$ 为所求面积 A 的微元，即 $\mathrm{d}A=f(x)\mathrm{d}x$，这就是被积表达式，于是所求量 $A=\int_a^b\mathrm{d}A=\int_a^b f(x)\mathrm{d}x$.

2. 微元法的概念

如果某一实际问题中所求量 F 满足以下的条件：

(1) F 是与变量 x 的变化区间$[a, b]$有关的量，且 F 对于区间$[a, b]$具有可加性，即如果把$[a, b]$分成若干个小区间，那么总量 F 就等于相应若干个小区间的部分量之和，这

是量 F 可以用定积分表示的前提，并给出了积分区间$[a, b]$；

(2) 在$[a, b]$的任一小区间$[x, x+dx]$上，求相应分量 ΔF 的近似表达式，即求微元$dF=f(x)dx$(要求 ΔF 与 $f(x)dx$ 之差是比 dx 高阶的无穷小)，这给出了被积表达式$f(x)dx$.

那么所求量 F 可归结为定积分 $F=\int_a^b f(x)dx$，以上方法称为微元法.

【例 1】 求半圆 $x^2+y^2=2(x>0)$ 与抛物线 $y^2=x$ 所围图形的面积.

解：由方程组$\begin{cases}x^2+y^2=2,\\ y^2=x,\end{cases}$得交点$(1, -1)$，$(1, 1)$.

选择 y 为积分变量，积分区间为$[-1, 1]$，则

$$A=\int_{-1}^1(\sqrt{2-y^2}+y^2)dy=2\int_0^1(\sqrt{2-y^2}+y^2)dy$$

$$=2\int_0^1\sqrt{2-y^2}\,dy+2\int_0^1 y^2dy=\frac{\pi}{2}+\frac{2}{3}.$$

二、平面图形的面积

设 $f(x)$，$g(x)$在$[a, b]$上连续，且 $f(x)\geqslant g(x)$，则由曲线 $y=f(x)$，$y=g(x)$及直线 $x=a$，$x=b$ 所围成的平面图形的面积为

$$A=\int_a^b(f(x)-g(x))dx,$$

其中，$(f(x)-g(x))dx$ 为面积微元 dA.

类似地，由直线 $x=\phi(y)$，$x=\varphi(y)$，且 $\phi(y)\geqslant\varphi(y)$及直线 $y=c$，$y=d$ 所围成的平面图形的面积为

$$A=\int_c^d(\phi(y)-\varphi(y))dy.$$

其中，$(\phi(y)-\varphi(y))dy$ 为面积微元 dA.

【例 2】 计算由两抛物线 $y=x^2$ 和 $y^2=x$ 所围的面积.

解：先求两曲线的交点，为此解方程组$\begin{cases}y=x^2,\\ y^2=x,\end{cases}$得两组解$\begin{cases}x=0,\\ y=0,\end{cases}\begin{cases}x=1,\\ y=1.\end{cases}$

即两曲线的交点为$(0, 0)$及$(1, 1)$，由此可知图形在直线 $x=0$ 和 $x=1$ 之间.

取 x 为积分变量，$x\in[0, 1]$，相应于$[0, 1]$上任一小区间$[x, x+dx]$的小曲边梯形的面积近似为$(\sqrt{x}-x^2)dx$，从而得到面积微元 $dA=(\sqrt{x}-x^2)dx$. 以$(\sqrt{x}-x^2)dx$ 为被积表达式，在区间$[0, 1]$上作定积分，便得所求面积为：

$$A=\int_0^1(\sqrt{y}-y^2)dy=\left(\frac{2}{3}y^{\frac{3}{2}}-\frac{1}{3}y^3\right)\Big|_0^1=\frac{1}{3}.$$

【例 3】 求抛物线 $y^2=x+2$ 与直线 $x-y=0$ 所围图形的面积.

解：为求抛物线与直线的交点，解方程组$\begin{cases}y^2=x+2,\\ x-y=0,\end{cases}$得交点为$(-1, -1)$与$(2, 2)$.

取 y 为积分变量，$y\in[-1, 2]$，相应于$[-1, 2]$上任一小区间$[y, y+dy]$的曲边梯形的面积近似为$[y-(y^2-2)]dy$，即面积微元为 $dA=[y-(y^2-2)]dy$. 以$[y-(y^2-2)]dy$ 为被积表达式，在区间$[-1, 2]$上作定积分，便得所求面积为：

$$A=\int_{-1}^{2}[y-(y^2-2)]\mathrm{d}y=\left(\frac{1}{2}y^2-\frac{1}{3}y^3+2y\right)\Big|_{-1}^{2}=\frac{9}{2}.$$

说明：本题若以 x 为积分变量，计算会不方便，可见积分变量选取得当，会使计算简化.

课堂练习

1. 选择题：

(1) 曲线 $y=x^2+2x$ 与直线 $x=-1$，$x=1$ 及 x 轴所围成图形的面积为(　　).

A. $\frac{8}{3}$；　　B. 2；　　C. $\frac{4}{3}$；　　D. $\frac{2}{3}$.

(2) 曲线 $y=\cos x\left(0\leqslant x\leqslant\frac{3}{2}\pi\right)$ 与两个坐标轴所围成图形的面积为(　　).

A. 4；　　B. 2；　　C. $\frac{5}{2}$；　　D. 3.

2. 求由下列各曲线所围图形的面积：

(1) $y^2=x$ 和 $y=x$；　　(2) $y=x^2$ 和 $y=-x^2+2$；

(3) $y=3-x^2$ 和 $y=2x$；　　(4) $y=x$，$y=2x$ 和 $y=x^2$.

课外作业

1. 求曲线 $y=x^2$，$y=(x-2)^2$ 与 x 轴围成的平面图形的面积.
2. 求由曲线 $f(x)=-x^2+2$ 和 $g(x)=x^2-3x$ 所围成的图形的面积(图 2-17).
3. 求椭圆 $\frac{x^2}{a^2}+\frac{y^2}{b^2}=1$ 的面积(图 2-18).

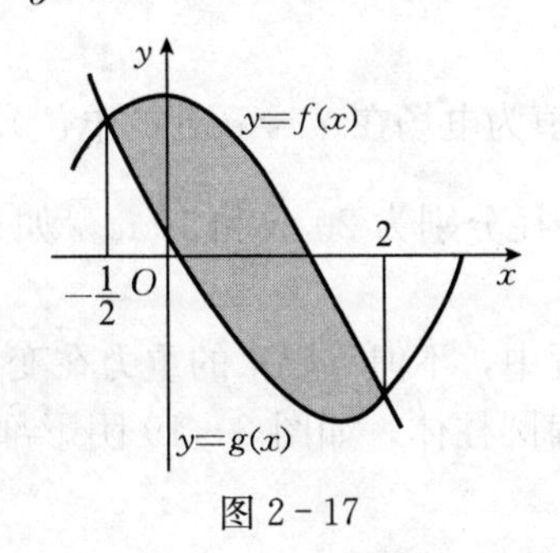

图 2-17

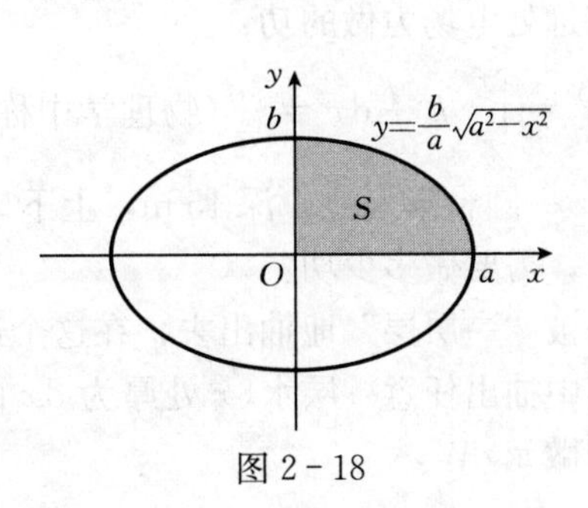

图 2-18

项目十　定积分的物理应用

➤ **学习目标**　掌握用定积分表达和计算一些物理量(变力做功、引力等)

➤ **学习重点**　计算变力所做的功、引力

➤ **学习难点**　引力

一、变力做功

由物理学知道，物体在恒力 F 的作用下，沿力的方向做直线运动，当物体发生了位移 s 时，力 F 对物体所做的功是 $W=F\cdot s$. 但在实际问题中，物体在发生位移时所受到的力常常是变化的，这就需要考虑变力做功的问题．因为所求的功是一个整体量，且对于区间具有可加性，所以可以用微元法来求这个量．

设物体在变力 $F=f(x)$的作用下，沿 x 轴由点 a 移动到点 b，且变力方向与 x 轴方向一致．取 x 为积分变量，$x\in[a, b]$. 在区间$[a, b]$上任取一小区间$[x, x+\mathrm{d}x]$，该区间上各点处的力可以用点 x 处的力 $F(x)$近似代替．因此功的微元为：

$$\mathrm{d}W=F(x)\mathrm{d}x,$$

从 a 到 b 这一段位移上变力 $F(x)$所做的功为：

$$W=\int_a^b F(x)\mathrm{d}x.$$

【例 1】　在原点处有一带电量为 $+q$ 的点电荷，在它的周围形成了一个电场．现在 $x=a$处有一单位正电荷沿 x 轴正方向移至 $x=b$ 处，求电场力所做的功．又若把该电荷继续移动，移动至无穷远处，电场力要做多少功．

解：点电荷在任意点 x 处时所受的电场力为

$$F(x)=k\frac{q}{x^2}(k\text{ 为常数}).$$

电场力做功的微元 $\mathrm{d}W$ 为点电荷由任意点 x 处移动至 $x+\mathrm{d}x$ 处时电场力 $F(x)$所做的功即

$$\mathrm{d}W=F(x)\mathrm{d}x=k\frac{q}{x^2}\mathrm{d}x,$$

则移至 $x=b$ 处电场力做的功：

$$W=\int_a^b k\frac{q}{x^2}\mathrm{d}x=-kq\frac{1}{x}\bigg|_a^b=kq\left(\frac{1}{a}-\frac{1}{b}\right).$$

移至无穷远处电场力做的功：

$$W=\int_a^{+\infty}k\frac{q}{x^2}\mathrm{d}x=\frac{kq}{a}(\text{物理学中称此值为电场在 } x=a \text{ 处的电位}).$$

【例 2】　一圆台形水池，深 15 m，上下口半径分别为 20 m 和 10 m，如果把其中盛满的水全部抽干，需要做多少功?

解：水是被“一层层”地抽出去，在这个过程中，不但每层水的重力在变，高度也在连续地变化．其中抽出任意一层水(x 处厚为 $\mathrm{d}x$ 的扁圆柱体，如图 2－19 阴影部分)所做的功为抽水做功的微元 $\mathrm{d}W$，

即
$$\begin{aligned}dW&=dm\cdot g\cdot x=dV\cdot\gamma\cdot g\cdot x\\&=\gamma gx\left(20-\frac{2}{3}x\right)^2\pi dx,\end{aligned}$$

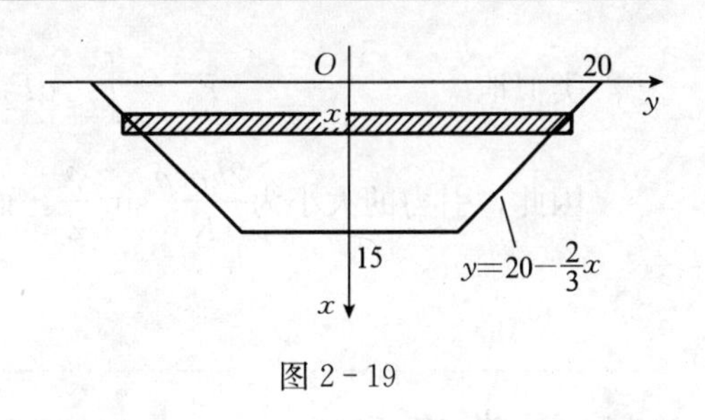

图 2-19

则
$$\begin{aligned}W&=\int_0^{15}\gamma gx\left(20-\frac{2}{3}x\right)^2\pi dx\\&=\gamma g\pi\int_0^{15}x\left(20-\frac{2}{3}x\right)^2dx\\&=\gamma g\pi\left(200x^2-\frac{80}{9}x^3+\frac{1}{9}x^4\right)\Big|_0^{15}\\&=20\,625\gamma g\pi=202\,125\,000\pi(\mathrm{J}).\end{aligned}$$

二、引力

由物理学知道，质量为 m_1，m_2，相距为 r 的两质点间的引力大小为：

$$F=k\frac{m_1m_2}{r^2},\ k\text{ 为引力系数}.$$

引力的方向沿着两质点的连线方向．如果要计算一根细棒对一个质点的引力，由于细棒上各点与该质点的距离是变化的，且各点对该质点的引力方向也是变化的，便不能简单地用上述公式来做计算．

【例 3】　设有一半径为 R，中心角为 φ 的圆弧形细棒，其线密度为常数 ρ，在圆心处有一质量为 m 的质点 M，试求这细棒对质点 M 的引力．

分析：解决这类问题，一般来说，应选择一个适当的坐标系．

解：建立如图 2-20 所示的坐标系，质点 M 位于坐标原点，该圆弧的参数方程为

$$\begin{cases}x=R\cos\theta,\\y=R\sin\theta,\end{cases}\quad -\frac{\varphi}{2}\leqslant\theta\leqslant\frac{\varphi}{2}.$$

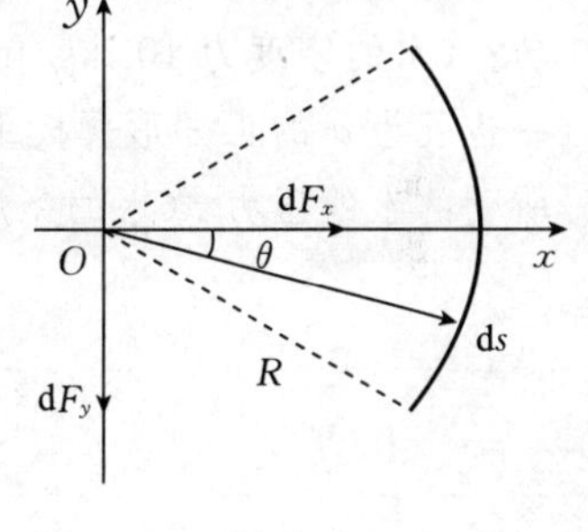

图 2-20

在圆弧细棒上截取一小段，其长度为 ds，它的质量为 ρds，到原点的距离为 R，其夹角为 θ，它对质点 M 的引力 ΔF 的大小约为

$$\Delta F\approx k\cdot\frac{m\rho ds}{R^2},$$

ΔF 在水平方向(即 x 轴)上的分力 ΔF_x 的近似值为

$$\Delta F_x\approx k\cdot\frac{m\rho ds}{R^2}\cos\theta,$$

而
$$ds=\sqrt{(dx)^2+(dy)^2}=Rd\theta.$$

于是，我们得到了细棒对质点的引力在水平方向的分力 F_x，

$$dF_x=\frac{km\rho}{R}\cos\theta d\theta.$$

故
$$F_x=\int_{-\frac{\varphi}{2}}^{\frac{\varphi}{2}}dF_x=\int_{-\frac{\varphi}{2}}^{\frac{\varphi}{2}}\frac{km\rho}{R}\cos\theta d\theta=\frac{2km\rho}{R}\sin\frac{\varphi}{2}.$$

类似地 $$F_y=\int_{-\frac{\varphi}{2}}^{\frac{\varphi}{2}}\mathrm{d}F_y=\int_{-\frac{\varphi}{2}}^{\frac{\varphi}{2}}\frac{km\rho}{R}\sin\theta\mathrm{d}\theta=0.$$

因此，引力的大小为$\frac{2km\rho}{R}\sin\frac{\varphi}{2}$，而方向指向圆弧的中心．

课堂练习

1. 填空题：

(1) 如果物体沿恒力 $F(x)$ 相同的方向移动，那么从位置 $x=a$ 到 $x=b$ 变力所做的功 $W=$ ________；

(2) 变速直线运动的物体的速度 $v(t)=5-t^2$，初始位置 $v(0)=1$，前 2 s 所走过的路程为 ________．

2. 在 x 轴上作直线运动的质点，任意点 x 处所受的力为 $F(x)=1-\mathrm{e}^{-x}$，试求质点从 $x=0$ 运动到 $x=1$ 处所做的功．

课外作业

1. 一个底半径为 R，高为 H 的圆柱形水桶装满了水，要把桶内的水全部吸出，需要做多少功？(水的密度为 $10^3\ \mathrm{kg/m^3}$，g 取 $10\ \mathrm{m/s^2}$)

2. 一边长为 a 的正方形薄板垂直放入水中，使该薄板的上边距水面 1 m，试求该薄板的一侧所受的水的压力．(水的密度为 $10^3\ \mathrm{kg/m^3}$，g 取 $10\ \mathrm{m/s^2}$)

项目十一　常微分方程

➤ 学习目标

- 了解微分方程，常微分方程，微分方程的阶、解、通解、特解、初始条件等基本概念
- 会识别可分离变量的一阶微分方程、齐次型微分方程和一阶线性微分方程．熟练掌握可分离变量的一阶微分方程、齐次型微分方程及一阶线性微分方程的解法

➤ 学习重点

- 微分方程的通解与特解等概念
- 一阶微分方程的分离变量法
- 一阶线性微分方程的常数变易法

➤ 学习难点

- 一阶微分方程的分离变量法
- 一阶线性微分方程的常数变易法

一、微分方程的基本概念

在许多科技领域里，常会遇到这样的问题：某个函数是怎样的并不知道，但根据科技领域的普遍规律，却可以知道这个未知函数及其导数与自变量之间会满足某种关系．下面先来看一个例子．

【例1】　已知一条曲线过点$P(1,2)$，且在该曲线上任意点$M(x,y)$处的切线斜率为$2x$，求这条曲线方程．

解：设所求曲线的方程为$y=f(x)$，根据导数的几何意义，可知$y=f(x)$应满足方程

$$\frac{dy}{dx}=2x, \tag{1}$$

发现这个方程中含有未知函数y的导数．

此外，未知函数$y=f(x)$还应满足下列条件：

$$x=1\text{时},\ y=2,\ \text{记为}y|_{x=1}=2. \tag{2}$$

把(1)式写成$dy=2xdx$，再两端积分，得

$$y=\int 2xdx,\ \text{即}\ y=x^2+C\ (\text{其中}C\text{是任意常数}). \tag{3}$$

把条件$x=1$，$y=2$代入(3)式，得$C=1$.

把$C=1$代入(3)，得所求曲线方程为

$$y=x^2+1.$$

【例2】　列车在平直线路上以20 m/s的速度行驶，当制动时列车获得加速度$-0.4\ m/s^2$，问开始制动后多长时间列车才能停止，以及列车在这段时间里行驶了多少路程?

解：设列车在开始制动t秒后行驶了s米，根据题意，反映制动阶段列车运动规律的函数$s=s(t)$应满足关系式

$$\frac{d^2s}{dt^2}=-0.4. \tag{4}$$

此外，未知函数$s=s(t)$还应满足下列条件：

$$t=0\text{时},\ s=0,\ v=\frac{ds}{dt}=20. \tag{5}$$

把(4)两端积分，得

$$v=\frac{ds}{dt}=-0.4t+C_1. \tag{6}$$

再积分一次，得

$$s=-0.2t^2+C_1t+C_2. \tag{7}$$

这里，C_1，C_2都是任意常数．把条件$v|_{t=0}=20$代入(6)，得$C_1=20$；把条件$s|_{t=0}=0$代入(7)，得$C_2=0$.

把C_1，C_2的值代入(6)及(7)，得

$$v=-0.4t+20, \tag{8}$$

$$s=-0.2t^2+20t, \tag{9}$$

在(8)中令$v=0$，得到列车从开始制动到完全停住所需的时间

$$t=\frac{20}{0.4}=50(s).$$

再把 $t=50$ 代入(9)，得到列车在制动阶段行驶的路程

$$s=-0.2\times 50^2+20\times 50=500(\mathrm{m}).$$

以上两个例子就是利用微分方程寻找函数关系的方法，下面介绍微分方程的基本的概念.

1. 微分方程、微分方程的阶及常微分方程

一般地，我们把含有未知函数的导数(或微分)的方程称为微分方程．例如，方程(1)和方程(4)都是微分方程．微分方程中所出现的未知函数的导数(或微分)的最高阶数称为微分方程的阶．例如，方程(1)是一阶微分方程，方程(4)是二阶微分方程．n 阶微分方程的一般形式为

$$F(x, y, y', y'', \cdots, y^{(n)})=0,$$

其中 $y^{(n)}$ 必须出现，而 x，y，y'，y''，…，$y^{(n-1)}$ 不一定出现．未知函数只含有一个自变量(即一元函数)的微分方程，称为常微分方程．未知函数是多元函数的微分方程，称为偏微分方程．本章只研究常微分方程．

2. 微分方程的解、通解、特解

从微分方程中求出未知函数的过程就称为解微分方程．满足微分方程的函数(需在某区间上连续)称为微分方程的解，例如，函数(3)和(7)分别是方程(1)和(4)的解．如果微分方程的解中含有任意常数的个数与微分方程的阶数相同且任意常数互相独立，这样的解称为微分方程的通解．满足微分方程的一个有特殊要求的解称为微分方程的特解，例 1 中的 $y=x^2+1$ 是满足 $y|_{x=1}=2$ 的特解．

3. 初始条件与初值问题

通常，微分方程的一般解里含有一些任意常数，其个数与微分方程的阶数相同，因此确定任意常数从一般解得出一个特解的附加条件的个数也与微分方程的阶数相同．确定微分方程通解中的任意常数的值的条件称为初始条件．微分方程与其初始条件构成的问题，称为初值问题．例如，求微分方程 $y'=f(x, y)$ 满足初始条件 $y|_{x=x_0}=y_0$ 的解，即求初值问题：

$$\begin{cases} y'=f(x, y), \\ y|_{x=x_0}=y_0. \end{cases}$$

【例 3】 已知函数 $x=C_1\cos kt+C_2\sin kt(k\neq 0)$ 是微分方程 $\frac{\mathrm{d}^2 x}{\mathrm{d}t^2}+k^2 x=0$ 的通解，求满足初始条件 $x|_{t=0}=A$，$x'|_{t=0}=0$ 的特解．

解：由条件 $x|_{t=0}=A$ 及 $x=C_1\cos kt+C_2\sin kt$，得

$$C_1=A.$$

再由条件 $x'|_{t=0}=0$ 及 $x'(t)=-kC_1\sin kt+kC_2\cos kt$，得

$$C_2=0.$$

把 C_1，C_2 的值代入 $x=C_1\cos kt+C_2\sin kt$ 中，得

$$x=A\cos kt.$$

二、一阶微分方程

一阶微分方程有多种形式，下面介绍几种常见类型的一阶微分方程及解法．

1. 可分离变量的微分方程

定义 1　如果一阶微分方程 $F(x, y, y')=0$ 可化为

$$\frac{\mathrm{d}y}{\mathrm{d}x}=f(x)g(y)$$

的形式，则称微分方程 $F(x, y, y')=0$ 为可分离变量的微分方程．这种方程的解法为：先分离变量得到$\frac{1}{g(y)}\mathrm{d}y=f(x)\mathrm{d}x$，然后在$\frac{1}{g(y)}\mathrm{d}y=f(x)\mathrm{d}x$ 的两端积分求得方程的通解．

【例 4】　求微分方程 $y'=2xy$ 的通解．

解：这是一个可分离变量的方程，分离变量后，得

$$\frac{\mathrm{d}y}{y}=2x\mathrm{d}x(y\neq 0).$$

两端分别积分，得

$$\int\frac{1}{y}\mathrm{d}y=\int 2x\mathrm{d}x.$$

得 $\ln|y|=x^2+C_1$，即 $y=\pm\mathrm{e}^{x^2}\mathrm{e}^{C_1}$.

取$\pm\mathrm{e}^{C_1}=C$，得

$$y=C\mathrm{e}^{x^2}(C\text{ 为任意常数}),$$

这就是该方程的通解，为方便起见，以后可将 $\ln|y|$ 写成 $\ln y$，将常数 C_1 写成 $\ln C$ 等形式，这样可由 $\ln y=x^2+\ln C$ 解得 $y=C\mathrm{e}^{x^2}$，因此可使求解过程简便．但要记住，最后得到的常数 C 仍是任意常数(可正可负)，以后遇到类似的情况均照此办法处理．

【例 5】　求微分方程 $\cos x\sin y\mathrm{d}x-\sin x\cos y\mathrm{d}y=0$ 满足初始条件 $y\left(\frac{\pi}{6}\right)=\frac{\pi}{2}$的特解．

解：分离变量，得

$$\frac{\cos y}{\sin y}\mathrm{d}y=\frac{\cos x}{\sin x}\mathrm{d}x\quad(\sin x\sin y\neq 0).$$

两端积分，得　$\ln\sin y=\ln\sin x+\ln C.$

从而所求方程的通解为　$\sin y=C\sin x.$

由初始条件 $y\left(\frac{\pi}{6}\right)=\frac{\pi}{2}$，得 $C=2$，故所求方程的特解为 $\sin y=2\sin x$.

2. 齐次型微分方程

定义 2　如果一阶微分方程 $F(x, y, y')=0$ 可化为：

$$y'=f\left(\frac{y}{x}\right)$$

的形式，则称该微分方程为齐次型微分方程．它不能由两端积分求解，其求解步骤为：

(1) 令 $u=\frac{y}{x}$，则 $y=ux$，$y'=xu'+u$，y 的微分方程就化成了 u 的微分方程；

(2) 代入方程 $y'=f\left(\frac{y}{x}\right)$中，得 $xu'+u=f(u)$，即 $u'=\frac{f(u)-u}{x}$，这就化成了可分离变量的微分方程，再由上面所学的方法就可求出方程的通解．

【例 6】 求方程$\frac{dy}{dx}=\frac{xy}{x^2-y^2}$，满足$y|_{x=0}=1$的特解.

解：原方程可化为$\frac{dy}{dx}=\frac{\frac{y}{x}}{1-\left(\frac{y}{x}\right)^2}$，即为齐次型方程.

令$\frac{y}{x}=u$，则$y=ux$，$\frac{dy}{dx}=u+x\frac{du}{dx}$，代入得

$$u+x\frac{du}{dx}=\frac{u}{1-u^2},$$

变形得

$$x\frac{du}{dx}=\frac{u^3}{1-u^2}.$$

分离变量后，得

$$\frac{1-u^2}{u^3}du=\frac{1}{x}dx,$$

两端分别积分，得

$$-\frac{1}{2u^2}-\ln u=\ln x+\ln C \text{ 即 } ux=Ce^{-\frac{1}{2u^2}}.$$

将u换成$\frac{y}{x}$，便得原方程的通解为 $y=Ce^{-\frac{x^2}{2y^2}}$.

将初始条件$y(0)=1$代入，得 $C=1$.

所以满足初始条件的特解为$y=e^{-\frac{x^2}{2y^2}}$.

【例 7】 求$y'=\frac{y}{x}+\tan\frac{y}{x}$的通解.

解：令$\frac{y}{x}=u$，则$y=ux$，$y'=u+xu'$，代入得

$$u+xu'=u+\tan u.$$

化简得

$$x\frac{du}{dx}=\tan u.$$

分离变量，得

$$\cot u du=\frac{1}{x}dx.$$

等式两边积分，得

$$\ln\sin u=\ln x+\ln C,$$

即

$$\sin u=Cx,$$

将u换成$\frac{y}{x}$，便得原方程的通解为$\sin\frac{y}{x}=Cx$.

三、一阶线性微分方程

定义 3 形如：$\frac{dy}{dx}+P(x)y=Q(x)$的一阶微分方程称为一阶线性微分方程，其中，$P(x)$，$Q(x)$都是已知的连续函数．“线性”是指方程中含有未知函数y及其导数y'的项都是关于y的一次项.

当 $Q(x)\equiv 0$ 时，方程化为$\frac{dy}{dx}+P(x)y=0$，称为一阶齐次线性微分方程；当 $Q(x)\neq 0$ 时，则方程$\frac{dy}{dx}+P(x)y=Q(x)$，称为一阶非齐次线性微分方程．

例如，微分方程$\frac{dy}{dx}=3xy+2x$，$y'=xy+y+\sin x$，$ydx-\tan xdy=0$，$xydx-\frac{x^2+1}{y^2+1}=0.$ 都是一阶线性微分方程．

1. 齐次线性微分方程的解法

齐次线性微分方程的形式为$\frac{dy}{dx}+P(x)y=0$，此方程是可分离变量的微分方程，分离变量后，得

$$\frac{1}{y}dy=-p(x)dx.$$

等式两边积分，得

$$\ln y=-\int P(x)dx+\ln C,$$

即

$$y=Ce^{-\int P(x)dx}.$$

这就是齐次线性微分方程的通解，其中对$\int P(x)dx$ 只取一个原函数．

【例 8】　求 $y'+\frac{y}{x+1}=0$ 的通解．

解：分离变量，得
$$\frac{1}{y}dy=-\frac{1}{x+1}dx,$$
两边积分，得
$$\ln y=-\ln(x+1)+\ln C.$$
因此该方程的通解为
$$y=\frac{C}{x+1}.$$

2. 非齐次线性微分方程的解法

非齐次线性微分方程的形式为

$$\frac{dy}{dx}+P(x)y=Q(x).$$

这种方程的解法：先求出其对应的齐次线性微分方程$\frac{dy}{dx}+p(x)y=0$ 的一般解 $y=Ce^{-\int P(x)dx}$，然后把 C 看作 x 的函数，再代到非齐次线性微分方程中求出 $C(x)$，这样就得到非齐次线性微分方程的通解．

设$\frac{dy}{dx}+p(x)y=Q(x)$有通解 $y=C(x)e^{-\int p(x)dx}$，则

$$\frac{dy}{dx}=C'(x)e^{-\int P(x)dx}-C(x)P(x)e^{-\int P(x)dx},$$

代入方程$\frac{dy}{dx}+P(x)y=Q(x)$，得

$$C'(x)\mathrm{e}^{-\int P(x)\mathrm{d}x}=Q(x).$$

于是

$$C(x)=\int Q(x)\mathrm{e}^{\int P(x)\mathrm{d}x}\mathrm{d}x+C.$$

故非齐次线性微分方程$\frac{\mathrm{d}y}{\mathrm{d}x}+P(x)y=Q(x)$的通解为

$$y=\mathrm{e}^{-\int P(x)\mathrm{d}x}\left[\int Q(x)\mathrm{e}^{\int P(x)\mathrm{d}x}\mathrm{d}x+C\right].$$

定义 4 上述通过把对应的齐次线性微分方程通解中的任意常数 C 换为待定函数 $C(x)$，然后求出非齐次线性微分方程的通解的方法，称为常数变易法.

因此，一阶非齐次线性微分方程的解法有两种：

(1) 常数变易法；

(2) 直接利用公式 $y=\mathrm{e}^{-\int P(x)\mathrm{d}x}\left[\int Q(x)\mathrm{e}^{\int P(x)\mathrm{d}x}\mathrm{d}x+C\right]$.

【例 9】 求微分方程 $y'-2xy=\mathrm{e}^{x^2}\cos x$ 的通解.

解法一：用常数变易法.

原方程对应的齐次方程为 $\frac{\mathrm{d}y}{\mathrm{d}x}-2xy=0$.

分离变量，得 $\frac{\mathrm{d}y}{y}=2x\mathrm{d}x$.

两边积分，得 $\ln y=x^2+\ln C$.

故对应齐次线性微分方程的通解为 $y=C\mathrm{e}^{x^2}$.

设原方程有通解 $y=C(x)\mathrm{e}^{x^2}$，则 $y'=C'(x)\mathrm{e}^{x^2}+2xC(x)\mathrm{e}^{x^2}$ 代入原方程，得

$$C'(x)\mathrm{e}^{x^2}=\mathrm{e}^{x^2}\cos x，即 C'(x)=\cos x.$$

所以 $C(x)=\int\cos x\mathrm{d}x=\sin x+C$.

故原方程的通解为 $y=\mathrm{e}^{x^2}(\sin x+C)$($C$ 为任意常数).

解法二：直接利用通解公式求解，其中 $P(x)=-2x$，$Q(x)=\mathrm{e}^{x^2}\cos x$.

$$\int P(x)\mathrm{d}x=\int-2x\mathrm{d}x=-x^2,$$

$$\mathrm{e}^{\int P(x)\mathrm{d}x}=\mathrm{e}^{-x^2},\mathrm{e}^{-\int P(x)\mathrm{d}x}=\mathrm{e}^{x^2}.$$

代入通解公式，得

$$\begin{aligned}y&=\mathrm{e}^{x^2}\left(\int\mathrm{e}^{x^2}\cos x\cdot\mathrm{e}^{-x^2}\mathrm{d}x+C\right)\\&=\mathrm{e}^{x^2}\left(\int\cos x\mathrm{d}x+C\right)=\mathrm{e}^{x^2}(\sin x+C).\end{aligned}$$

【例 10】 求微分方程 $y'=\frac{y}{y+x}$的通解.

解法一：用常数变异法，原方程可化为$\frac{\mathrm{d}x}{\mathrm{d}y}-\frac{x}{y}=1$，它所对应的齐次方程为$\frac{\mathrm{d}x}{\mathrm{d}y}-\frac{x}{y}=0$,

可求得其通解为 $x=Cy$.

设 $x=C(y)y$ 为方程 $\frac{dx}{dy}-\frac{x}{y}=1$ 的通解，代入原方程，化简得 $C'(y)y=1$. 从而有 $C(y)=\ln y-\ln C$，即 $y=Ce^{C(y)}$.

故原方程的通解为 $y=Ce^{\frac{x}{y}}$（C 为任意常数）.

解法二：用齐次方程的解法，原方程可化为 $\frac{dy}{dx}=\frac{\frac{y}{x}}{\frac{y}{x}+1}$.

令 $u=\frac{y}{x}$，则 $y=xu$，$\frac{dy}{dx}=u+x\frac{du}{dx}$.

方程可化为 $$u+x\frac{du}{dx}=\frac{u}{u+1}，即-\frac{u+1}{u^2}du=\frac{dx}{x}.$$

两边积分，得 $$\frac{1}{u}-\ln u=\ln x-\ln C.$$

整理，得 $$\ln^{ux}=\frac{1}{u}+\ln C，即 ux=Ce^{\frac{1}{u}}.$$

故原方程的通解为 $$y=Ce^{\frac{x}{y}}.$$

【例 11】　求 $xy'+y=\sin x$ 的通解.

解：先求对应齐次方程 $xy'+y=0$ 的通解.

分离变量，得 $$\frac{dy}{y}=-\frac{dx}{x},$$

解得其通解为 $$y=\frac{C}{x}.$$

设原方程有通解 $y=\frac{C(x)}{x}$，则 $y'=\frac{C'(x)}{x}-\frac{C(x)}{x^2}$.

代入原方程整理得 $$C'(x)=\sin x,$$

即 $$C(x)=-\cos x+C.$$

所以原方程的通解为 $$y=\frac{1}{x}(-\cos x+C).$$

课堂练习

1. 下列方程哪些是微分方程？若是，请指出它们的阶数：

（1）$2y''+y+4x^2=0$；　　（2）$y''+x+1=y^2$；

(3) $y+x+1=0$；　　(4) $y+(y')^2=0$；

(5) $\frac{d^2y}{dx^2}+\frac{dy}{dx}-2y=e^x$.

2. 验证下列函数是否为所给方程的解，若是，指明是通解还是特解：

(1) $xy'-2y=0$，$y=Cx^2$；　　(2) $ydx+xdy=0$，$y=\frac{1}{x}$；

(3) $y''+(y')^2=1$，$y=x$.

3. 解下列微分方程：

(1) $xyy'=1-x^2$；　　(2) $y'\tan x-y=a$(a 为常数)；

(3) $y'-y=e^{-x}$；　　(4) $y''=\cos x$.

课外作业

1. 已知曲线过点 $A(1, 0)$，且在该曲线上任一点 $M(x, y)$ 处的切线的斜率等于该点横坐标的平方，求该曲线的方程．

2. 用变量分离法求下列方程的通解或满足初始条件的特解：

(1) $y'=e^{2x-y}$；

(2) $y'=\dfrac{1+y^2}{1+x^2}$，初始条件 $y|_{x=0}=1$.（注：$\arctan 0=0$，$\arctan 1=\dfrac{\pi}{4}$）

3. 求下列齐次型方程的通解或满足初始条件的特解：

(1) $y^2+x^2\dfrac{dy}{dx}=xy\dfrac{dy}{dx}$；　(2) $xdy-ydx=ydy$；

(3) $y'=\dfrac{y}{x}+\dfrac{x}{y}$，$y|_{x=1}=2$.

4. 用常数变易法解下列方程：

(1) $y'+2xy=4x$；　(2) $2y'-y=e^x$；　(3) $y'-\dfrac{1}{x}y=2x^2$.

模块三

行列式与矩阵

在科学技术、工程技术及社会经济管理领域中，遇到的许多问题都可以直接或近似地表示成一些变量之间的线性关系，因此研究线性关系是非常重要的．线性代数在研究变量之间的线性关系上有着重要的应用，而行列式和矩阵是研究线性代数的重要数学工具．本模块主要介绍行列式与矩阵的定义、性质、计算方法及它们的应用．

项目一　行列式的定义与性质

> **学习目标**
> - 理解行列式的概念与性质
> - 会用行列式的性质求解行列式
> - 掌握克莱姆法则，并熟练应用
>
> **学习重点**　行列式的概念与性质
>
> **学习难点**　行列式的运算，克莱姆法则的应用

一、二阶行列式和三阶行列式的概念

在中学代数中学过，对于二元一次线性方程组

$$\begin{cases} a_{11}x_1+a_{12}x_2=b_1, \\ a_{21}x_1+a_{22}x_2=b_2, \end{cases}$$

当 $a_{11}a_{22}-a_{12}a_{21}\neq 0$ 时，该方程组有唯一解，即

$$\begin{cases} x_1=\dfrac{b_1a_{22}-b_2a_{12}}{a_{11}a_{22}-a_{12}a_{21}}, \\ x_2=\dfrac{b_2a_{11}-b_1a_{21}}{a_{11}a_{22}-a_{12}a_{21}}, \end{cases}$$

为了便于表示该结果，引入二阶行列式的定义．

定义 1　记号 $\begin{vmatrix} a_{11} & a_{12} \\ a_{21} & a_{22} \end{vmatrix}$ 表示代数和 $a_{11}a_{22}-a_{12}a_{21}$，称为二阶行列式，即

$$\begin{vmatrix} a_{11} & a_{12} \\ a_{21} & a_{22} \end{vmatrix} = a_{11}a_{22} - a_{12}a_{21},$$

其中 a_{ij} $(i, j=1, 2)$称为行列式第 i 行第 j 列的元素．

利用二阶行列式的定义，把由二元一次线性方程组的系数作为元素所确定的行列式称为系数行列式，记为

$$d = \begin{vmatrix} a_{11} & a_{12} \\ a_{21} & a_{22} \end{vmatrix} = a_{11}a_{22} - a_{12}a_{21}.$$

把解中的分子分别记为

$$d_1 = \begin{vmatrix} b_1 & a_{12} \\ b_2 & a_{22} \end{vmatrix} = b_1a_{22} - b_2a_{12}, \quad d_2 = \begin{vmatrix} a_{11} & b_1 \\ a_{21} & b_2 \end{vmatrix} = b_2a_{11} - b_1a_{21}.$$

当二元一次方程组的系数行列式 $d \neq 0$ 时，解可以简洁地表示为

$$x_1 = \frac{d_1}{d}, \quad x_2 = \frac{d_2}{d},$$

其中 d_1、d_2 是将二元一次方程组的系数行列式 d 中的第一、二列分别换成常数列得到的二阶行列式．

类似地，为了便于求三元一次线性方程组

$$\begin{cases} a_{11}x_1 + a_{12}x_2 + a_{13}x_{13} = b_1, \\ a_{21}x_1 + a_{22}x_2 + a_{23}x_3 = b_2, \\ a_{31}x_3 + a_{32}x_2 + a_{33}x_3 = b_3 \end{cases}$$

的解，引入三阶行列式的定义．

定义 2　记号 $\begin{vmatrix} a_{11} & a_{12} & a_{13} \\ a_{21} & a_{22} & a_{23} \\ a_{31} & a_{32} & a_{33} \end{vmatrix}$ 表示代数和 $a_{11}a_{22}a_{33} + a_{12}a_{23}a_{31} + a_{13}a_{21}a_{32} - a_{11}a_{23}a_{32} - a_{12}a_{21}a_{33} - a_{13}a_{22}a_{31}$ 称为三阶行列式，其中数 a_{ij} $(i, j=1, 2, 3)$称为行列式第 i 行第 j 列的元素，即

$$\begin{vmatrix} a_{11} & a_{12} & a_{13} \\ a_{21} & a_{22} & a_{23} \\ a_{31} & a_{32} & a_{33} \end{vmatrix} = a_{11}a_{22}a_{33} + a_{12}a_{23}a_{31} + a_{13}a_{21}a_{32} - a_{11}a_{23}a_{32} - a_{12}a_{21}a_{33} - a_{13}a_{22}a_{31}.$$

利用三阶行列式的定义，当三元一次方程组的系数行列式 $d \neq 0$ 时，它的解可以简洁地表示为

$$x_1 = \frac{d_1}{d}, \quad x_2 = \frac{d_2}{d}, \quad x_3 = \frac{d_3}{d},$$

其中 d_1、d_2、d_3 是将三元一次方程组的系数行列式 d 中的第一、二、三列分别换成常数列得到的三阶行列式．

【例 1】　计算二阶行列式 $D = \begin{vmatrix} 7 & 3 \\ 2 & 5 \end{vmatrix}$.

解：$D = 7 \times 5 - 2 \times 3 = 35 - 6 = 29$.

【例 2】　计算三阶行列式 $D = \begin{vmatrix} 3 & 1 & 2 \\ 2 & 0 & -3 \\ -1 & 5 & 4 \end{vmatrix}$.

解：$D=3\times0\times4+1\times(-3)\times(-1)+2\times2\times5-1\times2\times4-3\times5\times(-3)-2\times0\times(-1)$
$=0+3+20-8+45-0=60.$

【例 3】 用行列式解方程组

$$\begin{cases}4x_1+6x_2=7,\\2x_1+8x_2=5.\end{cases}$$

解：方程组 $\begin{cases}4x_1+6x_2=7,\\2x_1+8x_2=5\end{cases}$ 的系数行列式、第一未知元行列式、第二未知元行列式分别为：

$$d=\begin{vmatrix}4&6\\2&8\end{vmatrix}=4\times8-2\times6=20,$$

$$d_1=\begin{vmatrix}7&6\\5&8\end{vmatrix}=7\times8-5\times6=26,$$

$$d_2=\begin{vmatrix}4&7\\2&5\end{vmatrix}=4\times5-2\times7=6.$$

故得

$$x_1=\frac{d_1}{d}=\frac{26}{20}=1.3,\ x_2=\frac{d_2}{d}=\frac{6}{20}=0.3.$$

二、n 阶行列式的定义

通过之前定义的二阶、三阶行列式，下面用递推法定义 n 阶行列式.

定义 3 将 n^2 个数 a_{ij} $(i,\ j=1,\ 2,\ \cdots,\ n)$ 排成 n 行，n 列的算式

$$\begin{vmatrix}a_{11}&a_{12}&\cdots&a_{1n}\\a_{21}&a_{22}&\cdots&a_{2n}\\\vdots&\vdots&&\vdots\\a_{n1}&a_{n2}&\cdots&a_{nn}\end{vmatrix},$$

称其为 n 阶行列式，简称行列式，一般记为 D_n，其中 a_{ij} $(i,\ j=1,\ 2,\ \cdots,\ n)$ 称为行列式第 i 行第 j 列的元素. 当 $n=1$ 时，规定 $D_1=|a_{11}|=a_{11}$.

在 n 阶行列式中，若划去元素 a_{ij} 所在的第 i 行第 j 列后，剩下的 $(n-1)^2$ 个元素按原来的顺序组成的 $n-1$ 阶行列式称为 a_{ij} 的余子式，记为 M_{ij}，即

$$M_{ij}=\begin{vmatrix}a_{11}&\cdots&a_{1,j-1}&a_{1,j+1}&\cdots&a_{1n}\\\vdots&&\vdots&\vdots&&\vdots\\a_{i-1,1}&\cdots&a_{i-1,j-1}&a_{i-1,j+1}&\cdots&a_{i-1,n}\\a_{i+1,1}&\cdots&a_{i+1,j-1}&a_{i+1,j+1}&\cdots&a_{i+1,n}\\\vdots&&\vdots&\vdots&&\vdots\\a_{n1}&\cdots&a_{n,j-1}&a_{n,j+1}&\cdots&a_{nn}\end{vmatrix}.$$

在它的前面加上符号因子 $(-1)^{i+j}$ 后，即

$$A_{ij}=(-1)^{i+j}M_{ij}$$

称为元素 a_{ij} 的代数余子式.

例如，三阶行列式中元素 a_{23} 的余子式为

$$M_{23}=\begin{vmatrix} a_{11} & a_{12} \\ a_{31} & a_{32} \end{vmatrix},$$

代数余子式为

$$A_{23}=(-1)^{2+3}M_{23}=(-1)^{2+3}\begin{vmatrix} a_{11} & a_{12} \\ a_{31} & a_{32} \end{vmatrix}=-\begin{vmatrix} a_{11} & a_{12} \\ a_{31} & a_{32} \end{vmatrix}.$$

根据余子式和代数余子式的定义，可以证明以下定理．

定理 1（**行列式展开定理**）　n 阶行列式等于任意一行（或列）各元素与其代数余子式乘积之和，即 n 阶行列式可以表示为

$$D=a_{i1}A_{i1}+a_{i2}A_{i2}+\cdots+a_{in}A_{in}=\sum_{k=1}^{n}a_{ik}A_{ik}\ (i=1,\ 2,\ \cdots,\ n)$$

或

$$D=a_{1j}A_{1j}+a_{2j}A_{2j}+\cdots+a_{nj}A_{nj}=\sum_{k=1}^{n}a_{kj}A_{kj}\ (j=1,\ 2,\ \cdots,\ n).$$

行列式用任意一行（或列）各元素与其代数余子式乘积之和表示，也称为行列式按行（或列）展开．

【例 4】　在三阶行列式

$$D_3=\begin{vmatrix} 4 & 3 & 11 \\ -6 & 8 & 10 \\ -3 & -2 & 6 \end{vmatrix}$$

中，求元素 a_{12} 的余子式 M_{12} 和代数余子式 A_{12}．

解：元素 a_{12} 的余子式 M_{12} 是从 D_3 中划去第 1 行和第 2 列的元素后剩下的元素构成的二阶行列式

$$M_{12}=\begin{vmatrix} -6 & 10 \\ -3 & 6 \end{vmatrix}.$$

元素 a_{12} 的代数余子式是在余子式 M_{12} 前再乘一个符号因子 $(-1)^{1+2}$，则

$$A_{12}=(-1)^{1+2}M_{12}=-\begin{vmatrix} -6 & 10 \\ -3 & 6 \end{vmatrix}.$$

由定理 1 可以看出，一个 n 阶行列式代表一个数值，这个数值等于该行列式中某一行所有元素与其对应的代数余子式积的和，常将按定义计算行列式简称为 n 阶行列式按某一行展开．

【例 5】　计算三阶行列式

$$D_3=\begin{vmatrix} -2 & -4 & 6 \\ 3 & 6 & 5 \\ 1 & 4 & -1 \end{vmatrix}.$$

解：将三阶行列式 D_3 按第一行展开，有

$$D_3=(-2)\cdot(-1)^{1+1}\begin{vmatrix} 6 & 5 \\ 4 & -1 \end{vmatrix}+(-4)\cdot(-1)^{1+2}\begin{vmatrix} 3 & 5 \\ 1 & -1 \end{vmatrix}+6\cdot(-1)^{1+3}\begin{vmatrix} 3 & 6 \\ 1 & 4 \end{vmatrix}$$

$=(-2)(-6-20)+4(-3-5)+6(12-6)$

$=52-32+36=56.$

【例 6】 计算四阶行列式

$$D_4=\begin{vmatrix} 3 & 2 & 0 & 8 \\ 4 & -9 & 2 & 10 \\ -1 & 6 & 0 & -7 \\ 0 & 0 & 0 & 5 \end{vmatrix}.$$

解：按第三列展开

$$D_4=2\times(-1)^{2+3}\begin{vmatrix} 3 & 2 & 8 \\ -1 & 6 & -7 \\ 0 & 0 & 5 \end{vmatrix}.$$

对于上面的三阶行列式，按第三行展开

$$D_4=-2\times5\times(-1)^{3+3}\begin{vmatrix} 3 & 2 \\ -1 & 6 \end{vmatrix}=-200.$$

三、几个常用的特殊行列式

将行列式中由左上角至右下角的对角线称为主对角线，主对角线以上的元素全为零的行列式称为下三角行列式，主对角线以下的元素全为零的行列式称为上三角行列式．上、下三角行列式统称为三角行列式．由定理 1 知，上、下三角行列式的值均等于主对角线上元素的乘积，即

$$\text{上三角行列式}\begin{vmatrix} a_{11} & a_{12} & \cdots & a_{1n} \\ 0 & a_{22} & \cdots & a_{2n} \\ \vdots & \vdots & & \vdots \\ 0 & 0 & \cdots & a_{nn} \end{vmatrix}=a_{11}a_{22}\cdots a_{nn},$$

$$\text{下三角行列式}\begin{vmatrix} a_{11} & 0 & \cdots & 0 \\ a_{21} & a_{22} & \cdots & 0 \\ \vdots & \vdots & & \vdots \\ a_{n1} & a_{n2} & \cdots & a_{nn} \end{vmatrix}=a_{11}a_{22}\cdots a_{nn}.$$

例如

$$\begin{vmatrix} -2 & 0 & 0 \\ 3 & 6 & 0 \\ 1 & 4 & -1 \end{vmatrix}=(-2)\times6\times(-1)=12;\quad \begin{vmatrix} 1 & 2 & 3 & 4 \\ 0 & 2 & 2 & 3 \\ 0 & 0 & 3 & 2 \\ 0 & 0 & 0 & 4 \end{vmatrix}=1\times2\times3\times4=24.$$

主对角线上的元素不全为零，其他元素都为零的行列式称为对角行列式．对角行列式既是上三角行列式又是下三角行列式，因此它的值也等于主对角线上元素的乘积，即

$$\begin{vmatrix} a_{11} & 0 & \cdots & 0 \\ 0 & a_{22} & \cdots & 0 \\ \vdots & \vdots & & \vdots \\ 0 & 0 & \cdots & a_{nn} \end{vmatrix}=a_{11}a_{22}\cdots a_{nn}.$$

例如

$$\begin{vmatrix}1&0&0\\0&1&0\\0&0&1\end{vmatrix}=1;\quad\begin{vmatrix}1&0&0&0\\0&2&0&0\\0&0&3&0\\0&0&0&4\end{vmatrix}=1\cdot2\cdot3\cdot4=24.$$

四、n 阶行列式的性质

从行列式的定义出发直接计算行列式是比较麻烦的，为了简化 n 阶行列式的计算，下面将进一步讨论 n 阶行列式的一些基本性质．

在讨论行列式的性质之前，我们先给出一个行列式的转置行列式的定义．

定义 4　将行列式 D 的行与列互换后得到的行列式，称为 D 的转置行列式，记为 D^{T}. 即

$$D=\begin{vmatrix}a_{11}&a_{12}&\cdots&a_{1n}\\a_{21}&a_{22}&\cdots&a_{2n}\\\vdots&\vdots&&\vdots\\a_{n1}&a_{n2}&\cdots&a_{nn}\end{vmatrix},$$

则

$$D^{\mathrm{T}}=\begin{vmatrix}a_{11}&a_{21}&\cdots&a_{n1}\\a_{12}&a_{22}&\cdots&a_{n2}\\\vdots&\vdots&&\vdots\\a_{1n}&a_{2n}&\cdots&a_{nn}\end{vmatrix}.$$

性质 1　行列式 D 与其转置行列式 D^{T} 相等，即 $D^{\mathrm{T}}=D$.

由性质 1 知，行列式中的行与列具有相等的地位，行列式的性质中凡是对行成立的对列也同样成立，反之亦然．

性质 2　将行列式任意两行(或列)交换，行列式仅改变符号．

例如

$$\begin{vmatrix}a_{11}&a_{12}&a_{13}\\a_{21}&a_{22}&a_{23}\\a_{31}&a_{32}&a_{33}\end{vmatrix}=-\begin{vmatrix}a_{31}&a_{32}&a_{33}\\a_{21}&a_{22}&a_{23}\\a_{11}&a_{12}&a_{13}\end{vmatrix}.$$

由性质 2 可以得到下面的推论．

推论 1　如果行列式 D 中某两行(或列)对应元素相等，则 $D=0$.

性质 3　用数 k 乘以行列式的某一行(或列)的所有元素，等于用数 k 乘以这个行列式，即

$$\begin{vmatrix}a_{11}&a_{12}&\cdots&a_{1n}\\\vdots&\vdots&&\vdots\\ka_{i1}&ka_{i2}&\cdots&ka_{in}\\\vdots&\vdots&&\vdots\\a_{n1}&a_{n2}&\cdots&a_{nn}\end{vmatrix}=k\begin{vmatrix}a_{11}&a_{12}&\cdots&a_{1n}\\\vdots&\vdots&&\vdots\\a_{i1}&a_{i2}&\cdots&a_{in}\\\vdots&\vdots&&\vdots\\a_{n1}&a_{n2}&\cdots&a_{nn}\end{vmatrix}.$$

这就是说，一行的公因子可以提出去，或者说以一数乘行列式的一行就相当于用这个数乘此行列式．

由性质 3 可以得到下面的推论．

推论 2　如果行列式 D 中某一行(或列)的所有元素都是 0，则行列式 $D=0$．

由性质 3 和推论 2 还可以得到下面的推论．

推论 3　如果行列式 D 中某两行(或列)对应元素成比例，则行列式 $D=0$．

性质 4　如果行列式的某一行(或列)的元素都是两项之和，则此行列式等于两个行列式的和，而且这两个行列式除了这一行(或列)以外，其余的元素与原来行列式的对应元素相同，即

$$\begin{vmatrix} a_{11} & a_{12} & \cdots & a_{1n} \\ \vdots & \vdots & & \vdots \\ b_1+c_1 & b_2+c_2 & \cdots & b_n+c_n \\ \vdots & \vdots & & \vdots \\ a_{n1} & a_{n2} & \cdots & a_{nn} \end{vmatrix} = \begin{vmatrix} a_{11} & a_{12} & \cdots & a_{1n} \\ \vdots & \vdots & & \vdots \\ b_1 & b_2 & \cdots & b_n \\ \vdots & \vdots & & \vdots \\ a_{n1} & a_{n2} & \cdots & a_{nn} \end{vmatrix} + \begin{vmatrix} a_{11} & a_{12} & \cdots & a_{1n} \\ \vdots & \vdots & & \vdots \\ c_1 & c_2 & \cdots & c_n \\ \vdots & \vdots & & \vdots \\ a_{n1} & a_{n2} & \cdots & a_{nn} \end{vmatrix}$$

性质 4 显然可以推广到某一行为多组数的和的情形．

性质 5　把行列式的某一行(或列)的倍数加到另一行(或列)，行列式的值不变，即

$$\begin{vmatrix} a_{11} & a_{12} & \cdots & a_{1n} \\ \vdots & \vdots & & \vdots \\ a_{i1}+ca_{k1} & a_{i2}+ca_{k2} & \cdots & a_{in}+ca_{kn} \\ \vdots & \vdots & & \vdots \\ a_{k1} & a_{k2} & \cdots & a_{kn} \\ \vdots & \vdots & & \vdots \\ a_{n1} & a_{n2} & \cdots & a_{nn} \end{vmatrix}$$

$$= \begin{vmatrix} a_{11} & a_{12} & \cdots & a_{1n} \\ \vdots & \vdots & & \vdots \\ a_{i1} & a_{i2} & \cdots & a_{in} \\ \vdots & \vdots & & \vdots \\ a_{k1} & a_{k2} & \cdots & a_{kn} \\ \vdots & \vdots & & \vdots \\ a_{n1} & a_{n2} & \cdots & a_{nn} \end{vmatrix} + \begin{vmatrix} a_{11} & a_{12} & \cdots & a_{1n} \\ \vdots & \vdots & & \vdots \\ ca_{k1} & ca_{k2} & \cdots & ca_{kn} \\ \vdots & \vdots & & \vdots \\ a_{k1} & a_{k2} & \cdots & a_{kn} \\ \vdots & \vdots & & \vdots \\ a_{n1} & a_{n2} & \cdots & a_{nn} \end{vmatrix} = \begin{vmatrix} a_{11} & a_{12} & \cdots & a_{1n} \\ \vdots & \vdots & & \vdots \\ a_{i1} & a_{i2} & \cdots & a_{in} \\ \vdots & \vdots & & \vdots \\ a_{k1} & a_{k2} & \cdots & a_{kn} \\ \vdots & \vdots & & \vdots \\ a_{n1} & a_{n2} & \cdots & a_{nn} \end{vmatrix}.$$

推论 4　行列式 D 中任一行(或列)中所有元素与另一行(或列)的对应元素的代数余子式乘积之和为零，即

$$D=a_{i1}A_{j1}+a_{i2}A_{j2}+\cdots+a_{in}A_{jn}=0\,(i\neq j)$$

$$\text{或 } D=a_{1i}A_{1j}+a_{2i}A_{2j}+\cdots+a_{ni}A_{nj}=0\,(i\neq j).$$

对于元素中含有字母的行列式的计算过程同样遵循以上性质和方法．

【例 7】　计算 $D=\begin{vmatrix} 3 & 1 & 2 \\ 290 & 106 & 196 \\ 5 & -3 & 2 \end{vmatrix}$．

解：由行列式的推论 3 和性质 4，得

$$D=\begin{vmatrix} 3 & 1 & 2 \\ 300-10 & 100+6 & 200-4 \\ 5 & -3 & 2 \end{vmatrix}=\begin{vmatrix} 3 & 1 & 2 \\ 300 & 100 & 200 \\ 5 & -3 & 2 \end{vmatrix}+\begin{vmatrix} 3 & 1 & 2 \\ -10 & 6 & -4 \\ 5 & -3 & 2 \end{vmatrix}=0.$$

【例 8】 计算 $D=\begin{vmatrix} 2 & 1 & 2 \\ -4 & 3 & 1 \\ 2 & 3 & 5 \end{vmatrix}$.

解：

$$D=\begin{vmatrix} 2 & 1 & 2 \\ -4 & 3 & 1 \\ 2 & 3 & 5 \end{vmatrix}\xlongequal{r_2+2r_1}\begin{vmatrix} 2 & 1 & 2 \\ 0 & 5 & 5 \\ 2 & 3 & 5 \end{vmatrix}\xlongequal{r_3+(-1)r_1}\begin{vmatrix} 2 & 1 & 2 \\ 0 & 5 & 5 \\ 0 & 2 & 3 \end{vmatrix}=5\begin{vmatrix} 2 & 1 & 2 \\ 0 & 1 & 1 \\ 0 & 2 & 3 \end{vmatrix}$$

$$\xlongequal{r_3+(-2)r_2}5\begin{vmatrix} 2 & 1 & 2 \\ 0 & 1 & 1 \\ 0 & 0 & 1 \end{vmatrix}=5\times2\times1\times1=10.$$

注意：为了把计算行列式的过程表述清楚，用记号“λr_i”表示将第 i 行乘 λ，“λc_i”表示将第 i 列乘 λ；“$(r_i,\ r_j)$”表示将第 i 行与第 j 行交换；“$(c_i,\ c_j)$”表示将第 i 列与第 j 列交换；“$r_k+\lambda r_i$”表示将第 i 行乘以 λ 后加到第 k 行上；“$c_k+\lambda c_i$”表示将第 i 列乘以 λ 后加到第 k 列上；把对行的变换写在等号上方，把对列的变换写在等号下方．

【例 9】 计算 $D=\begin{vmatrix} a-b & a & b \\ -a & b-a & a \\ b & -b & -a-b \end{vmatrix}$.

解：由性质 5，在第一行加上第二行的 1 倍，再由推论 3 得

$$D=\begin{vmatrix} -b & b & a+b \\ -a & b-a & a \\ b & -b & -a-b \end{vmatrix}=0.$$

五、克莱姆法则

定理 2　设有 n 个未知数 $x_1,\ x_2,\ \cdots,\ x_n$ 的 n 元线性方程组为

$$\begin{cases} a_{11}x_1+a_{12}x_2+\cdots+a_{1n}x_n=b_1, \\ a_{21}x_1+a_{22}x_2+\cdots+a_{2n}x_n=b_2, \\ \cdots\cdots\cdots\cdots \\ a_{n1}x_1+a_{n2}x_2+\cdots+a_{nn}x_n=b_n \end{cases}$$

的系数行列式

$$D=\begin{vmatrix} a_{11} & a_{12} & \cdots & a_{1n} \\ a_{21} & a_{22} & \cdots & a_{2n} \\ \vdots & \vdots & & \vdots \\ a_{n1} & a_{n2} & \cdots & a_{nn} \end{vmatrix}\neq0,$$

则线性方程组有唯一解，其解为

$$x_j=\frac{D_j}{D}(j=1,\ 2,\ \cdots,\ n),$$

其中 $D_j(j=1, 2, \cdots, n)$就是把 D 中的第 j 列元素 a_{1j}，a_{2j}，…，a_{nj} 分别换成常数项 b_1，b_2，…，b_n，而其余各列不变而得到的 n 阶行列式．

六、运用克莱姆法则讨论齐次线性方程组的解

当线性方程组

$$\begin{cases} a_{11}x_1+a_{12}x_2+\cdots+a_{1n}x_n=b_1, \\ a_{21}x_1+a_{22}x_2+\cdots+a_{2n}x_n=b_2, \\ \cdots\cdots\cdots\cdots \\ a_{n1}x_1+a_{n2}x_2+\cdots+a_{nn}x_n=b_n \end{cases}$$

的常数项 b_1，b_2，…，b_n 全为零时，即

$$\begin{cases} a_{11}x_1+a_{12}x_2+\cdots+a_{1n}x_n=0, \\ a_{21}x_1+a_{22}x_2+\cdots+a_{2n}x_n=0, \\ \cdots\cdots\cdots\cdots \\ a_{n1}x_1+a_{n2}x_2+\cdots+a_{nn}x_n=0 \end{cases}$$

称其为齐次线性方程组．显然，齐次线性方程组总是有解的，因为(0，0，…，0)就是一个解，它称为零解．对于齐次线性方程组我们关心的问题常常是它除去零解以外还有没有其他解，或者说它有没有非零解．对于方程个数与未知量个数相同的齐次线性方程组，应用克莱姆法则就有如下定理．

定理 3 如果齐次线性方程组

$$\begin{cases} a_{11}x_1+a_{12}x_2+\cdots+a_{1n}x_n=0, \\ a_{21}x_1+a_{22}x_2+\cdots+a_{2n}x_n=0, \\ \cdots\cdots\cdots\cdots \\ a_{n1}x_1+a_{n2}x_2+\cdots+a_{nn}x_n=0 \end{cases}$$

的系数矩阵行列式$|D|\neq 0$，那么它只有零解．换句话说，如果此方程组有非零解，那么必有$|D|=0$.

【例 10】 线性方程组$\begin{cases} 2x_1+x_2-5x_3+x_4=8, \\ x_1-3x_2-6x_4=9, \\ 2x_2-x_3+2x_4=-5, \\ x_1+4x_2-7x_3+6x_4=0. \end{cases}$

解：方程组的系数行列式

$$D=\begin{vmatrix} 2 & 1 & -5 & 1 \\ 1 & -3 & 0 & -6 \\ 0 & 2 & -1 & 2 \\ 1 & 4 & -7 & 6 \end{vmatrix}=27\neq 0,$$

因此可以用克莱姆法则，由于

$$D_1=\begin{vmatrix} 8 & 1 & -5 & 1 \\ 9 & -3 & 0 & -6 \\ -5 & 2 & -1 & 2 \\ 0 & 4 & -7 & 6 \end{vmatrix}=81，D_2=\begin{vmatrix} 2 & 8 & -5 & 1 \\ 1 & 9 & 0 & -6 \\ 0 & -5 & -1 & 2 \\ 1 & 0 & -7 & 6 \end{vmatrix}=-108,$$

$$D_3=\begin{vmatrix}2&1&8&1\\1&-3&9&-6\\0&2&-5&2\\1&4&0&6\end{vmatrix}=-27,\ D_4=\begin{vmatrix}2&1&-5&8\\1&-3&0&9\\0&2&-1&-5\\1&4&-7&0\end{vmatrix}=27.$$

所以方程组的唯一解为

$$x_1=3,\ x_2=-4,\ x_3=-1,\ x_4=1.$$

【例 11】 当 k 取何值时，齐次线性方程组

$$\begin{cases}kx_1+x_2+x_3=0,\\x_1+kx_2+x_3=0,\\x_1+x_2+kx_3=0\end{cases}$$

有非零解？

解：因为方程组的系数行列式

$$D=\begin{vmatrix}k&1&1\\1&k&1\\1&1&k\end{vmatrix}=(k+2)(k-1)^2,$$

由定理 3 可知，此齐次线性方程组要有非零解，则它的系数行列式 $|D|=0$，即

$$(k+2)(k-1)^2=0.$$

因此，当 $k=-2$ 或 $k=1$ 时，该齐次线性方程组有非零解．

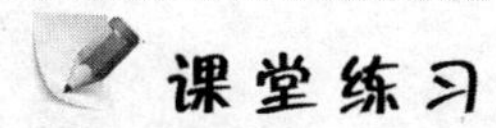

课堂练习

1. 计算下列二阶、三阶行列式：

(1) $\begin{vmatrix}1&2\\3&4\end{vmatrix}$；　　(2) $\begin{vmatrix}1&2&1\\2&1&1\\3&0&1\end{vmatrix}$．

2. 写出行列式 $\begin{vmatrix}a&b&-c&4\\b&-a&3&6\\c&5&-b&a\\b&0&24&b\end{vmatrix}$ 中元素 a_{13} 的余子式及代数余子式．

3. 计算下列行列式：

(1) $\begin{vmatrix} 1 & 2 & 3 \\ 0 & 1 & 2 \\ 1 & 1 & 1 \end{vmatrix}$；　　(2) $\begin{vmatrix} 1 & 2 & 3 & 4 \\ 2 & 3 & 4 & 1 \\ 3 & 4 & 1 & 2 \\ 4 & 1 & 2 & 3 \end{vmatrix}$；

(3) $\begin{vmatrix} 0 & -1 & -1 & 2 \\ 1 & -1 & 0 & 2 \\ -1 & 2 & -1 & 0 \\ 2 & 1 & 1 & 0 \end{vmatrix}$.

4. 用克莱姆法则解方程组：$\begin{cases} x_2+2x_3=1, \\ x_1+2x_2+4x_3=1, \\ 2x_1-3x_2=2. \end{cases}$

课外作业

1. 计算下列二阶、三阶行列式：

(1) $\begin{vmatrix} 3 & 4 \\ -5 & 6 \end{vmatrix}$；　　(2) $\begin{vmatrix} 2 & 3 & -4 \\ 1 & 2 & 1 \\ 0 & 0 & 7 \end{vmatrix}$.

2. 写出行列式 $\begin{vmatrix} -3 & 0 & 4 \\ 5 & 0 & 3 \\ 2 & -2 & 1 \end{vmatrix}$ 中元素 $a_{31}=2$，$a_{32}=-2$ 的余子式和代数余子式．

3. 计算下列行列式：

(1) $\begin{vmatrix} 6 & 7 & 3 \\ 1 & -1 & 3 \\ 12 & 14 & 6 \end{vmatrix}$；　(2) $\begin{vmatrix} 1 & 1 & 1 & 1 \\ -1 & 1 & 1 & 1 \\ -1 & -1 & 1 & 1 \\ -1 & -1 & -1 & 1 \end{vmatrix}$；

(3) $\begin{vmatrix} 2 & 1 & 0 & 1 \\ 1 & 3 & 5 & -1 \\ 3 & 5 & 0 & -4 \\ -2 & 0 & 0 & 2 \end{vmatrix}$；　(4) $\begin{vmatrix} 1 & 0 & 0 & 2 \\ 3 & 2 & -1 & 4 \\ -1 & 0 & 3 & 1 \\ 1 & 0 & -2 & 1 \end{vmatrix}$.

4. 用克莱姆法则解方程组：

$$\begin{cases} 2x_1-4x_2+x_3=1, \\ x_1-5x_2+3x_3=2, \\ x_1-x_2+x_3=-1. \end{cases}$$

5. 为使齐次线性方程组

$$\begin{cases} ax_1+x_2-x_3=0, \\ x_1-x_2+x_3=0, \\ ax_1-x_2+3x_3=0 \end{cases}$$

有非零解，a 应为何值?

项目二　矩阵的基本概念与基本运算

➤ **学习目标**

- 了解矩阵的相关知识，如行、列、元素、单位矩阵等的意义和表示，并会用矩阵形式表示一些实际问题
- 熟练掌握矩阵的加法、减法、数乘及乘法运算法则

➤ **学习重点**　矩阵及相关概念的理解与应用，矩阵的加法、减法、数乘及乘法运算法则

➤ **学习难点**　矩阵乘法及矩阵的乘法满足的条件，用矩阵形式表示实际问题

一、矩阵的概念

【例 1】 三家商店出售四种食品，单位售价(元)见表 3 - 1.

表 3 - 1

商店	食品			
	F_1	F_2	F_3	F_4
S_1	17	17	16	15
S_2	15	16	17	15
S_3	19	18	16	20

此表的第二行表示商店 S_1 中四种食品 F_1、F_2、F_3、F_4 单位售价分别为 17、17、16、15 元，其余类推．把表中数据取出并且不改变数据的相对位置，得到如下的价格矩阵：

$$\begin{pmatrix} 17 & 17 & 16 & 15 \\ 15 & 16 & 17 & 15 \\ 19 & 18 & 16 & 20 \end{pmatrix}$$

【例 2】 n 个未知量，m 个方程的线性方程组

$$\begin{cases} a_{11}x_1+a_{12}x_2+\cdots+a_{1n}x_n=b_1, \\ a_{21}x_1+a_{22}x_2+\cdots+a_{2n}x_n=b_2, \\ \cdots\cdots\cdots\cdots \\ a_{m1}x_1+a_{m2}x_2+\cdots+a_{mn}x_n=b_m, \end{cases}$$

把它的系数按原来的次序排成系数表

$$\begin{pmatrix} a_{11} & a_{12} & \cdots & a_{1n} \\ a_{21} & a_{22} & \cdots & a_{2n} \\ \vdots & \vdots & & \vdots \\ a_{m1} & a_{m2} & \cdots & a_{mn} \end{pmatrix},$$

常数项也排成一个表

$$\begin{pmatrix} b_1 \\ b_2 \\ \vdots \\ b_n \end{pmatrix}.$$

有了这个表，原方程组就完全确定．

类似这种矩阵形式，在自然科学、工程技术等领域中常常被应用，这种数表在数学上就称为矩阵．

定义 1 设 $m\times n$ 个数 a_{ij} ($i=1, 2, \cdots, m$; $j=1, 2, \cdots, n$) 排成 m 行 n 列的数表，并用括号将其括起来，称为 $m\times n$ 阶矩阵，并用大写黑体字母表示，即

$$\mathbf{A}=\begin{pmatrix} a_{11} & a_{12} & \cdots & a_{1n} \\ a_{21} & a_{22} & \cdots & a_{2n} \\ \vdots & \vdots & & \vdots \\ a_{m1} & a_{m2} & \cdots & a_{mn} \end{pmatrix},$$

简记为 $(a_{ij})_{m\times n}$，其中 a_{ij} 称为 $\mathbf{A}$ 的第 i 行第 j 列元素．

特别地，当 $m=n$ 时，称为 n 阶方阵，记为 $\mathbf{A}_n$，在 n 阶方阵中，从左上角到右下角的对角线称为主对角线，从右上角到左下角的对角线称为次对角线．当 $m=1$，$n>1$ 时，即 $\mathbf{A}=(a_1, a_2, \cdots, a_n)$，称 $\mathbf{A}$ 为行矩阵；当 $m>1$，$n=1$ 时，即 $\mathbf{A}=\begin{pmatrix} a_1 \\ a_2 \\ \vdots \\ a_m \end{pmatrix}$，称 $\mathbf{A}$ 为列矩阵．

矩阵与行列式的区别见表 3-2 所示。

表 3-2

区别要点	名　称	
	行列式	矩阵
本质属性	数或式子	数表
书写形式	用竖线表示	用括号表示
元素个数	n^2	$m\times n$
格式表达	只能排成正方形	可以排成长方形

下面介绍几种常用的特殊的矩阵.

1. 零矩阵

所有的元素都是 0 的矩阵称为零矩阵.

例如，$\boldsymbol{O}_{2\times3}=\begin{pmatrix}0&0&0\\0&0&0\end{pmatrix}$是 2×3 阶零矩阵，$\boldsymbol{O}_{4\times4}=\begin{pmatrix}0&0&0&0\\0&0&0&0\\0&0&0&0\\0&0&0&0\end{pmatrix}$是四阶零矩阵.

2. 单位矩阵

主对角线上的元素都为 1，其余元素全为 0 的 n 阶方阵称为 n 阶单位矩阵，记作 $\boldsymbol{E}$ 或 $\boldsymbol{E}_n$.

例如，三阶单位矩阵 $\boldsymbol{E}_3=\begin{pmatrix}1&0&0\\0&1&0\\0&0&1\end{pmatrix}$，$n$ 阶单位矩阵 $\boldsymbol{E}_n=\begin{pmatrix}1&0&\cdots&0\\0&1&\cdots&0\\\vdots&\vdots&&\vdots\\0&0&\cdots&1\end{pmatrix}$.

3. 上(下)三角矩阵

主对角线以下的元素全为零的方阵称为上三角矩阵，主对角线以上的元素全为零的方阵称为下三角矩阵，即

$$\begin{pmatrix}a_{11}&a_{12}&\cdots&a_{1n}\\0&a_{22}&\cdots&a_{2n}\\\vdots&\vdots&&\vdots\\0&0&\cdots&a_{nn}\end{pmatrix},\begin{pmatrix}a_{11}&0&\cdots&0\\a_{21}&a_{22}&\cdots&0\\\vdots&\vdots&&\vdots\\a_{n1}&a_{n2}&\cdots&a_{nn}\end{pmatrix}.$$

4. 对角矩阵

主对角线以外的元素全是零的方阵称为对角矩阵，即

$$\boldsymbol{A}=\begin{pmatrix}a_{11}&0&\cdots&0\\0&a_{22}&\cdots&0\\\vdots&\vdots&&\vdots\\0&0&\cdots&a_{nn}\end{pmatrix}.$$

二、矩阵的运算

1. 矩阵的线性运算

矩阵的基本运算是线性运算，矩阵的线性运算指矩阵的加、减法运算和数乘运算.

定义 2 如果两个 $m\times n$ 阶矩阵 $\boldsymbol{A}$、$\boldsymbol{B}$ 的对应元素相等，即

$$a_{ij}=b_{ij}\,(i=1,2,\cdots,m;\ j=1,2,\cdots,n),$$

则称矩阵 $\boldsymbol{A}$ 和 $\boldsymbol{B}$ 相等，记为

$$\boldsymbol{A}=\boldsymbol{B} \text{ 或 } (a_{ij})_{m\times n}=(b_{ij})_{m\times n}.$$

(1) 矩阵的加、减法运算

定义 3 把两个 m 行 n 列的矩阵 $\boldsymbol{A}=(a_{ij})_{m\times n}$，$\boldsymbol{B}=(b_{ij})_{m\times n}$ 对应位置元素相加(或相减)得到的 m 行 n 列的矩阵，称为矩阵 $\boldsymbol{A}$ 与矩阵 $\boldsymbol{B}$ 的和(或差)，记作 $\boldsymbol{A}\pm\boldsymbol{B}$，即设

$$\boldsymbol{A}=\begin{pmatrix} a_{11} & a_{12} & \cdots & a_{1n} \\ a_{21} & a_{22} & \cdots & a_{2n} \\ \vdots & \vdots & & \vdots \\ a_{m1} & a_{m2} & \cdots & a_{mn} \end{pmatrix},\ \boldsymbol{B}=\begin{pmatrix} b_{11} & b_{12} & \cdots & b_{1n} \\ b_{21} & b_{22} & \cdots & b_{2n} \\ \vdots & \vdots & & \vdots \\ b_{m1} & b_{m2} & \cdots & b_{mn} \end{pmatrix},$$

则

$$\boldsymbol{A}+\boldsymbol{B}=\begin{pmatrix} a_{11}+b_{11} & a_{12}+b_{12} & \cdots & a_{1n}+b_{1n} \\ a_{21}+b_{21} & a_{22}+b_{22} & \cdots & a_{2n}+b_{2n} \\ \vdots & \vdots & & \vdots \\ a_{m1}+b_{m1} & a_{m2}+b_{m2} & \cdots & a_{mn}+b_{mn} \end{pmatrix}.$$

【例 3】 设 $\boldsymbol{A}=\begin{pmatrix} -1 & 1 & 2 & 2 \\ 1 & 0 & 3 & 1 \\ 1 & 1 & 1 & 1 \end{pmatrix}$，$\boldsymbol{B}=\begin{pmatrix} 1 & 2 & 3 & 0 \\ 1 & 1 & 1 & 5 \\ 0 & 2 & 4 & 1 \end{pmatrix}$，求 $\boldsymbol{A}+\boldsymbol{B}$.

解：

$$\boldsymbol{A}+\boldsymbol{B}=\begin{pmatrix} -1 & 1 & 2 & 2 \\ 1 & 0 & 3 & 1 \\ 1 & 1 & 1 & 1 \end{pmatrix}+\begin{pmatrix} 1 & 2 & 3 & 0 \\ 1 & 1 & 1 & 5 \\ 0 & 2 & 4 & 1 \end{pmatrix}$$

$$=\begin{pmatrix} -1+1 & 1+2 & 2+3 & 2+0 \\ 1+1 & 0+1 & 3+1 & 1+5 \\ 1+0 & 1+2 & 1+4 & 1+1 \end{pmatrix}=\begin{pmatrix} 0 & 3 & 5 & 2 \\ 2 & 1 & 4 & 6 \\ 1 & 3 & 5 & 2 \end{pmatrix}.$$

注意：只有在两个矩阵的行数和列数都相同时才能做加法(或减法)运算.

(2) 数与矩阵的乘法

定义 4 设 k 为任意数，以数 k 乘矩阵 $\boldsymbol{A}$ 中的每一个元素所得到的矩阵称为 k 与 $\boldsymbol{A}$ 的积，记为 $k\boldsymbol{A}$(或 $\boldsymbol{A}k$)即

$$k\boldsymbol{A}=\begin{pmatrix} ka_{11} & ka_{12} & \cdots & ka_{1n} \\ ka_{21} & ka_{22} & \cdots & ka_{2n} \\ \vdots & \vdots & & \vdots \\ ka_{m1} & ka_{m2} & \cdots & ka_{mn} \end{pmatrix}.$$

设 $\boldsymbol{A}$，$\boldsymbol{B}$，$\boldsymbol{C}$ 为同阶矩阵，k，l 为常数，不难证明矩阵的线性运算满足以下运算规律：

(1) $\boldsymbol{A}+\boldsymbol{B}=\boldsymbol{B}+\boldsymbol{A}$；　(2) $(\boldsymbol{A}+\boldsymbol{B})+\boldsymbol{C}=\boldsymbol{A}+(\boldsymbol{B}+\boldsymbol{C})$；

(3) $\boldsymbol{A}+\boldsymbol{O}=\boldsymbol{A}$；　(4) $\boldsymbol{A}+(-\boldsymbol{A})=\boldsymbol{O}$；

(5) $1\boldsymbol{A}=\boldsymbol{A}$；　(6) $(kl)\boldsymbol{A}=k(l\boldsymbol{A})$；

(7) $(k+l)\boldsymbol{A}=k\boldsymbol{A}+l\boldsymbol{A}$；　(8) $k(\boldsymbol{A}+\boldsymbol{B})=k\boldsymbol{A}+k\boldsymbol{B}$.

【例 4】 设$\boldsymbol{A}=\begin{pmatrix}1 & -1 & 0\\4 & 3 & 5\end{pmatrix}$，$\boldsymbol{B}=\begin{pmatrix}8 & 2 & 6\\5 & 3 & 4\end{pmatrix}$，且满足 $2\boldsymbol{A}+\boldsymbol{X}=\boldsymbol{B}-2\boldsymbol{X}$，求 $\boldsymbol{X}$.

解：$\boldsymbol{X}=\frac{1}{3}(\boldsymbol{B}-2\boldsymbol{A})=\frac{1}{3}\begin{pmatrix}8 & 2 & 6\\5 & 3 & 4\end{pmatrix}-\frac{2}{3}\begin{pmatrix}1 & -1 & 0\\4 & 3 & 5\end{pmatrix}=\begin{pmatrix}2 & \frac{4}{3} & 2\\-1 & -1 & -2\end{pmatrix}$.

2. 矩阵乘法

定义 5 设$\boldsymbol{A}=(a_{ij})_{m\times s}$，$\boldsymbol{B}=(b_{ij})_{s\times n}$，定义矩阵$\boldsymbol{C}=(c_{ij})_{m\times n}$为$\boldsymbol{A}$ 左乘$\boldsymbol{B}$ 的积，记作$\boldsymbol{C}=\boldsymbol{AB}$，元素 c_{ij} 是按如下运算法则形成

$$c_{ij}=a_{i1}b_{1j}+a_{i2}b_{2j}+\cdots+a_{is}b_{sj}=\sum_{k=1}^{s}a_{ik}b_{kj},$$

即 c_{ij} 为$\boldsymbol{A}$ 的第 i 行元素与$\boldsymbol{B}$ 的第 j 列对应位置元素乘积之和.

矩阵相乘的条件：当且仅当矩阵$\boldsymbol{A}$ 的列数与矩阵$\boldsymbol{B}$ 的行数相等时，乘积$\boldsymbol{AB}$ 才有意义.

【例 5】 设$\boldsymbol{A}=\begin{pmatrix}1 & 2 & 3\\2 & 0 & 1\end{pmatrix}$，$\boldsymbol{B}=\begin{pmatrix}0 & 1\\2 & 0\\1 & 3\end{pmatrix}$，求$\boldsymbol{AB}$，$\boldsymbol{BA}$.

解：$\boldsymbol{AB}=\begin{pmatrix}1 & 2 & 3\\2 & 0 & 1\end{pmatrix}\begin{pmatrix}0 & 1\\2 & 0\\1 & 3\end{pmatrix}$

$$=\begin{pmatrix}1\times0+2\times2+3\times1 & 1\times1+2\times0+3\times3\\2\times0+0\times2+1\times1 & 2\times1+0\times0+1\times3\end{pmatrix}=\begin{pmatrix}7 & 10\\1 & 5\end{pmatrix};$$

$$\boldsymbol{BA}=\begin{pmatrix}0 & 1\\2 & 0\\1 & 3\end{pmatrix}\begin{pmatrix}1 & 2 & 3\\2 & 0 & 1\end{pmatrix}$$

$$=\begin{pmatrix}0\times1+1\times2 & 0\times2+1\times0 & 0\times3+1\times1\\2\times1+0\times2 & 2\times2+0\times0 & 2\times3+0\times1\\1\times1+3\times2 & 1\times2+3\times0 & 1\times3+3\times1\end{pmatrix}=\begin{pmatrix}2 & 0 & 1\\2 & 4 & 6\\7 & 2 & 6\end{pmatrix}.$$

结果表示，$\boldsymbol{AB}$ 是二阶方阵，$\boldsymbol{BA}$ 是三阶方阵，所以 $\boldsymbol{AB}\neq\boldsymbol{BA}$.

【例 6】 设$\boldsymbol{A}=\begin{pmatrix}3 & 1\\4 & 0\end{pmatrix}$，$\boldsymbol{B}=\begin{pmatrix}2 & 1\\4 & 0\end{pmatrix}$，$\boldsymbol{C}=\begin{pmatrix}0 & 0\\1 & 1\end{pmatrix}$求$\boldsymbol{AC}$，$\boldsymbol{BC}$.

解：

$$\boldsymbol{AC}=\begin{pmatrix}3 & 1\\4 & 0\end{pmatrix}\begin{pmatrix}0 & 0\\1 & 1\end{pmatrix}=\begin{pmatrix}1 & 1\\0 & 0\end{pmatrix};$$

$$\boldsymbol{BC}=\begin{pmatrix}2 & 1\\4 & 0\end{pmatrix}\begin{pmatrix}0 & 0\\1 & 1\end{pmatrix}=\begin{pmatrix}1 & 1\\0 & 0\end{pmatrix}.$$

由以上两例可以看出，矩阵的乘法与数的乘法有明显的差异．由此可以看出矩阵的乘法一般是不满足交换律和消去律的．不难验证，矩阵乘法的运算满足以下运算规律．

结合律：$(\boldsymbol{AB})\boldsymbol{C}=\boldsymbol{A}(\boldsymbol{BC})$.

分配律：$A(B+C)=AB+AC$，$(B+C)A=BA+CA$.

数乘矩阵结合律：$k(AB)=(kA)B=A(kB)$，其中 k 为实常数．

由矩阵乘法的结合律，可以定义 n 阶方阵的幂．

设 A 为 n 阶方阵，k 为任意正整数，则 k 个 A 连乘 $A\cdot A\cdot\cdots\cdot A=A^k$，称为 A 的 k 次方或 A 的 k 次幂．特别地，当 $k=0$ 时，$A^0=E$.

显然，只有方阵的幂才有意义．

设 A 为 n 阶方阵，k，l 为任意正整数，不难验证，方阵的幂满足以下运算规律．

$$A^kA^l=A^{k+l},\ (A^k)^l=A^{kl}.$$

3. 矩阵的转置

定义 6 将矩阵 A 的行与列按原来的顺序互换得到的矩阵，称为 A 的转置矩阵，记作 A^{T}.

矩阵的转置满足以下运算规律：

$$(A^{\mathrm{T}})^{\mathrm{T}}=A,\ (A+B)^{\mathrm{T}}=A^{\mathrm{T}}+B^{\mathrm{T}},$$

$$(kA)^{\mathrm{T}}=kA^{\mathrm{T}},\ (AB)^{\mathrm{T}}=B^{\mathrm{T}}A^{\mathrm{T}}.$$

如果 n 阶方阵 A 满足 $A^{\mathrm{T}}=A$，即 $a_{ij}=a_{ji}(i,\ j=1,\ 2,\ \cdots,\ n)$，则称 A 为对称矩阵．

例如 $\begin{pmatrix}1&3\\3&2\end{pmatrix}$，$\begin{pmatrix}1&3&6\\3&4&2\\6&2&7\end{pmatrix}$ 均为对称矩阵．

【例 7】 设矩阵 $A=\begin{pmatrix}2&0&-1\\1&3&2\end{pmatrix}$，$B=\begin{pmatrix}1&7&-1\\4&2&3\\2&0&1\end{pmatrix}$，求 $(AB)^{\mathrm{T}}$.

解：因为 $AB=\begin{pmatrix}2&0&-1\\1&3&2\end{pmatrix}\begin{pmatrix}1&7&-1\\4&2&3\\2&0&1\end{pmatrix}=\begin{pmatrix}0&14&-3\\17&13&10\end{pmatrix}$，所以

$$(AB)^{\mathrm{T}}=\begin{pmatrix}0&17\\14&13\\-3&10\end{pmatrix}.$$

4. 方阵的行列式

定义 7 把 n 阶方阵 A 的元素按原来的位置组成的行列式，称为 A 的行列式，记作 $\det A$ 或 $|A|$.

定理 设 A，B 是两个 n 阶方阵，则 $|AB|=|A|\,|B|$. 即两个 n 阶方阵 A，B 的乘积的行列式等于两个方阵对应的行列式之积．

证明从略．

由此可见，对于 n 阶方阵 A，B，一般来说，$AB\neq BA$，但总有 $|AB|=|BA|$.

【例 8】 已知 $\boldsymbol{A}=\begin{pmatrix}1 & 0\\2 & -2\end{pmatrix}$，$\boldsymbol{B}=\begin{pmatrix}2 & 4\\3 & 5\end{pmatrix}$，求 $|\boldsymbol{AB}|$.

解： $|\boldsymbol{AB}|=|\boldsymbol{A}|\,|\boldsymbol{B}|=\begin{vmatrix}1 & 0\\2 & -2\end{vmatrix}\begin{vmatrix}2 & 4\\3 & 5\end{vmatrix}=(-2)(-2)=4.$

课堂练习

1. 设 $\boldsymbol{A}=(1\quad 2\quad 3\quad 4)$，$\boldsymbol{B}=\begin{pmatrix}4\\3\\4\\3\end{pmatrix}$，求 $\boldsymbol{AB}$ 和 $\boldsymbol{BA}$.

2. 设 $\boldsymbol{A}=\begin{pmatrix}3 & 2\\1 & 3\\2 & 2\end{pmatrix}$，$\boldsymbol{B}=\begin{pmatrix}0 & 1 & 2\\1 & 0 & 2\end{pmatrix}$，求 $\boldsymbol{AB}$ 和 $\boldsymbol{BA}$.

3. 设 $\boldsymbol{A}=\begin{pmatrix}3 & -1 & 2\\5 & 1 & 9\\3 & -2 & 1\end{pmatrix}$，$\boldsymbol{B}=\begin{pmatrix}7 & 5 & -4\\9 & -3 & 11\\1 & -8 & 5\end{pmatrix}$，且满足 $\boldsymbol{A}+2\boldsymbol{X}=\boldsymbol{B}$，求 $\boldsymbol{X}$.

4. 设矩阵 $\boldsymbol{A}=\begin{pmatrix}1&3\\4&2\\1&0\end{pmatrix}$，$\boldsymbol{B}=\begin{pmatrix}1&a+b\\2a+b&b\\b-a&0\end{pmatrix}$，且 $\boldsymbol{A}=\boldsymbol{B}$，求 a，b.

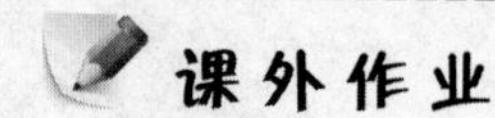

课外作业

1. 计算：

(1) $\begin{pmatrix}1&6&4\\-4&2&8\end{pmatrix}+\begin{pmatrix}-2&0&1\\2&-3&4\end{pmatrix}$；

(2) $\begin{pmatrix}2&4&6\\3&7&5\\-1&7&3\end{pmatrix}-\begin{pmatrix}1&4&5\\-1&3&2\\4&4&2\end{pmatrix}$；

(3) $\frac{5}{2}\begin{pmatrix}2&-10&0\\-6&0&4\end{pmatrix}$；

(4) $2\begin{pmatrix}4&-5\\6&3\\-7&1\end{pmatrix}-\frac{3}{2}\begin{pmatrix}6&-8\\10&4\\-4&0\end{pmatrix}$.

2. 计算下列矩阵的乘法：

(1) $\begin{pmatrix}3&2\\5&1\end{pmatrix}\begin{pmatrix}-4&3\\-1&2\end{pmatrix}$；

(2) $\begin{pmatrix}1&2&3\\-2&1&2\end{pmatrix}\begin{pmatrix}1&2&0\\0&1&1\\3&0&-1\end{pmatrix}$；

(3) $\begin{pmatrix}5&0\\3&-2\\-1&1\end{pmatrix}\begin{pmatrix}-1&2&3\\2&-4&3\end{pmatrix}$；

(4) $\begin{pmatrix}4&3&1\\1&-2&3\\5&7&0\end{pmatrix}\begin{pmatrix}7\\2\\1\end{pmatrix}$；

(5) $\begin{pmatrix}2&1&4&0\\1&-1&3&4\end{pmatrix}\begin{pmatrix}1&3&1\\0&-1&2\\1&-3&1\\4&0&-2\end{pmatrix}$.

3. 设 $\boldsymbol{A}=\begin{pmatrix}1&2\\2&1\end{pmatrix}$，$\boldsymbol{B}=\begin{pmatrix}2&2\\2&3\end{pmatrix}$，求 $|\boldsymbol{AB}|$.

4. 若 $\boldsymbol{A}=\boldsymbol{A}^{\mathrm{T}}$，则称 $\boldsymbol{A}$ 为对称矩阵，问对称矩阵的元素有何规律？矩阵

$$\boldsymbol{A}=\begin{pmatrix}3&0&-1\\0&3&2\\-1&2&1\end{pmatrix}，\boldsymbol{B}=\begin{pmatrix}7&1&2\\3&-1&2\\1&1&7\end{pmatrix}$$

哪个是对称矩阵？

5. 设 $\boldsymbol{A}=\begin{pmatrix}1 & 1 & 1\\ 1 & 1 & -1\\ 1 & -1 & 1\end{pmatrix}$，$\boldsymbol{B}=\begin{pmatrix}1 & 2 & 3\\ -1 & -2 & 4\\ 0 & 5 & 1\end{pmatrix}$，求 $3\boldsymbol{AB}-2\boldsymbol{A}$ 及 $\boldsymbol{A}^{\mathrm{T}}\boldsymbol{B}$.

项目三　矩阵的初等变换和矩阵的秩

➤ **学习目标**

- 理解矩阵的初等变换的定义，并能熟练应用
- 理解矩阵的秩的定义及其内涵，掌握秩的求法
- 理解逆矩阵的定义，熟练掌握逆矩阵的求法

➤ **学习重点**　矩阵的初等变换，矩阵的逆矩阵及矩阵的秩的求法

➤ **学习难点**

- 用初等变换求矩阵的逆矩阵及矩阵的秩

一、矩阵的初等变换

1. 矩阵的初等变换

利用消元法解线性方程组时，经常反复使用这样的三种变换(或运算)：

(1) 互换变换：互换两个方程的位置；

(2) 倍法变换：用一个非零的数乘某一方程；

(3) 消去变换：用一个非零的数乘某一方程，加到另一方程上去(主要用它来消去某个未知数).

称这三种变换为方程组的初等变换，容易验证，线性方程组经过初等变换后其解不变.

由克莱姆法则知，当含有 n 个方程组的 n 元线性方程组的系数行列式不为零时，该方程组有唯一解.因此，当方程组的系数矩阵为非奇异方阵时，对其施行一系列初等变换可得出方程组的唯一解，即

$$\begin{cases}a_{11}x_1+a_{12}x_2+\cdots+a_{1n}x_n=b_1,\\ a_{21}x_1+a_{22}x_2+\cdots+a_{2n}x_n=b_2,\\ \cdots\cdots\cdots\cdots\\ a_{n1}x_1+a_{n2}x_2+\cdots+a_{nn}x_n=b_n,\end{cases}\xrightarrow{\text{经过有限次初等变换}}\begin{cases}x_1=c_1,\\ x_2=c_2,\\ \cdots\cdots\\ x_n=c_n.\end{cases}$$

对于矩阵可以类似地定义初等变换.

定义 1　对矩阵施行以下三种变换：

(1) 互换变换：矩阵的两行(列)互换位置(交换第 i，j 两行记作 $r_i\leftrightarrow r_j$，交换第 s，t 两列，记作 $c_s\leftrightarrow c_t$)；

(2) 倍法变换：用一个非零的数乘矩阵某一行(列)的所有元素(k 乘第 i 行记作 kr_i，k 乘第 s 列记作 kc_s)；

(3) 消去变换：把矩阵某一行(列)所有元素的 k 倍加到另一行(列)的对应元素上(第 i

行的k倍加到第j行上，记作kr_i+r_j，第s列的k倍加到第t列上，记作kc_s+c_t），称为矩阵的初等行(列)变换，简称矩阵的初等变换．

根据矩阵初等变换定义可知，对系数矩阵为非奇异方阵的线性方程组进行一系列初等变换后可得出方程组有唯一一组解的事实，可描述为下述定理．

定理 1 任何非奇异方阵都可以用有限次初等行变换将其化为单位矩阵．

【例 1】 用矩阵的初等行变换化矩阵

$$A=\begin{pmatrix}2&3&1\\3&1&3\\1&2&1\end{pmatrix}$$

为单位矩阵．

解：$A=\begin{pmatrix}2&3&1\\3&1&3\\1&2&1\end{pmatrix}\xrightarrow{r_1\leftrightarrow r_3}\begin{pmatrix}1&2&1\\3&1&3\\2&3&1\end{pmatrix}\xrightarrow[-3r_1+r_2]{-2r_1+r_3}\begin{pmatrix}1&2&1\\0&-5&0\\0&-1&-1\end{pmatrix}$

$$\xrightarrow{r_2\leftrightarrow r_3}\begin{pmatrix}1&2&1\\0&-1&-1\\0&-5&0\end{pmatrix}\xrightarrow{(-1)r_2}\begin{pmatrix}1&2&1\\0&1&1\\0&-5&0\end{pmatrix}\xrightarrow[-2r_2+r_1]{5r_2+r_3}\begin{pmatrix}1&0&-1\\0&1&1\\0&0&5\end{pmatrix}$$

$$\xrightarrow{\frac{1}{5}r_3}\begin{pmatrix}1&0&-1\\0&1&1\\0&0&1\end{pmatrix}\xrightarrow[(-1)r_3+r_2]{r_3+r_1}\begin{pmatrix}1&0&0\\0&1&0\\0&0&1\end{pmatrix}.$$

定义 2 由单位矩阵经过一次初等变换得到的矩阵称为初等矩阵，简称初等阵．三种初等变换对应着三种初等矩阵．

对单位矩阵

$$E=\begin{pmatrix}1&0&0&\cdots&0\\0&1&0&\cdots&0\\\vdots&\vdots&\vdots&&\vdots\\0&0&0&\cdots&1\end{pmatrix}$$

进行三种初等行变换所得的初等矩阵分别用

$E_{(i)(j)}$，$E_{k(i)}$，$E_{k(i)+(j)}$ 表示．

定理 2 对$m\times n$矩阵A进行一次初等行变换，就相当于在A的左边乘上一个相应的m阶初等矩阵．

2. 阶梯形矩阵

定义 3 满足下列两个特点的矩阵A称为阶梯形矩阵：

(1) 矩阵的零元素(如果存在)在矩阵最下方；

(2) 首个非零元素(即非零行第一个不为零的元素)的列标随着行标的递增而严格增大．

例如$\begin{pmatrix}1&5&4&6\\0&2&3&8\\0&0&0&0\end{pmatrix}$，$\begin{pmatrix}2&1&5&0\\0&3&6&0\\0&0&8&4\\0&0&0&0\end{pmatrix}$，$\begin{pmatrix}2&7&0&3&8\\0&1&4&7&5\\0&0&0&1&2\\0&0&0&0&1\end{pmatrix}$.

定理 3　任意一个矩阵 $\boldsymbol{A}$，都可以经过若干初等行变换化为阶梯形矩阵．

二、用矩阵的初等变换求矩阵的秩

矩阵经过初等行变换后，可以使元素发生很大的变化，但矩阵的一些特性经过初等行变换后是不变的．

定义 4　矩阵 $\boldsymbol{A}$ 的阶梯形矩阵中非零行的行数称为矩阵 $\boldsymbol{A}$ 的秩，记作秩$(\boldsymbol{A})$或 $R(\boldsymbol{A})$.

【例 2】　求矩阵

$$\boldsymbol{A}=\begin{pmatrix}3&1&4\\2&2&4\\1&-3&-2\\1&2&3\end{pmatrix}$$

的秩．

解：$$\boldsymbol{A}=\begin{pmatrix}3&1&4\\2&2&4\\1&-3&-2\\1&2&3\end{pmatrix}\xrightarrow{r_1\leftrightarrow r_3}\begin{pmatrix}1&-3&-2\\2&2&4\\3&1&4\\1&2&3\end{pmatrix}\xrightarrow[\substack{-3r_1+r_3\\-r_1+r_4}]{-2r_1+r_2}\begin{pmatrix}1&-3&-2\\0&8&8\\0&10&10\\0&5&5\end{pmatrix}$$

$$\xrightarrow{\substack{\frac{1}{8}r_2\\\frac{1}{10}r_3\\\frac{1}{5}r_4}}\begin{pmatrix}1&-3&-2\\0&1&1\\0&1&1\\0&1&1\end{pmatrix}\xrightarrow[-r_2+r_4]{-r_2+r_3}\begin{pmatrix}1&-3&-2\\0&1&1\\0&0&0\\0&0&0\end{pmatrix}.$$

所以 $R(\boldsymbol{A})=2$.

三、用矩阵的初等变换求逆矩阵

1. 逆矩阵的概念及性质

定义 5　对于 n 阶方阵 $\boldsymbol{A}$，若存在 n 阶方阵 $\boldsymbol{B}$，使得

$$\boldsymbol{AB}=\boldsymbol{BA}=\boldsymbol{E}$$

则称 $\boldsymbol{A}$ 为可逆矩阵，且 $\boldsymbol{B}$ 为 $\boldsymbol{A}$ 的逆矩阵，记作 $\boldsymbol{A}^{-1}=\boldsymbol{B}$.

由定义可以看出，$\boldsymbol{A}$ 与 $\boldsymbol{B}$ 的地位是同等的，所以也称 $\boldsymbol{A}$ 是 $\boldsymbol{B}$ 的逆矩阵，且 $\boldsymbol{B}^{-1}=\boldsymbol{A}$，所以通常称 $\boldsymbol{A}$，$\boldsymbol{B}$ 互为逆矩阵．

设 $\boldsymbol{A}$，$\boldsymbol{B}$ 同为 n 阶方阵，k 为任意实数，由定义可直接证明方阵的逆矩阵具有下列性质：

(1) 若 $\boldsymbol{A}$ 为可逆，则 $\boldsymbol{A}$ 的逆矩阵唯一．

证明：设 $\boldsymbol{B}$ 和 $\boldsymbol{B}_1$ 都是 $\boldsymbol{A}$ 的逆矩阵，则有

$$\boldsymbol{AB}=\boldsymbol{BA}=\boldsymbol{E}\text{ 和 }\boldsymbol{AB}_1=\boldsymbol{B}_1\boldsymbol{A}=\boldsymbol{E}.$$

那么，$\boldsymbol{B}=\boldsymbol{BE}=\boldsymbol{B}(\boldsymbol{AB}_1)=(\boldsymbol{BA})\boldsymbol{B}_1=\boldsymbol{EB}_1=\boldsymbol{B}_1$.

(2) 若 $\boldsymbol{A}$ 可逆，则 $\boldsymbol{A}^{-1}$ 也可逆，且 $(\boldsymbol{A}^{-1})^{-1}=\boldsymbol{A}$;

(3) 若 $\boldsymbol{A}$ 可逆，$k\neq 0$，则 $k\boldsymbol{A}$ 可逆，且 $(k\boldsymbol{A})^{-1}=\frac{1}{k}\boldsymbol{A}^{-1}$；

(4) 若 $\boldsymbol{A}$ 与 $\boldsymbol{B}$ 都可逆，则 $\boldsymbol{AB}$ 可逆，且 $(\boldsymbol{AB})^{-1}=\boldsymbol{B}^{-1}\boldsymbol{A}^{-1}$；

(5) 若 $\boldsymbol{A}$ 可逆，则 $\boldsymbol{A}^{\mathrm{T}}$ 可逆，且 $(\boldsymbol{A}^{\mathrm{T}})^{-1}=(\boldsymbol{A}^{-1})^{\mathrm{T}}$；

(6) 若 $\boldsymbol{A}$ 可逆，则 $|\boldsymbol{A}^{-1}|=\frac{1}{|\boldsymbol{A}|}$.

定理 4　n 阶方阵 $\boldsymbol{A}$ 可逆的充分必要条件是 $|\boldsymbol{A}|\neq 0$.

当 $|\boldsymbol{A}|\neq 0$ 时，称 $\boldsymbol{A}$ 为非奇异矩阵；当 $|\boldsymbol{A}|=0$ 时，称 $\boldsymbol{A}$ 为奇异矩阵．因此定理 4 也可叙述为：n 阶方阵 $\boldsymbol{A}$ 可逆的充分必要条件是 $\boldsymbol{A}$ 为非奇异矩阵．

定理 5　若 $|\boldsymbol{A}|\neq 0$，则 $\boldsymbol{A}$ 可逆，且

$$\boldsymbol{A}^{-1}=\frac{1}{|\boldsymbol{A}|}\boldsymbol{A}^{*},$$

其中 $\boldsymbol{A}^{*}$ 为矩阵 $\boldsymbol{A}$ 的伴随矩阵，是 $|\boldsymbol{A}|$ 中各个元素的代数余子式 $\boldsymbol{A}_{ij}$ 所构成的矩阵的转置矩阵，即

$$\boldsymbol{A}^{-1}=\frac{1}{|\boldsymbol{A}|}\boldsymbol{A}^{*}=\begin{pmatrix} A_{11} & A_{21} & \cdots & A_{n1} \\ A_{12} & A_{22} & \cdots & A_{n2} \\ \vdots & \vdots & & \vdots \\ A_{1n} & A_{2n} & \cdots & A_{nn} \end{pmatrix}.$$

【例 3】 用伴随矩阵求矩阵 $\boldsymbol{A}=\begin{pmatrix} 0 & 1 & 2 \\ 1 & 1 & 4 \\ 2 & -1 & 0 \end{pmatrix}$ 的逆矩阵．

解：因为

$$|\boldsymbol{A}|=\begin{vmatrix} 0 & 1 & 2 \\ 1 & 1 & 4 \\ 2 & -1 & 0 \end{vmatrix}=2\neq 0,$$

所以 $\boldsymbol{A}$ 可逆，又

$$\boldsymbol{A}^{*}=\begin{pmatrix} 4 & -2 & 2 \\ 8 & -4 & 2 \\ -3 & 2 & -1 \end{pmatrix},$$

所以

$$\boldsymbol{A}^{-1}=\frac{1}{|\boldsymbol{A}|}\boldsymbol{A}^{*}=\frac{1}{2}\begin{pmatrix} 4 & -2 & 2 \\ 8 & -4 & 2 \\ -3 & 2 & -1 \end{pmatrix}=\begin{pmatrix} 2 & -1 & 1 \\ 4 & -2 & 1 \\ -\frac{3}{2} & 1 & -\frac{1}{2} \end{pmatrix}.$$

容易验证

$$\boldsymbol{AA}^{-1}=\boldsymbol{A}^{-1}\boldsymbol{A}=\begin{pmatrix} 1 & 0 & 0 \\ 0 & 1 & 0 \\ 0 & 0 & 1 \end{pmatrix}.$$

【例 4】 解方程组

$$\begin{cases} x_1-2x_2=1, \\ 3x_1+4x_2=13. \end{cases}$$

解：方程组的系数矩阵 $\boldsymbol{A}=\begin{pmatrix}1 & -2\\ 3 & 4\end{pmatrix}$，常数项矩阵 $\boldsymbol{B}=\begin{pmatrix}1\\ 13\end{pmatrix}$，未知项矩阵 $\boldsymbol{X}=\begin{pmatrix}x_1\\ x_2\end{pmatrix}$.

于是，方程组可写为矩阵形式 $\boldsymbol{AX}=\boldsymbol{B}$.

故

$$\boldsymbol{X}=\boldsymbol{A}^{-1}\boldsymbol{B}=\begin{pmatrix}\frac{4}{10} & \frac{2}{10}\\ -\frac{3}{10} & \frac{1}{10}\end{pmatrix}\begin{pmatrix}1\\ 13\end{pmatrix}=\begin{pmatrix}3\\ 1\end{pmatrix}.$$

即线性方程组的解为

$$x_1=3,\ x_2=1.$$

2. 用初等变换求逆矩阵

若 n 阶方阵 $\boldsymbol{A}$ 可逆，经过一系列的初等变换可以把 $\boldsymbol{A}$ 化成单位矩阵，则用相同的初等行变换可以把单位矩阵 $\boldsymbol{E}$ 化成 $\boldsymbol{A}^{-1}$，所以用初等变换法求逆矩阵的具体做法为：对 $n\times 2n$ 矩阵 $(\boldsymbol{A}|\boldsymbol{E})$ 进行初等变换，当左半部分 $\boldsymbol{A}$ 化成单位矩阵 $\boldsymbol{E}$ 时，右半部分 $\boldsymbol{E}$ 就化成了 $\boldsymbol{A}^{-1}$，即

$$(\boldsymbol{A}|\boldsymbol{E})\xrightarrow{\text{初等行变换}}(\boldsymbol{E}|\boldsymbol{A}^{-1}).$$

如果不知道 n 阶方阵 $\boldsymbol{A}$ 是否可逆，用此方法当 $\boldsymbol{A}$ 不能通过初等行变换化成单位矩阵，则 $\boldsymbol{A}$ 不可逆.

【例 5】 求矩阵

$$\boldsymbol{A}=\begin{pmatrix}1 & 1 & 1\\ 0 & 1 & 1\\ 1 & 0 & 1\end{pmatrix}$$

的逆矩阵 $\boldsymbol{A}^{-1}$.

解：
$$(\boldsymbol{A}|\boldsymbol{E})=\left(\begin{array}{ccc|ccc}1 & 1 & 1 & 1 & 0 & 0\\ 0 & 1 & 1 & 0 & 1 & 0\\ 1 & 0 & 1 & 0 & 0 & 1\end{array}\right)\xrightarrow{(-1)r_1+r_3}\left(\begin{array}{ccc|ccc}1 & 1 & 1 & 1 & 0 & 0\\ 0 & 1 & 1 & 0 & 1 & 0\\ 0 & -1 & 0 & -1 & 0 & 1\end{array}\right)$$

$$\xrightarrow[(-1)r_2+r_1]{r_2+r_3}\left(\begin{array}{ccc|ccc}1 & 0 & 0 & 1 & -1 & 0\\ 0 & 1 & 1 & 0 & 1 & 0\\ 0 & 0 & 1 & -1 & 1 & 1\end{array}\right)$$

$$\xrightarrow{(-1)r_3+r_2}\left(\begin{array}{ccc|ccc}1 & 0 & 0 & 1 & -1 & 0\\ 0 & 1 & 0 & 1 & 0 & -1\\ 0 & 0 & 1 & -1 & 1 & 1\end{array}\right)$$

$$=(\boldsymbol{E}|\boldsymbol{A}^{-1}).$$

因此
$$\boldsymbol{A}^{-1}=\begin{pmatrix}1 & -1 & 0\\ 1 & 0 & -1\\ -1 & 1 & 1\end{pmatrix}.$$

【例 6】 解矩阵方程 $X\begin{pmatrix}2 & 1 & -1\\ 2 & 1 & 0\\ 1 & -1 & 1\end{pmatrix}=\begin{pmatrix}1 & -1 & 3\\ 4 & 3 & 2\end{pmatrix}$.

解：由矩阵的性质，可得

$$X=\begin{pmatrix}1 & -1 & 3\\ 4 & 3 & 2\end{pmatrix}\begin{pmatrix}2 & 1 & -1\\ 2 & 1 & 0\\ 1 & -1 & 1\end{pmatrix}^{-1}=\frac{1}{3}\begin{pmatrix}1 & -1 & 3\\ 4 & 3 & 2\end{pmatrix}\begin{pmatrix}1 & 0 & 1\\ -2 & 3 & -2\\ -3 & 3 & 0\end{pmatrix}^{-1}=\begin{pmatrix}-2 & 2 & 1\\ -\frac{8}{3} & 5 & -\frac{2}{3}\end{pmatrix}.$$

课堂练习

1. 求下列矩阵的逆矩阵：

(1) $A=\begin{pmatrix}a & b\\ c & d\end{pmatrix}(ad-bc\neq 0)$；　　(2) $B=\begin{pmatrix}5 & 6\\ 7 & 8\end{pmatrix}$；

(3) $C=\begin{pmatrix}1 & 1 & 1\\ 0 & 1 & 1\\ 0 & 0 & 1\end{pmatrix}$；　　(4) $D=\begin{pmatrix}1 & 2 & 3 & 4\\ 0 & 2 & 3 & 4\\ 0 & 0 & 3 & 4\\ -1 & -2 & -3 & 4\end{pmatrix}$.

2. 解矩阵方程 $\begin{pmatrix}1 & 1\\ 1 & 2\end{pmatrix}\begin{pmatrix}x_1 & x_2\\ x_3 & x_4\end{pmatrix}=\begin{pmatrix}-1 & 1\\ 0 & 1\end{pmatrix}$.

3. 求下列矩阵的秩：

(1) $A=\begin{pmatrix}1 & 2\\ 0 & 0\end{pmatrix}$；　　(2) $B=\begin{pmatrix}1 & 2\\ 3 & 4\end{pmatrix}$；

(3) $\boldsymbol{C}=\begin{pmatrix}1&2&3\\2&4&6\\3&6&8\end{pmatrix}$；　(4) $\boldsymbol{D}=\begin{pmatrix}1&1&1&1\\2&2&2&3\\3&3&3&4\end{pmatrix}$.

课外作业

1. 求下列矩阵的秩：

(1) $\begin{pmatrix}5&6&-3\\-3&1&11\\-4&-2&8\end{pmatrix}$；　(2) $\begin{pmatrix}3&1&0&2\\1&-1&3&-1\\1&3&-4&-4\end{pmatrix}$；

(3) $\begin{pmatrix}1&-1&2&1&0\\2&-2&4&2&0\\3&0&6&-1&1\\0&3&0&0&1\end{pmatrix}$；　(4) $\begin{pmatrix}1&3&-1&2\\2&-1&2&3\\3&2&1&1\\1&-4&3&5\end{pmatrix}$.

2. 将下列矩阵化成阶梯形矩阵：

(1) $\begin{pmatrix}1&1&1&-1\\-1&-1&2&3\\0&0&0&0\\2&2&5&0\end{pmatrix}$；　(2) $\begin{pmatrix}0&3&2&-1\\1&3&4&0\\1&6&9&1\end{pmatrix}$.

3. 求下列矩阵的逆矩阵：

(1) $\begin{pmatrix}1&2\\2&5\end{pmatrix}$；　(2) $\begin{pmatrix}1&2&-3\\3&2&-4\\2&-1&0\end{pmatrix}$；

(3) $\begin{pmatrix}1&0&8\\0&1&0\\0&0&1\end{pmatrix}$；　(4) $\begin{pmatrix}3&4\\5&7\end{pmatrix}$；

(5) $\begin{pmatrix}1&2&3\\2&2&1\\3&4&3\end{pmatrix}$；　(6) $\begin{pmatrix}2&2&3\\1&-1&0\\-1&2&1\end{pmatrix}$.

4. 用逆矩阵求解下列方程：

(1) $\begin{pmatrix}2&5\\1&3\end{pmatrix}\boldsymbol{X}=\begin{pmatrix}4&-6\\2&1\end{pmatrix}$；　(2) $\begin{pmatrix}1&1&-1\\-2&1&1\\1&1&1\end{pmatrix}\boldsymbol{X}=\begin{pmatrix}0\\3\\6\end{pmatrix}$

(3) $\boldsymbol{X}\begin{pmatrix}1&1&1\\0&1&1\\0&0&1\end{pmatrix}=\begin{pmatrix}1&-2&1\\0&1&-1\end{pmatrix}$.

项目四 线性方程组

➤ **学习目标**

- 熟练掌握用消元法求解线性方程组
- 熟练掌握用增广矩阵求解线性方程组解的方法
- 学会利用矩阵判断方程组解的情况

➤ **学习重点** 用线性方程组对应的增广矩阵求线性方程组的解

➤ **学习难点** 利用增广矩阵求解线性方程组及利用矩阵判断方程组解的情况

一、线性方程组的消元法

线性方程组的一般形式为

$$\begin{cases} a_{11}x_1+a_{12}x_2+\cdots+a_{1n}x_n=b_1, \\ a_{21}x_1+a_{22}x_2+\cdots+a_{2n}x_n=b_2, \\ \cdots\cdots\cdots\cdots \\ a_{m1}x_1+a_{m2}x_2+\cdots+a_{mn}x_n=b_m, \end{cases}$$

其中，x_1，x_2，…，x_n 代表 n 个未知量，m 是方程的个数，a_{ij}（$i=1$，2，…，m；$j=1$，2，…，n）称为方程组未知量的系数，b_i（$i=1$，2，…，m）称为常数项．

方程组中未知量的个数 n 与方程的个数 m 不一定相等，系数 a_{ij} 的第一个下标 i 表示它在第 i 个方程中，第二个下标 j 表示它是 x_j 的系数．

由矩阵的知识，可将此方程组表示成矩阵的形式

$$\boldsymbol{AX}=\boldsymbol{B}.$$

其中，$\boldsymbol{A}$ 为方程组的系数矩阵，$\boldsymbol{X}$ 为未知矩阵，$\boldsymbol{B}$ 为常数矩阵；而矩阵 $\overline{\boldsymbol{A}}=(\boldsymbol{A}|\boldsymbol{B})$（以后记作 $\overline{\boldsymbol{A}}=(\boldsymbol{AB})$），即

$$\overline{\boldsymbol{A}}=\begin{pmatrix} a_{11} & \cdots & a_{1n} & b_1 \\ \vdots & & \vdots & \vdots \\ a_{m1} & \cdots & a_{mn} & b_m \end{pmatrix}$$

称为方程组的增广矩阵．

上述方程组的一个解是指由 n 个数 k_1，k_2，…，k_n 组成的有序数组（k_1，k_2，…，k_n），当 x_1，x_2，…，x_n 分别取 k_1，k_2，…，k_n，代入方程组后，方程组中的每个方程都变成等式，方程组的解的全体称为它的解集合（简称解集），解方程组实际上就是求它的解集．如果两个方程组有相同的解集，它们就是同解方程组．

显然，如果知道一个方程组的全部系数和常数项，那么这个线性方程组就确定了，确切地说，线性方程组可以用它的增广矩阵 $\overline{\boldsymbol{A}}$ 来表示．下面介绍如何用消元法解未知量个数与方程个数相同的方程组．

【例 1】 用消元法解线性方程组

$$\begin{cases}2x_1+2x_2-x_3=6,\\x_1-2x_2+4x_3=3,\\5x_1+7x_2+x_3=28.\end{cases}$$

解：为观察消元过程，我们将消元过程中每个步骤的方程组与其对应的增广矩阵一并列出，

$$\begin{cases}2x_1+2x_2-x_3=6\\x_1-2x_2+4x_3=3\\5x_1+7x_2+x_3=28\end{cases}\Leftrightarrow\begin{pmatrix}2&2&-1&6\\1&-2&4&3\\5&7&1&28\end{pmatrix}\tag{1}$$

$$\begin{cases}2x_1+2x_2-x_3=6\\-3x_2+\dfrac{9}{2}x_3=0\\2x_2+\dfrac{7}{2}x_3=13\end{cases}\Leftrightarrow\begin{pmatrix}2&2&-1&6\\0&-3&\dfrac{9}{2}&0\\0&2&\dfrac{7}{2}&13\end{pmatrix}\tag{2}$$

$$\begin{cases}2x_1+2x_2-x_3=6\\-3x_2+\dfrac{9}{2}x_3=0\\\dfrac{13}{2}x_3=13\end{cases}\Leftrightarrow\begin{pmatrix}2&2&-1&6\\0&-3&\dfrac{9}{2}&0\\0&0&\dfrac{13}{2}&13\end{pmatrix}\tag{3}$$

$$\begin{cases}2x_1+2x_2-x_3=6\\-3x_2+\dfrac{9}{2}x_3=0\\x_3=2\end{cases}\Leftrightarrow\begin{pmatrix}2&2&-1&6\\0&-3&\dfrac{9}{2}&0\\0&0&1&2\end{pmatrix}\tag{4}$$

从最后一个方程得到 $x_3=2$，将其代入到第二个方程可得到 $x_2=3$，再将 $x_3=2$ 与 $x_2=3$ 一起代入到第一个方程中得到 $x_1=1$，因此，所求方程组的解为

$$x_1=1，x_2=3，x_3=2.$$

从上述解题过程可以看出，用消元法求解线性方程组的具体做法就是对方程组反复施行以下三种变换：

① 交换两个方程的位置；

② 用一个非零数乘某一个方程的两边；

③ 将一个方程的倍数加到另一个方程上．

以上三种变换称为线性方程组的初等变换．

对于本例，还可以利用线性方程组的初等变换继续化简线性方程组(4)：

$$\begin{cases}2x_1+2x_2=8\\-3x_2=-9\\x_3=2\end{cases}\leftrightarrow\begin{pmatrix}2&2&0&8\\0&-3&0&-9\\0&0&1&2\end{pmatrix}\tag{5}$$

$$\begin{cases}2x_1+2x_2=8\\x_2=3\\x_3=2\end{cases}\leftrightarrow\begin{pmatrix}2&2&0&8\\0&1&0&3\\0&0&1&2\end{pmatrix}\tag{6}$$

$$\begin{cases}2x_1=2\\x_2=3\\x_3=2\end{cases}\leftrightarrow\begin{pmatrix}2&0&0&2\\0&1&0&3\\0&0&1&2\end{pmatrix}\tag{7}$$

$$\begin{cases}x_1=1\\x_2=3\\x_3=2\end{cases}\leftrightarrow\begin{pmatrix}1&0&0&1\\0&1&0&3\\0&0&1&2\end{pmatrix}\tag{8}$$

从方程组(8)，可以一目了然地看出 $x_1=1$，$x_2=3$，$x_3=2$.

通常把方程组(5)和(8)称为回代过程.

用引例可以得到如下启示：用消元法解线性方程组的过程，相当于对该方程组的增广矩阵做初等行变换.

此例使用的方法(即“用矩阵的初等变换解方程组”)的理论依据是下面的定理.

定理 1 如果将增广矩阵($\boldsymbol{AB}$)用初等行变换化为($\boldsymbol{CD}$)，则方程组 $\boldsymbol{AX}=\boldsymbol{B}$ 与 $\boldsymbol{CX}=\boldsymbol{D}$ 是同解方程组. 这里，经过完全相同的一系列初等变换，矩阵 $\boldsymbol{A}$ 化成了矩阵 $\boldsymbol{C}$，矩阵 $\boldsymbol{B}$ 化成了矩阵 $\boldsymbol{D}$.

以后用消元法解线性方程组时，就可以通过初等行变换将线性方程组的增广矩阵 $\overline{A}$ 化为阶梯形矩阵，进而求出线性方程组的解.

【例 2】 解线性方程组

$$\begin{cases}2x_1-3x_2+x_3-x_4=3,\\3x_1+x_2+x_3+x_4=0,\\4x_1-x_2-x_3-x_4=7,\\-2x_1-x_2+x_3+x_4=-5.\end{cases}$$

解：
$$\overline{A}=\begin{pmatrix}2&-3&1&-1&3\\3&1&1&1&0\\4&-1&-1&-1&7\\-2&-1&1&1&-5\end{pmatrix}\xrightarrow{r_1\leftrightarrow r_2}\begin{pmatrix}3&1&1&1&0\\2&-3&1&-1&3\\4&-1&-1&-1&7\\-2&-1&1&1&-5\end{pmatrix}$$

$$\xrightarrow{r_3+r_1}\begin{pmatrix}7&0&0&0&7\\2&-3&1&-1&3\\4&-1&-1&-1&7\\-2&-1&1&1&-5\end{pmatrix}\xrightarrow[(-1)r_4]{\frac{1}{7}r_1}\begin{pmatrix}1&0&0&0&1\\2&-3&1&-1&3\\4&-1&-1&-1&7\\2&1&-1&-1&5\end{pmatrix}$$

$$\xrightarrow{\substack{(-2)r_1+r_2\\(-4)r_1+r_3\\(-2)r_1+r_4}}\begin{pmatrix}1&0&0&0&1\\0&-3&1&-1&1\\0&-1&-1&-1&3\\0&1&-1&-1&3\end{pmatrix}\xrightarrow{r_2\leftrightarrow r_4}\begin{pmatrix}1&0&0&0&1\\0&1&-1&-1&3\\0&-1&-1&-1&3\\0&-3&1&-1&1\end{pmatrix}$$

$$\xrightarrow{\substack{r_2+r_3\\3r_2+r_4}}\begin{pmatrix}1&0&0&0&1\\0&1&-1&-1&3\\0&0&-2&-2&6\\0&0&-2&-4&10\end{pmatrix}\xrightarrow{(-1)r_3+r_4}\begin{pmatrix}1&0&0&0&1\\0&1&-1&-1&3\\0&0&-2&-2&6\\0&0&0&-2&4\end{pmatrix}$$

$$\xrightarrow{\substack{-\frac{1}{2}r_3\\-\frac{1}{2}r_4}}\begin{pmatrix}1&0&0&0&1\\0&1&-1&-1&3\\0&0&1&1&-3\\0&0&0&1&-2\end{pmatrix}\xrightarrow{\substack{(-1)r_4+r_3\\r_4+r_2\\r_3+r_2}}\begin{pmatrix}1&0&0&0&1\\0&1&0&0&0\\0&0&1&0&-1\\0&0&0&1&-2\end{pmatrix}.$$

所以方程组的解为

$$\begin{cases} x_1=1, \\ x_2=0, \\ x_3=-1, \\ x_4=-2. \end{cases}$$

二、非齐次线性方程组

前面讨论了系数行列式不为零的 n 元线性方程组的求解问题，通常情况下，一般线性方程组的未知量个数与方程的个数不一定相等．本节主要讨论一般线性方程组解的情况．

含有 n 个未知量，m 个方程的线性方程组的一般形式为

$$\begin{cases} a_{11}x_1+a_{12}x_2+\cdots+a_{1n}x_n=b_1, \\ a_{21}x_1+a_{22}x_2+\cdots+a_{2n}x_n=b_2, \\ \cdots\cdots\cdots\cdots \\ a_{m1}x_1+a_{m2}x_2+\cdots+a_{mn}x_n=b_m, \end{cases} \tag{1}$$

其增广矩阵

$$\overline{\boldsymbol{A}}=\begin{pmatrix} a_{11} & a_{12} & \cdots & a_{1n} & b_1 \\ a_{21} & a_{22} & \cdots & a_{2n} & b_2 \\ \vdots & \vdots & & \vdots & \vdots \\ a_{m1} & a_{m2} & \cdots & a_{mn} & b_m \end{pmatrix}.$$

经过初等变换后可以化成以下的形式

$$\begin{pmatrix} 1 & 0 & \cdots & 0 & a'_{1r+1} & \cdots & a'_{1n} & c_1 \\ 0 & 1 & \cdots & 0 & a'_{2r+1} & \cdots & a'_{2n} & c_2 \\ \vdots & \vdots & & \vdots & \vdots & & \vdots & \vdots \\ 0 & 0 & \cdots & 1 & a'_{rr+1} & \cdots & a'_{rn} & c_r \\ 0 & 0 & \cdots & 0 & 0 & \cdots & 0 & c_{r+1} \\ \vdots & \vdots & & \vdots & \vdots & & \vdots & \vdots \\ 0 & 0 & \cdots & 0 & 0 & \cdots & 0 & 0 \end{pmatrix}, \tag{2}$$

其中 $r\leqslant n$.

当 $c_{r+1}=0$ 时，矩阵变成

$$\begin{pmatrix} 1 & 0 & \cdots & 0 & a'_{1r+1} & \cdots & a'_{1n} & c_1 \\ 0 & 1 & \cdots & 0 & a'_{2r+1} & \cdots & a'_{2n} & c_2 \\ \vdots & \vdots & & \vdots & \vdots & & \vdots & \vdots \\ 0 & 0 & \cdots & 1 & a'_{rr+1} & \cdots & a'_{rn} & c_r \\ 0 & 0 & \cdots & 0 & 0 & \cdots & 0 & 0 \\ \vdots & \vdots & & \vdots & \vdots & & \vdots & \vdots \\ 0 & 0 & \cdots & 0 & 0 & \cdots & 0 & 0 \end{pmatrix}. \tag{3}$$

当 $r<n$ 时，这个线性方程组可相应地化为

$$\begin{cases} x_1 + a'_{1r+1}x_{r+1} + \cdots + a'_{1n}x_n = c_1, \\ x_2 + a'_{2r+1}x_{r+1} + \cdots + a'_{2n}x_n = c_2, \\ \cdots\cdots\cdots\cdots \\ x_r + a'_{rr+1}x_{r+1} + \cdots + a'_{rn}x_n = c_r, \end{cases}$$

所以有

$$\begin{cases} x_1 = c_1 - (a'_{1r+1}x_{r+1} + \cdots + a'_{1n}x_n), \\ x_2 = c_2 - (a'_{2r+1}x_{r+1} + \cdots + a'_{2n}x_n), \\ \cdots\cdots\cdots\cdots \\ x_r = c_r - (a'_{rr+1}x_{r+1} + \cdots + a'_{rn}x_n). \end{cases}$$

对于 x_{r+1}，x_{r+2}，…，x_n，每当确定任意一组值，都可以求得这个线性方程组的相应的一组解，此时，该线性方程组的解有无穷多组．

当 $r=n$ 时，这个方程组可相应地化为

$$\begin{cases} x_1 = c_1, \\ x_2 = c_2, \\ \cdots\cdots \\ x_r = c_r. \end{cases}$$

此时，该线性方程组有唯一确定的一组解．

这样可以得到：若方程组的系数矩阵 $\boldsymbol{A}$ 与增广矩阵 $\bar{\boldsymbol{A}}$ 的秩都等于 $r(r\leqslant n)$，即 $R(\boldsymbol{A})=R(\bar{\boldsymbol{A}})=r$，则方程组(1)有解．当 $r<n$ 时，方程组(1)有无穷多解；当 $r=n$ 时，方程组(1)只有唯一解．

当 $c_{r+1}\neq 0$ 时，方程组的增广矩阵 $\bar{\boldsymbol{A}}$ 经过初等变换化成矩阵(2)，此时线性方程组相应地化为

$$\begin{cases} x_1 + a'_{1r+1}x_{r+1} + \cdots + a'_{1n}x_n = c_1, \\ x_2 + a'_{2r+1}x_{r+1} + \cdots + a'_{2n}x_n = c_2, \\ \cdots\cdots\cdots\cdots \\ x_r + a'_{rr+1}x_{r+1} + \cdots + a'_{rn}x_n = c_r, \\ 0 = c_{r+1}, \end{cases}$$

由于 $c_{r+1}\neq 0$，所以，上述方程组中最后一个方程不成立，即原方程组无解．

矩阵(2)是方程组(1)的增广矩阵 $\bar{\boldsymbol{A}}$ 经过初等行变换得到的．可以看出，方程组(1)的系数矩阵 $\boldsymbol{A}$ 的秩 $R(\boldsymbol{A})=r$，增广矩阵 $\bar{\boldsymbol{A}}$ 的秩 $R(\bar{\boldsymbol{A}})=r+1$，于是 $R(\boldsymbol{A})\neq R(\bar{\boldsymbol{A}})$，此时线性方程组(1)无解．

综上所述，可得如下定理．

定理 2　设有 m 个方程，n 个未知量的线性方程组(1)，记方程组(1)的系数矩阵 $\boldsymbol{A}$ 的秩为 $R(\boldsymbol{A})$，增广矩阵 $\bar{\boldsymbol{A}}$ 的秩为 $R(\bar{\boldsymbol{A}})$，则有如下结论：

① 线性方程组(1)有解的充分必要条件是 $R(\boldsymbol{A})=R(\bar{\boldsymbol{A}})$；

② 若 $R(\boldsymbol{A})=R(\bar{\boldsymbol{A}})=n$，则线性方程组(1)有且只有唯一解；

③ 若 $R(\boldsymbol{A})=R(\bar{\boldsymbol{A}})=r<n$，则线性方程组(1)有无穷多解；

④ 若 $R(\mathbf{A})\neq R(\bar{\mathbf{A}})$，则线性方程组(1)无解．

【例 3】 判断下列线性方程组是否有解？若有解，是有唯一解，还是有无穷多解？

(1) $\begin{cases} x_1+2x_2-3x_3=-11, \\ -x_1-x_2+x_3=7, \\ 2x_1-3x_2+x_3=6, \\ -3x_1+x_2+2x_3=4; \end{cases}$　　(2) $\begin{cases} x_1+2x_2-3x_3=-11, \\ -x_1-x_2+2x_3=7, \\ 2x_1-3x_2+x_3=6, \\ -3x_1+x_2+2x_3=5; \end{cases}$

(3) $\begin{cases} x_1+2x_2-3x_3=-11, \\ -x_1-x_2+x_3=7, \\ 2x_1-3x_2+x_3=6, \\ -3x_1+x_2+2x_3=5. \end{cases}$

解：(1) 用初等行变换将增广矩阵化成阶梯形矩阵，即

$$\bar{\mathbf{A}}=\begin{pmatrix} 1 & 2 & -3 & -11 \\ -1 & -1 & 1 & 7 \\ 2 & -3 & 1 & 6 \\ -3 & 1 & 2 & 4 \end{pmatrix}\to\begin{pmatrix} 1 & 2 & -3 & -11 \\ 0 & 1 & -2 & -4 \\ 0 & -7 & 7 & 28 \\ 0 & 7 & -7 & -29 \end{pmatrix}$$

$$\to\begin{pmatrix} 1 & 2 & -3 & 11 \\ 0 & 1 & -2 & -4 \\ 0 & 0 & -7 & 0 \\ 0 & 0 & 7 & -1 \end{pmatrix}\to\begin{pmatrix} 1 & 2 & -3 & -11 \\ 0 & 1 & -2 & -4 \\ 0 & 0 & -7 & 0 \\ 0 & 0 & 0 & -1 \end{pmatrix}.$$

因为 $R(\mathbf{A})=3$，$R(\bar{\mathbf{A}})=4$，两者不等，所以方程组无解．

(2) 用初等行变换将增广矩阵化成阶梯形矩阵，即

$$\bar{\mathbf{A}}=\begin{pmatrix} 1 & 2 & -3 & -11 \\ -1 & -1 & 2 & 7 \\ 2 & -3 & 1 & 6 \\ -3 & 1 & 2 & 5 \end{pmatrix}\to\cdots\to\begin{pmatrix} 1 & 2 & -3 & -11 \\ 0 & 1 & -1 & -4 \\ 0 & 0 & 0 & 0 \\ 0 & 0 & 0 & 0 \end{pmatrix}.$$

$R(\mathbf{A})=R(\bar{\mathbf{A}})=2<n=3$，所以方程组有无穷多解．

(3) 用初等行变换将增广矩阵化成阶梯形矩阵，即

$$\bar{\mathbf{A}}=\begin{pmatrix} 1 & 2 & -3 & -11 \\ -1 & -1 & 1 & 7 \\ 2 & -3 & 1 & 6 \\ -3 & 1 & 2 & 5 \end{pmatrix}\to\cdots\to\begin{pmatrix} 1 & 2 & -3 & -11 \\ 0 & 1 & -2 & -4 \\ 0 & 0 & -7 & 0 \\ 0 & 0 & 0 & 0 \end{pmatrix}.$$

$R(\mathbf{A})=R(\bar{\mathbf{A}})=3=n$，所以方程组有唯一解．

【例 4】 解线性方程组 $\begin{cases} x_1+x_2-3x_3-x_4=1, \\ 3x_1-x_2-3x_3+4x_4=4, \\ x_1+5x_2-9x_3-8x_4=0. \end{cases}$

解：用初等行变换将增广矩阵化成阶梯形矩阵，即

$$\bar{\mathbf{A}}=\begin{pmatrix} 1 & 1 & -3 & -1 & 1 \\ 3 & -1 & -3 & 4 & 4 \\ 1 & 5 & -9 & -8 & 0 \end{pmatrix}\to\cdots\to\begin{pmatrix} 1 & 1 & -3 & -1 & 1 \\ 0 & -4 & 6 & 7 & 1 \\ 0 & 0 & 0 & 0 & 0 \end{pmatrix}.$$

由于$R(\mathbf{A})=R(\bar{\mathbf{A}})=2<n=4$，故方程组有无穷多解．于是

$$\bar{\mathbf{A}}=\begin{pmatrix}1 & 1 & -3 & -1 & 1\\0 & -4 & 6 & 7 & 1\\0 & 0 & 0 & 0 & 0\end{pmatrix}\rightarrow\cdots\rightarrow\begin{pmatrix}1 & 0 & -\frac{3}{2} & \frac{3}{4} & \frac{5}{4}\\0 & 1 & -\frac{3}{2} & -\frac{7}{4} & -\frac{1}{4}\\0 & 0 & 0 & 0 & 0\end{pmatrix}.$$

得到同解方程组为

$$\begin{cases}x_1-\frac{3}{2}x_3+\frac{3}{4}x_4=\frac{5}{4},\\x_2-\frac{3}{2}x_3-\frac{7}{4}x_4=-\frac{1}{4}.\end{cases}$$

将主元素对应的未知量留在等号左边，而其余未知量移至等号右边，即得到方程组的解为

$$\begin{cases}x_1=\frac{3}{2}x_3-\frac{3}{4}x_4+\frac{5}{4},\\x_2=\frac{3}{2}x_3+\frac{7}{4}x_4-\frac{1}{4}\end{cases}\quad(\text{其中 }x_3,\ x_4\text{ 可以取任意常数}).$$

显然，只要未知量x_3，x_4分别取定任意一个实数值，就可以得到方程组的一组解．因此，上式表示了原方程组的所有解，将此式称为方程组的一般解，这里x_3，x_4称为自由未知量．

【例 5】 λ，μ取何值时，线性方程组

$$\begin{cases}x_1+x_2-2x_3+3x_4=0,\\3x_1+2x_2+\lambda x_3+7x_4=1,\\x_1-x_2-6x_3-x_4=2\mu\end{cases}$$

有解、无解？

解：对方程组的增广矩阵施以初等变换：

$$\bar{\mathbf{A}}=\begin{pmatrix}1 & 1 & -2 & 3 & 0\\3 & 2 & \lambda & 7 & 1\\1 & -1 & -6 & -1 & 2\mu\end{pmatrix}\rightarrow\begin{pmatrix}1 & 1 & -2 & 3 & 0\\0 & -1 & \lambda+6 & -2 & 1\\0 & -2 & -4 & -4 & 2\mu\end{pmatrix}$$

$$\rightarrow\begin{pmatrix}1 & 1 & -2 & 3 & 0\\0 & 1 & 2 & 2 & -\mu\\0 & -1 & \lambda+6 & -2 & 1\end{pmatrix}\rightarrow\begin{pmatrix}1 & 0 & -4 & 1 & \mu\\0 & 1 & 2 & 2 & -\mu\\0 & 0 & \lambda+8 & 0 & 1-\mu\end{pmatrix}.$$

当$\lambda\neq-8$时，$R(\mathbf{A})=R(\bar{\mathbf{A}})=3<4=n$，方程组有无穷多解；当$\lambda=-8$，且$u=1$时，$R(\mathbf{A})=R(\bar{\mathbf{A}})=2<4=n$，方程组有无穷多解；当$\lambda=-8$，且$u\neq1$时，$R(\mathbf{A})=2\neq R(\bar{\mathbf{A}})=3$，方程组无解．

三、齐次线性方程组

定义 1　常数项都等于零的线性方程组称为齐次线性方程组，其一般形式为

$$\begin{cases}a_{11}x_1+a_{12}x_2+\cdots+a_{1n}x_n=0,\\a_{21}x_1+a_{22}x_2+\cdots+a_{2n}x_n=0,\\\cdots\cdots\cdots\cdots\\a_{m1}x_1+a_{m2}x_2+\cdots+a_{mn}x_n=0.\end{cases}$$

由于此方程组的增广矩阵 $\bar{\boldsymbol{A}}$ 比系数矩阵 $\boldsymbol{A}$ 只多一个都是零元素的列，因此，它们的秩一定相等，即 $R(\boldsymbol{A})=R(\bar{\boldsymbol{A}})$. 这样根据定理 2 可知，该齐次线性方程组总是有解的．例如，$x_1=0$，$x_2=0$，…，$x_n=0$ 就是它的一个解，称为该方程组的一个零解．不过我们关心的是该方程组在什么条件下有非零解，为此，可以得出以下结论：

定理 3　设齐次线性方程组

$$\begin{cases}a_{11}x_1+a_{12}x_2+\cdots+a_{1n}x_n=0,\\a_{21}x_1+a_{22}x_2+\cdots+a_{2n}x_n=0,\\\cdots\cdots\cdots\cdots\\a_{m1}x_1+a_{m2}x_2+\cdots+a_{mn}x_n=0\end{cases}$$

的系数矩阵 $\boldsymbol{A}$ 的秩 $R(\boldsymbol{A})=r$. 若 $r=n$，则齐次线性方程组只有零解；若 $r\neq n$，则齐次线性方程组有无穷多个非零解．

特别地，当未知量个数与方程的个数相等时，有如下结论．

定理 4　齐次线性方程组

$$\begin{cases}a_{11}x_1+a_{12}x_2+\cdots+a_{1n}x_n=0,\\a_{21}x_1+a_{22}x_2+\cdots+a_{2n}x_n=0,\\\cdots\cdots\cdots\cdots\\a_{m1}x_1+a_{m2}x_2+\cdots+a_{mn}x_n=0\end{cases}$$

有非零解的充分必要条件是它的系数行列式 $|\boldsymbol{A}|=0$.

【例 6】　解齐次线性方程组

$$\begin{cases}2x_1+x_2+3x_3+5x_4-5x_5=0,\\x_1+x_2+x_3+4x_4-3x_5=0,\\3x_1+x_2+5x_3+6x_4-7x_5=0\end{cases}$$

解：因为

$$\boldsymbol{A}=\begin{pmatrix}2&1&3&5&-5\\1&1&1&4&-3\\3&1&5&6&-7\end{pmatrix}\rightarrow\begin{pmatrix}0&-1&1&-3&1\\1&1&1&4&-3\\0&-2&2&-6&2\end{pmatrix}$$

$$\rightarrow\begin{pmatrix}1&1&1&4&-3\\0&-1&1&-3&-1\\0&-2&2&-6&2\end{pmatrix}\rightarrow\begin{pmatrix}1&0&2&1&-2\\0&1&-1&3&-1\\0&0&0&0&0\end{pmatrix}.$$

所以方程组的解为

$$\begin{cases}x_1=-2x_3-x_4+2x_5,\\x_2=x_3-3x_4+x_5\end{cases}$$（其中 x_3，x_4，x_5 为自由未知量）.

【例 7】　解齐次线性方程组

$$\begin{cases}x_1+x_2+2x_3+2x_4=0,\\2x_1-x_2+x_3-2x_4=0,\\x_1-2x_2-x_3-4x_4=0.\end{cases}$$

解：$A=\begin{pmatrix}1&1&2&2\\2&-1&1&-2\\1&-2&-1&-4\end{pmatrix}\rightarrow\begin{pmatrix}1&1&2&2\\0&-3&-3&-6\\0&-3&-3&-6\end{pmatrix}\rightarrow\begin{pmatrix}1&1&2&2\\0&-3&-3&-6\\0&0&0&0\end{pmatrix}$

$$\rightarrow\begin{pmatrix}1&1&2&2\\0&1&1&2\\0&0&0&0\end{pmatrix}\rightarrow\begin{pmatrix}1&0&1&0\\0&1&1&2\\0&0&0&0\end{pmatrix}.$$

所以方程组的解为$\begin{cases}x_1=-x_3,\\x_2=-x_3-2x_4\end{cases}$ （其中 x_3，x_4 为自由未知量）.

课堂练习

1. 求下列非齐次线性方程组的一般解：

(1) $\begin{cases}-2x_1+x_2+x_3=-2,\\x_1-2x_2+x_3=-2,\\x_1+2x_2-2x_3=4;\end{cases}$ (2) $\begin{cases}2x_1-x_2+x_3-2x_4=1,\\x_1+3x_3-x_4=1,\\2x_1-2x_2-4x_3+4x_4=-1;\end{cases}$

(3) $\begin{cases}3x_1-5x_2+2x_3+4x_4=2,\\4x_1+x_2-x_3-x_4=3,\\2x_1+12x_2-6x_3-10x_4=1;\end{cases}$ (4) $\begin{cases}x_1-x_2+5x_3-x_4=1,\\x_1+x_2-2x_3+3x_4=1,\\2x_1+3x_2+2x_4=2,\\2x_1+4x_2-11x_3+10x_4=2.\end{cases}$

2. 求下列齐次线性方程组的一般解：

(1) $\begin{cases}2x_1-x_2+3x_3=0,\\2x_1+x_2+x_3=0,\\4x_2+x_3+2x_4=0;\end{cases}$ (2) $\begin{cases}x_1+2x_2+3x_3=0,\\2x_1+3x_2+x_3=0,\\x_1+x_2-2x_3=0,\\3x_1+5x_2+4x_3=0;\end{cases}$

(3) $\begin{cases} x_1+2x_2-x_3+3x_4+x_5=0, \\ x_1-2x_2+x_3+x_4-4x_5=0, \\ 2x_1+4x_4-3x_5=0, \\ 3x_1+2x_2-x_3+7x_4-2x_5=0. \end{cases}$

3. 当 a 为何值时方程组 $\begin{cases} x_1+x_2+x_3+x_4=1, \\ 3x_1+2x_2+x_3-3x_4=a, \\ x_2+2x_3+6x_4=3 \end{cases}$ 有解，并求出它的解．

4. 讨论 k_1 和 k_2 取何值时方程组 $\begin{cases} x_1-x_2-2x_3+3x_4=0, \\ 2x_1-4x_2-7x_3+5x_4=-1, \\ x_1+x_2-k_1x_3+4x_4=1, \\ x_1+7x_2+10x_3+7x_4=k_2 \end{cases}$ 有解、无解？

课外作业

1. 求解下列线性方程组：

(1) $\begin{cases} 2x_1-3x_2+x_3=-1, \\ x_1+x_2+x_3=6, \\ 3x_1+x_2-2x_3=-1; \end{cases}$

(2) $\begin{cases} x_1+2x_2+3x_3=-7, \\ 2x_1-x_2+2x_3=-8, \\ x_1+3x_2=7. \end{cases}$

2. 判断下列方程组是否有解．若有解，解是否唯一：

(1) $\begin{cases} x_1+2x_2-3x_3-x_4=-11, \\ 2x_1-3x_2+x_3+5x_4=6, \\ -3x_1+x_2+2x_3-4x_4=5; \end{cases}$

(2) $\begin{cases} x_1+3x_2-7x_3=-8, \\ 2x_1+5x_2+4x_3=4, \\ -3x_1-7x_2-2x_3=-3, \\ x_1+4x_2-12x_3=-15; \end{cases}$

(3) $\begin{cases} -3x_1+x_2+4x_3=-1, \\ x_1+x_2+x_3=0, \\ -2x_1+x_3=-1, \\ x_1+x_2-2x_3=0; \end{cases}$

(4) $\begin{cases} x_1+3x_2+5x_3-4x_4=1, \\ x_1+3x_2+2x_3-2x_4+x_5=-1, \\ x_1-2x_2+x_3-x_4-x_5=3, \\ x_1-4x_2+x_3+x_4-x_5=-3. \end{cases}$

3. 求解下列方程组的一般解：

(1) $\begin{cases} x_1-3x_2-6x_3+5x_4=0, \\ 2x_1+x_2+4x_3-2x_4=1, \\ 5x_1-x_2+2x_3+x_4=7; \end{cases}$

(2) $\begin{cases} x_1-2x_2-x_3+2x_4=2, \\ 2x_1+5x_2-3x_4=-1, \\ 4x_1+x_2-2x_3+x_4=3, \\ 3x_1+3x_2-x_3-3x_4=3; \end{cases}$

(3) $\begin{cases} x_1+3x_2-x_3+2x_4=0, \\ 3x_1-x_2+2x_3+x_4=0, \\ -2x_1+5x_2+x_3-x_4=0, \\ 3x_1+10x_2+x_3+4x_4=0, \\ -2x_1+15x_2-4x_3+4x_4=0; \end{cases}$

(4) $\begin{cases} x_1-x_2+5x_3-x_4=0, \\ x_1+x_2-2x_3+3x_4=0, \\ 3x_1-x_2+8x_3+x_4=0, \\ x_1+3x_2-9x_3+7x_4=0. \end{cases}$

4. 问 m 取何值时，下列线性方程组有非零解？

$$\begin{cases} x_1+2x_2+x_3=mx_1, \\ 2x_1+x_2+3x_3=mx_2, \\ 3x_1+3x_2+6x_3=mx_3. \end{cases}$$

模块四 线性规划

线性规划是运筹学中研究较早、比较成熟、应用广泛的一个分支，其研究的问题主要有两类：一是在已有一定数量的人力、物力等资源条件下，如何安排使用这些资源，使完成的产值最大或产品数量最多；二是一项任务确定后，如何统筹安排，用最少的人力、物力等资源来完成这一任务.

项目一　线性规划的数学模型

➤ **学习目标**

- 理解线性规划问题的特征
- 掌握线性规划问题的数学模型及其标准化
- 会建立线性规划问题的数学模型

➤ **学习重点**　线性规划问题的特征，数学模型的标准化

➤ **学习难点**　建立数学模型

一、线性规划问题举例

【例 1】（生产计划问题）某家电视机厂生产黑白、彩色两种电视机，其利润分别为：黑白机每台 200 元，彩色机每台 500 元. 现工厂面临着怎样安排黑白、彩色电视机的日产量，使每日获利润最大?

解：设工厂黑白、彩色电视机日产量分别为 x_1 台、x_2 台，则每天利润为 $200x_1+500x_2$.

假设该厂现有两条生产线，一条生产黑白电视机，其生产能力为每天最多能生产 70 台，即 $x_1\leqslant 70$；另一条生产彩色电视机，其生产能力为每天最多能生产 50 台，即 $x_2\leqslant 50$.

如果没有别的限制，工厂只要尽其生产能力生产，即日产 70 台黑白机，50 台彩色机，无疑可获得最大的利润. 由于总的劳动力及元器件供给是有限的，且厂方能利用的只有 120 个工作日，而生产一台黑白机需 1 个工作日，彩色机一台需 2 个工作日，所以生产计划必须满足 $x_1+2x_2\leqslant 120$.

这一限制使工厂无法达到流水线的生产能力，因为 $x_1=70$，$x_2=50$，需 $1\times 70+2\times 50=$

170个工作日，若每天生产40台黑白机和40台彩色机是可行的，需 $1\times40+2\times40=120$ 个工作日，则总利润为 $200\times40+500\times40=28000$(元).

这里变量 x_1，x_2 的取值，就是工厂要确定的生产计划，因此称 x_1，x_2 为决策变量．这两个变量受到一定的约束，这些约束一方面由流水线生产能力($x_1\leqslant70$，$x_2\leqslant50$)和有限的工作日($x_1+2x_2\leqslant120$)决定；另一方面由产量不可为负，即非负条件($x_1\geqslant0$，$x_2\geqslant0$)决定，计划的目标是求利润函数 $200x_1+500x_2$ 的最大值，一般称该函数为目标函数．

【例2】 (运输问题)设有某种物资要从 A_1，A_2，A_3 三个仓库运往四个销售点 B_1，B_2，B_3，B_4．各发点(仓库)的发货量、各收点(销售点)的收货量以及 A_i 到 B_j 的单位运费如表4-1所示，问如何组织运输才能使总运费最少？

表4-1

收点 运量运价 发点	B_1	B_2	B_3	B_4	发量
A_1	x_{11} 9	x_{12} 18	x_{13} 1	x_{14} 10	9
A_2	x_{21} 11	x_{22} 6	x_{23} 8	x_{24} 18	10
A_3	x_{31} 14	x_{32} 12	x_{33} 2	x_{34} 16	6
收量	4	9	7	5	

解：设 x_{ij} ($i=1,2,3$；$j=1,2,3,4$)表示从产地 A_i 运往销地 B_j 的运输量，例如 x_{12} 表示由产地 A_1 运往销地 B_2 的数量．那么满足产地的供应量约束为

$$\begin{cases}x_{11}+x_{12}+x_{13}+x_{14}=9,\\x_{21}+x_{22}+x_{23}+x_{24}=10,\\x_{31}+x_{32}+x_{33}+x_{34}=6,\end{cases}$$

满足销地的需求量约束为

$$\begin{cases}x_{11}+x_{21}+x_{31}=4,\\x_{12}+x_{22}+x_{32}=9,\\x_{13}+x_{23}+x_{33}=7,\\x_{14}+x_{24}+x_{34}=5.\end{cases}$$

所以最佳调运量就是求一组变量 x_{ij} ($i=1,2,3$；$j=1,2,3,4$)，使它满足上述约束条件并使总运费

$$\begin{aligned}z=&9x_{11}+18x_{12}+x_{13}+10x_{14}+11x_{21}+6x_{22}+8x_{23}+\\&18x_{24}+14x_{31}+12x_{32}+2x_{33}+16x_{34}\end{aligned}$$

最小．再加上变量的非负约束 $x_{ij}\geqslant0$ ($i=1,2,3$；$j=1,2,3,4$)，就得到解决这个问题的数学模型．

【例3】 (配料问题)在现代化的大型畜牧业中，经常使用工业生产的饲料．设某种饲料由四种原料 B_1，B_2，B_3，B_4 混合而成，要求它含有三种成分(如维生素、抗菌素等) A_1，

A_2，A_3 的数量分别不少于 25，36，40 个单位(这些单位可以互不相同)，各种原料的每百千克中含三种成分的数量及各种原料的单价如表 4－2 所示．现问应如何配料，使合成饲料(产品)既含有足够的所需成分，又使成本最低．

表 4－2

单位原料含成分 \ 原料 / 成分名称	B_1	B_2	B_3	B_4	产品含成分需要量
A_1	2	1	3	4	25
A_2	3	2	4	5	36
A_3	1	3	5	7	40
单价(元/百千克)	12	13	14	11	

解：设合成的饲料中原料 B_j 的含量为 $x_j(j=1，2，3，4)$百千克，则有如下的数学模型：

$$\min z=12x_1+13x_2+14x_3+11x_4,$$

$$\begin{cases}2x_1+x_2+3x_3+4x_4\geqslant 25,\\ 3x_1+2x_2+4x_3+5x_4\geqslant 36,\\ x_1+3x_2+5x_3+7x_4\geqslant 40,\\ x_1,\cdots,x_4\geqslant 0.\end{cases}$$

二、线性规划问题的数学模型

1. 一般形式

上述各例具有下列共同特征：

(1) 存在一组变量，称为决策变量，表示某一方案，通常要求这些变量的取值是非负的．

(2) 存在若干个约束条件，可以用一组线性等式或线性不等式来描述．

(3) 存在一个线性目标函数，按实际问题求最大值或最小值．

根据以上特征，可以将线性规划问题抽象为一般的数学表达式，即线性规划问题数学模型(简称线性规划模型)的一般形式为

$$\max(\min)\quad z=c_1x_1+c_2x_2+\cdots+c_nx_n,$$

$$\begin{cases}a_{11}x_1+a_{12}x_2+\cdots+a_{1n}x_n\leqslant(=,\geqslant)b_1,\\ a_{21}x_1+a_{22}x_2+\cdots+a_{2n}x_n\leqslant(=,\geqslant)b_2,\\ \cdots\cdots\cdots\cdots\\ a_{m1}x_1+a_{m2}x_2+\cdots+a_{mn}x_n\leqslant(=,\geqslant)b_m,\\ x_1,x_2,\cdots x_n\geqslant 0.\end{cases}$$

式中 max 表示求最大值，min 表示求最小值，c_j，b_i，a_{ij} 是由实际问题所确定的常数，$c_j(j=1，2，\cdots，n)$为利润系数或成本系数；$b_i(i=1，2，\cdots，n)$称为限定系数或常数项；$a_{ij}(i=1，2，\cdots，n；j=1，2，\cdots，n)$称为结构系数或消耗系数；$x_j(j=1，2，\cdots，n)$为决策变量；每一个约束条件只有一种符号(≤或＝或≥)．

一个线性规划的数学模型应由决策变量、约束条件、目标函数组成，其建立步骤为：

(1) 根据问题要求设立适当的决策变量；

（2）根据决策变量取值的限制写出约束条件；

（3）写出目标函数；

（4）综合上述三步，给出数学模型．

2. **标准形式**

由于对目标的追求和约束形式的不同，线性规划模型的具体形式是多种多样的．为了讨论和计算的方便，要在这众多的形式中规定一种形式，将其称为线性规划模型的标准型．线性规划模型的标准型为

$$\max z=c_1x_1+c_2x_2+\cdots+c_nx_n,$$
$$\begin{cases}a_{11}x_1+a_{12}x_2+\cdots+a_{1n}x_n=b_1,\\a_{21}x_1+a_{22}x_2+\cdots+a_{2n}x_n=b_2,\\\cdots\cdots\cdots\cdots\\a_{m1}x_1+a_{m2}x_2+\cdots a_{mn}x_n=b_m,\\x_1,\ x_2,\ \cdots,\ x_n\geqslant 0.\end{cases}$$

上述形式的特点是：

（1）所有决策变量都是非负的；

（2）所有约束条件都是“＝”型；

（3）目标函数是求最大值；

（4）所有常数项 $b_i(i=1,2,\cdots,m)$ 都是非负的．线性规划模型的标准型可以写成简缩形式：

$$\max z=\sum_{j=1}^{n}c_jx_j,$$
$$\begin{cases}\sum_{j=1}^{n}a_{ij}x_j=b_i, & i=1,2,\cdots,m,\\x_j\geqslant 0, & j=1,2,\cdots,n.\end{cases}$$

线性规划模型的标准型有时用矩阵或向量描述往往更为方便．用向量表示线性规划模型的标准型：

$$\max z=\boldsymbol{CX},$$
$$\begin{cases}\sum_{j=1}^{n}p_jx_j=\boldsymbol{b},\\\boldsymbol{X}\geqslant 0,\end{cases}$$

其中 $\boldsymbol{C}=(c_1,c_2,\cdots,c_n)$，

$$\boldsymbol{X}=\begin{bmatrix}x_1\\x_2\\\vdots\\x_n\end{bmatrix},\ p_j=\begin{bmatrix}a_{1j}\\a_{2j}\\\vdots\\a_{mj}\end{bmatrix}\ (j=1,2,\cdots,n),\ \boldsymbol{b}=\begin{bmatrix}b_1\\b_2\\\vdots\\b_m\end{bmatrix},$$

向量 P_j 是变量 x_j 对应的约束条件中的系数列向量．

用矩阵表示线性规划的标准型为

$$\max z=\boldsymbol{CX},$$

$$\begin{cases}\boldsymbol{AX}=\boldsymbol{b},\\ \boldsymbol{X}\geqslant 0,\end{cases}$$

其中

$$\boldsymbol{A}=\begin{bmatrix}a_{11} & a_{12} & \cdots & a_{1n}\\ a_{21} & a_{22} & \cdots & a_{2n}\\ \vdots & \vdots & & \vdots\\ a_{m1} & a_{m2} & \cdots & a_{mn}\end{bmatrix},$$

称 $\boldsymbol{A}$ 为约束方程的系数矩阵($m\times n$)，一般 $m<n$，m 和 n 为正整数．

若 $\boldsymbol{X}=\begin{pmatrix}x_1\\ x_2\\ \vdots\\ x_n\end{pmatrix}$ 满足约束条件，则称它为线性规划的可行解，使目标函数取得最大值的解称为最优解．

3. 线性规划模型的标准化

对线性规划问题的研究是基于标准型进行的，因此对于给定的非标准型线性规划问题的数学模型，则需要将其化为标准型．一般地，对于不同形式的线性规划模型，可以采用以下一些方法将其化为标准型．

(1) 对于目标函数是求最小值的线性规划问题，只要将目标函数的系数反号，即可化为等价的最大值问题．

(2) 约束条件为“$\leqslant$”(或“$\geqslant$”)类型的线性规划问题，可在不等式左边加上(或者减去)一个非负的新变量，即可化为等式．这个新增的非负变量称为松弛变量(或剩余变量)，也可统称为松弛变量．在目标函数中一般认为新增的松弛变量的系数为零．

(3) 如果在一个线性规划问题中，决策变量 x_k 的符号没有限制，可用两个非负的新变量 x_k^1 和 x_k^2 之差来代替，即将变量 x_k 写成 $x_k=x_k^1-x_k^2$，且有 $x_k^1\geqslant 0$，$x_k^2\geqslant 0$. 通常将这样的 x_k 称为自由变量．

(4) 当常数项 b_i 为负值时，可在该约束条件的两边分别乘以 -1 即可．

【例 4】 将下列线性规划模型化成标准型：

$$\max z=200x_1+500x_2,$$

$$\begin{cases}x_1\leqslant 70,\\ x_2\leqslant 50,\\ x_1+2x_2\leqslant 120,\\ x_1,\ x_2\geqslant 0.\end{cases}$$

解：目标函数已极大化，只需引进松弛变量 x_3，x_4，x_5，得

$$\max z=200x_1+500x_2+0x_3+0x_4+0x_5,$$

$$\begin{cases}x_1+x_3=70,\\ x_2+x_4=50,\\ x_1+2x_2+x_5=120,\\ x_1,\ x_2,\ x_3,\ x_4,\ x_5\geqslant 0,\end{cases}$$

这就是所求的标准形式．

【例 5】 将下列线性规划模型化成标准型：

$$\min z=3x_1-x_2+3x_3,$$
$$\begin{cases}x_1+x_2+x_3\leqslant 6,\\ x_1+x_2-x_3\geqslant 2,\\ -3x_1+2x_2+x_3=5,\\ x_1\geqslant 0,\ x_2\geqslant 0,\ x_3\text{ 无非负约束}.\end{cases}$$

解：通过以下四个步骤：

(1) 目标函数两边乘以-1化为求最大值；

(2) 以 $x_3=x_3^1-x_3^2$ 代入目标函数和所有的约束条件中，其中 $x_3^1\geqslant 0$，$x_3^2\geqslant 0$.

(3) 在第一个约束条件的左边加上松弛变量 x_4；

(4) 在第二个约束条件的左边减去剩余变量 x_5.

于是得到该线性规划模型的标准型：

$$\max(-z)=-3x_1+x_2-3x_3^1+3x_3^2,$$
$$\begin{cases}x_1+x_2+x_3^1-x_3^2+x_4=6,\\ x_1+x_2-x_3^1+x_3^2-x_5=2,\\ -3x_1+2x_2+x_3^1-x_3^2=5,\\ x_1,\ x_2,\ x_3^1,\ x_3^2,\ x_4,\ x_5\geqslant 0.\end{cases}$$

课堂练习

1. 写出下列问题的数学模型：

(1) 某厂生产 A，B 两种产品，每生产一台产品 A 要耗用电力 2 kW，钢材 1 t 和人工 2 h；而每生产一台产品 B 要耗用的上述资源分别为 3 kW，2 t 和 1 h. 工厂可供利用的资源为电力 800 kW，钢材 300 t 和人工 400 h，又知每生产一台产品 A 可获得利润 1 000 元，每生产一台产品 B 可获得利润 1 300 元，工厂应如何安排生产 A，B 产品的台数，才能使得利润最大?

(2) 某工厂要制造A种电子装置45台，B种装置55台．为了给每台装置配一个外壳，要从两种不同规格的薄钢板上截取．已知甲种薄钢板每张面积为2 m^2，可做A的外壳3个和B的外壳5个；乙种薄钢板每张面积3 m^2，可做A和B的外壳各6个．问这两种薄钢板各用多少张，才能使总的用料面积最小？

2. 把下列模型化为标准形式的线性规划模型：

(1) $$\max z=20x_1+15x_2,\quad \begin{cases}5x_1+2x_2\leqslant 180,\\3x_1+3x_2\leqslant 135,\\x_1,\ x_2\geqslant 0;\end{cases}$$

(2) $$\min z=-x_1+2x_2+x_3,\quad \begin{cases}x_1-2x_2+x_3\leqslant 3,\\2x_1+x_2-x_3\geqslant 5,\\x_1+x_2=4,\\x_1,\ x_2,\ x_3\geqslant 0.\end{cases}$$

课外作业

1. 把下列模型化为标准形式的线性规划模型：

(1) $$\max z=2x_1+3x_2,\quad \begin{cases}x_1+x_2\leqslant 30,\\x_1-x_2\geqslant 0,\\x_2\leqslant 12,\\x_1,\ x_2\geqslant 0;\end{cases}$$

(2) $$\min z=-x_1-2x_2-3x_3,\quad \begin{cases}x_1-x_2+x_3\leqslant 7,\\x_1+x_2+x_3\geqslant 2,\\-3x_1-x_2+2x_3=5,\\x_1,\ x_2\geqslant 0,\ x_3\leqslant 0.\end{cases}$$

2. 将下列线性规划问题化为标准形式，并求出标准形式下的 c，A，b，x：

(1) $$\max z=50x_1+40x_2,\quad \begin{cases}x_1+2x_2\leqslant 720,\\5x_1+4x_2\leqslant 1800,\\3x_1+x_2\leqslant 900,\\x_1,\ x_2\geqslant 0;\end{cases}$$

(2) $$\max z=2x_1+x_2,\quad \begin{cases}x_1+x_2\leqslant 4,\\-x_1+x_2\leqslant 2,\\x_1\leqslant 3,\\x_1,\ x_2\geqslant 0.\end{cases}$$

项目二　图 像 法

> **学习目标**
> - 掌握线性规划问题的图像法，能应用线性规划的图像法解决简单的实际问题
> - 培养学生的作图能力和解决实际问题的能力
>
> **学习重点**　线性规划问题的图像法及如何把实际问题转化为线性规划问题即数学模型的建立
>
> **学习难点**　线性规划问题的图解法和数学模型的建立

将一经济问题构造成为线性规划的数学模型，是为了通过求解数学模型来解决经济问题．图解法是适合于两个决策变量的线性规划模型的既简单又直观的求解方法．

一、图解法的步骤

线性规划的数学模型，不论是约束条件还是目标函数，其表达式都是线性的．而当决策变量仅为两个时，线性等式为平面上的一条直线，线性不等式为半个平面．因此，可通过在平面直角坐标系中作图得到最优解，下面通过例子来说明图解法及步骤．

【例 1】　用图解法解线性规划

$$\max z=200x_1+500x_2,$$
$$\begin{cases} x_1\leqslant 70, \\ x_2\leqslant 50, \\ x_1+2x_2\leqslant 120, \\ x_1,\ x_2\geqslant 0. \end{cases}$$

解：(1) 先分析约束条件在平面上应如何表示．

在坐标系 x_1Ox_2 中，非负条件 $x_1\geqslant 0$，$x_2\geqslant 0$ 表示第一象限(包括 x_1，x_2 轴的正半轴及原点)．约束条件 $x_1\leqslant 70$，表示包括直线 $x_1=70$ 和它的左侧半平面；$x_2\leqslant 50$ 表示包括直线 $x_2=50$ 和它的下面半平面；约束条件 $x_1+2x_2\leqslant 120$ 表示包括直线 $x_1+2x_2=120$ 和它左下方的半平面．因此满足约束条件和非负条件的 x_1 及 x_2 如图 4-1 所示的凸多边形 $OABCD$.

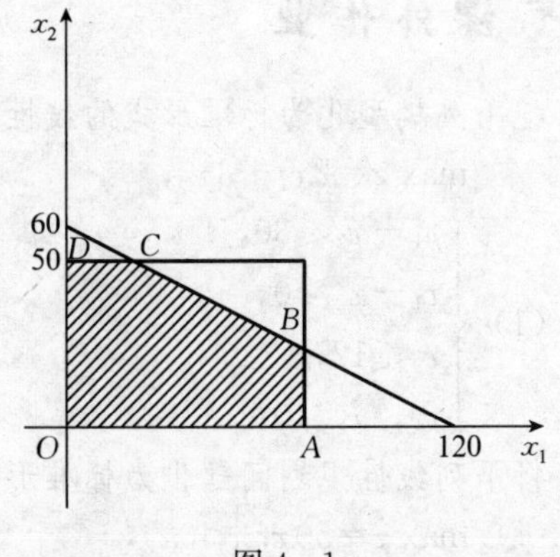

图 4-1

凸多边形 $OABCD$ 就是满足约束条件的点(x_1, x_2)的集合，这个集合称为线性规划的可行解集或可行解域．

(2) 再讨论目标函数如何表示．

目标函数 $z=200x_1+500x_2$ 中，z 是待定的利润值．如果取 $z=0$，100，500，1000，…，将得到一族斜率同为 $-\dfrac{2}{5}$ 的平行线，如图 4-2 所示，

称这族平行线为等值线．从图 4－2 可以看出，当等值线按图上箭头方向移动时，z 值将逐渐增大．

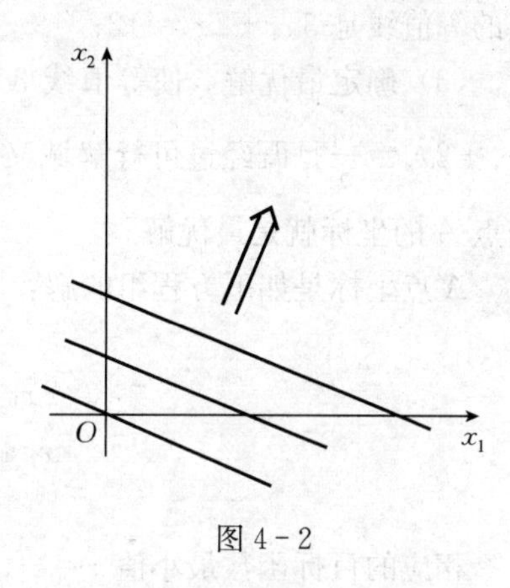

图 4－2

（3）确定最优解．最优解是满足约束条件并使目标函数达到最优值（极大值或极小值）的 x_1，x_2 的值．在图 4－1 上作出直线 $200x_1+500x_2=0$，然后让此直线离开 O 点按等值线增值的方向移动．注意在移动的过程中要一直保持直线与可行解域相交，从中找到一条离原点最远的直线．从图 4－3 可以看出，过点 C 的直线符合这一要求，即点 C 的坐标既能满足约束条件，又能使目标函数取得最大值．

C 点坐标是如下方程组的解：

$$\begin{cases}x_2=50,\\ x_1+2x_2=120,\end{cases}\quad 解得\begin{cases}x_1=20,\\ x_2=50,\end{cases}$$

将其代入目标函数 $z=200x_1+500x_2$，得极大值为 $z=29\,000$．

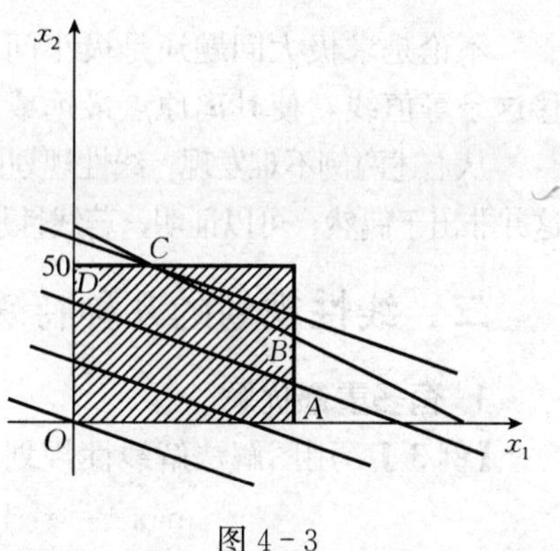

图 4－3

这就是说，工厂每天生产 20 台黑白电视机，50 台彩色电视机，才能获得最大利润 29 000 元．

用图解法解线性规划，其步骤为：

（1）建立坐标系 x_1Ox_2，绘出可行解域；

（2）绘出目标函数等值线；

（3）从经过可行解域的等值线中找出离开原点最远的一条等值线，这条等值线与可行解域的交点坐标便是最优解．

上述步骤是用来求极大化问题的，对于极小化问题，其中(1)、(2)步相同，(3)应改为：从经过可行解域的等值线中找出离原点最近的一条等值线．

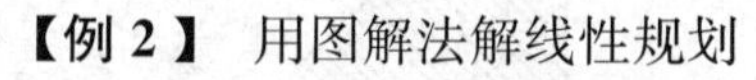

【例 2】 用图解法解线性规划

$$\min z=3x_1+2x_2,$$

$$\begin{cases}x_1+x_2\leqslant 6,\\ x_1-x_2\leqslant 4,\\ x_1+3x_2\geqslant 6,\\ 2x_1+x_2\geqslant 4,\\ x_1,\ x_2\geqslant 0.\end{cases}$$

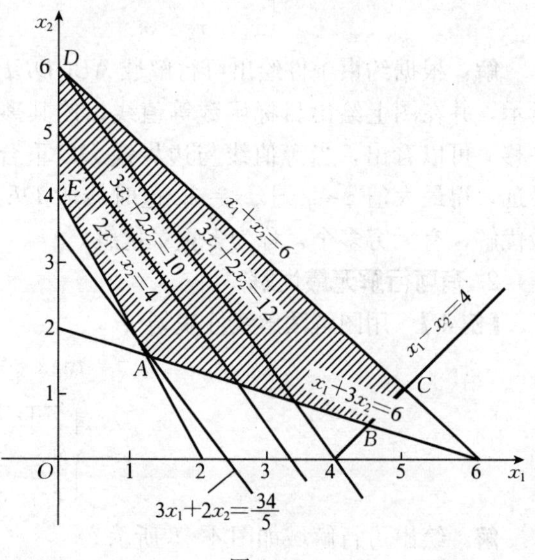

图 4－4

解：（1）绘出可行解域．如图 4－4 所示，作出 4 条直线，分别是 $x_1+x_2=6$，$x_1-x_2=4$，$x_1+3x_2=6$，$2x_1+x_2=4$．这 4 条直线与 x_1，x_2 轴围成一凸多边形 $ABCDE$，这凸多边形就是可行解域；

（2）绘出目标函数等值线．在图 4－4 上绘出目标函数等值线，如取 $z=12$，相

应的等值线是 $3x_1+2x_2=12$；

(3) 确定最优解．使等值线 $3x_1+2x_2=12$ 向原点平移，从图 4-4 可以看出，等值线 $3x_1+2x_2=\frac{34}{5}$ 是既经过可行解域又离原点最近的一条等值线，所以这条直线与可行解域的交点 A 的坐标就是最优解．

A 点坐标是如下方程组的解：

$$\begin{cases}2x_1+x_2=4,\\x_1+3x_2=6,\end{cases}\quad 解得\quad \begin{cases}x_1=\frac{6}{5},\\x_2=\frac{8}{5}.\end{cases}$$

相应的目标函数最小值 $z=\frac{34}{5}$.

不论是求极大问题还是极小问题，确定最优解，都必须先作一条适当的等值线，然后平移这条等值线，使其离原点最远或最近，但同时还须保证解的可行性．

从上述两例不难发现，线性规划的可行解域是一凸多边形，其最优解是凸多边形的一个顶点。这并非出于偶然，可以证明，若线性规划有最优解，则最优解一定可在可行解域一顶点达到．

二、线性规划的几种特殊情况

1. 有多重最优解

【例 3】 用图解法解线性规划

$$\max z=x_1+x_2,$$

$$\begin{cases}x_1+x_2\leqslant 6,\\x_1+x_2\geqslant 2,\\x_1\leqslant 4,\\x_2\leqslant 4,\\x_1,\ x_2\geqslant 0.\end{cases}$$

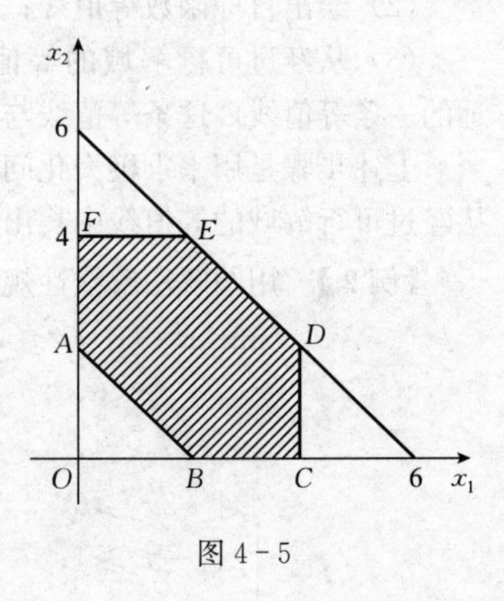

图 4-5

解：根据约束条件绘出可行解域 $ABCDEF$，如图 4-5 所示，并在图上绘出目标函数等值线，使其离开原点向上平移．可以看出，当等值线与边界线 DE 重合时，离原点最远，得最大值 $z=x_1+x_2=6$. 这时线段 DE 上的点都是最优解，有无穷多个，称为多重最优解．

2. 有可行解无最优解

【例 4】 用图解法解线性规划

$$\max z=x_1+2x_2,$$

$$\begin{cases}-x_1+x_2\geqslant 1,\\x_1\leqslant 4,\\x_1,\ x_2\geqslant 0.\end{cases}$$

解：绘出可行解域如图 4-6 所示．

从图 4-6 可以看出，可行解域是一无界的多边形．等值线离开原点可以无限向上平移，

也就是 z 的值趋于无穷大，所以在这种情况下，目标函数无上界，显然也没有最优解.

在实际问题中，这种情况发生的可能是在建立数学模型时舍弃了必要的约束条件而造成的.不过，如果这个问题是求目标函数极小值，则极小值在点(0，1)得到.

3. 无可行解

【例 5】 用图解法解线性规划

$$\max z=2x_1+3x_2,$$
$$\begin{cases}x_1+x_2\leqslant 1,\\-x_1+x_2\geqslant 2,\\x_1,\ x_2\geqslant 0.\end{cases}$$

解：如图 4-7 所示，可以看出，满足 $x_1+x_2\leqslant 1$ 和 $-x_1+x_2\geqslant 2$ 的区域没有公共部分，因此，无可行解.

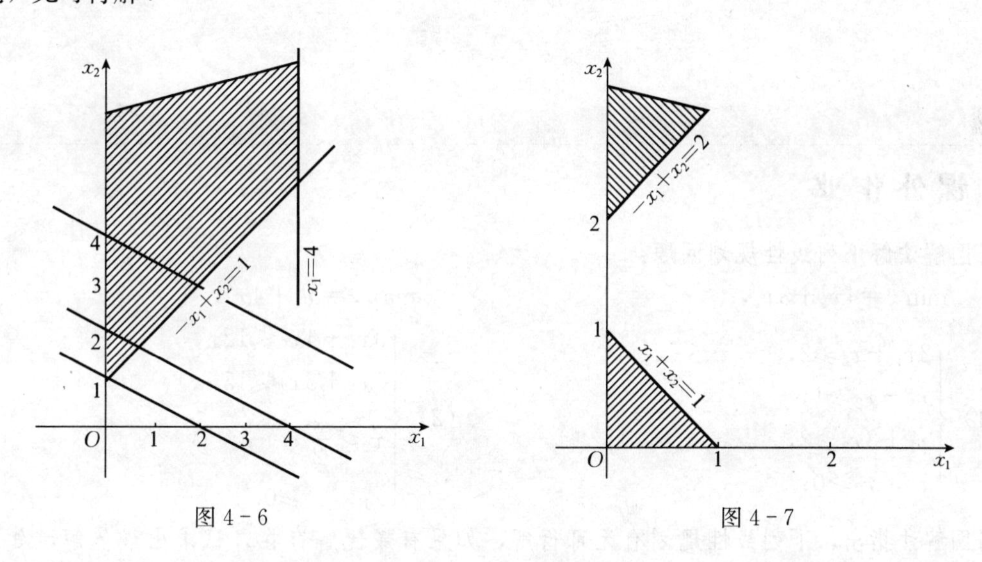

图 4-6　　　　图 4-7

一个实际问题如果无可行解，可能是在建立数学模型时，对约束条件考虑有错误而造成的.遇到这种情况，应重新考虑实际问题的各种限制条件，重新建立数学模型.

课堂练习

1. 用图解法解下列线性规划问题：

(1) $\max z=x_1+x_2,$
$$\begin{cases}2x_1+3x_2\leqslant 6,\\3x_1+2x_2\leqslant 6,\\x_1,\ x_2\geqslant 0;\end{cases}$$

(2) $\min z=-x_1+2x_2,$
$$\begin{cases}x_1-x_2\geqslant -2,\\x_1+2x_2\leqslant 6,\\x_1,\ x_2\geqslant 0.\end{cases}$$

2. 用图解法指出，下列线性规划有无可行解，如果有最优解存在，试求出最优解，如果没有，则说明不存在最优解．

(1) $\max z=x_1+x_2$,
$$\begin{cases}x_1-x_2\leqslant 2,\\ x_1-x_2\geqslant -2,\\ x_2\leqslant 1,\\ x_1,\ x_2\geqslant 0;\end{cases}$$

(2) $\max z=4x_1+6x_2$,
$$\begin{cases}2x_1+3x_2\leqslant 100,\\ 4x_1+2x_2\leqslant 120,\\ x_1,\ x_2\geqslant 0.\end{cases}$$

课外作业

1. 用图解法解下列线性规划问题：

(1) $\min z=4x_1+3x_2$,
$$\begin{cases}2x_1+x_2\geqslant 2,\\ x_1-x_2\geqslant 1,\\ x_1+2x_2\geqslant 2,\\ x_1,\ x_2\geqslant 0;\end{cases}$$

(2) $\max z=x_1+4x_2$,
$$\begin{cases}3x_1+4x_2\leqslant 12,\\ 5x_1+3x_2\leqslant 15,\\ x_2\leqslant \dfrac{3}{2},\\ x_1,\ x_2\geqslant 0.\end{cases}$$

2. 用图解法指出，下列线性规划有无可行解，如果有最优解存在，试求出最优解，如果没有，则说明不存在最优解．

(1) $\max z=x_1+x_2$,
$$\begin{cases}-2x_1+x_2\leqslant 4,\\ x_1-x_2\leqslant 2,\\ x_1,\ x_2\geqslant 0;\end{cases}$$

(2) $\max z=3x_1+4x_2$,
$$\begin{cases}x_1-2x_2\geqslant 4,\\ x_1+x_2\leqslant 3,\\ x_1,\ x_2\geqslant 0.\end{cases}$$

3. 考虑线性规划问题
$$\max z=ax_1+x_2,$$
$$\begin{cases}x_1+2x_2\leqslant 28,\\ 4x_1+x_2\leqslant 42,\\ x_1,\ x_2\geqslant 0.\end{cases}$$

(1) 画出可行解域，并求出各顶点坐标；

(2) 试问最优解与 a 的值有无关系？试计算 $a=\dfrac{1}{4}$，2，5 时的最优解；

(3) a 为何值时，其最优解不是唯一的．

4. 一工厂生产两种电子仪器，每种仪器每台的装配和检验工时消耗和销售利润如表 4-3 所示．

工厂每日可用于装配和检验工序的劳动工时分别为 240 h 和 82 h. 同时，每台仪器 B 需某种电子管零件 1 只，该种零件由外厂提供，每天最多供应 40 只，其他电子元件和材料供应不受限制.

问该厂每天应安排生产仪器 A 和 B 各多少台，才能在工厂劳动工时总量和电子管供应量允许的条件下，使工厂的销售盈利最大？试建立线性规划模型，用图解法解之.

表 4-3

仪器型号	工时消耗定额(h/台)		销售利润(元/台)
	装配	检验	
A	1.2	0.5	200
B	4.0	1.0	500
劳动工时总量(h)	240	82	

项目三　单纯形法

➤ **学习目标**

- 理解单纯形法的解题思想
- 掌握单纯形法的基本原理
- 会用单纯形法求解线性规划问题

➤ **学习重点**　单纯形法的基本原理、单纯形法

➤ **学习难点**　单纯形法的基本原理

单纯形法是一种迭代的方法，它从一个称作初始基本可行解开始，观察目标函数值是否还有可能进一步改善. 如有可能，则更换基变量(简称换基)以得到另一个较优的基本可行解. 换基必须按照一定的要求，那就是新的基本可行解要优于原先的基本可行解，如新的基本可行解所对应的目标函数值还有改善可能，则再进行换基，直至得出一个目标函数值为极大(或极小)的基本可行解.

下面通过具体例子来阐明单纯形法和运算过程.

一、代数迭代原理

【例 1】 求解线性规划问题

$$\max z=5x_1+6x_2,$$
$$\begin{cases}2x_1+x_2\leqslant 8,\\ x_1+x_2\leqslant 5,\\ x_1+2x_2\leqslant 8,\\ x_1,\ x_2\geqslant 0.\end{cases}$$

解：首先引入松弛变量将问题化为标准形式

$$\max z=5x_1+6x_2+0x_3+0x_4+0x_5,$$

$$\begin{cases}2x_1+x_2+x_3=8,\\x_1+x_2+x_4=5,\\x_1+2x_2+x_5=8,\\x_i\geqslant 0,\ i=1,2,3,4,5.\end{cases}$$

然后选一个可行解，容易得到如下导出解：

$$\begin{cases}x_3=8-2x_1-x_2,\\x_4=5-x_1-x_2,\\x_5=8-x_1-2x_2.\end{cases}\tag{1}$$

在上式中令 $x_1=x_2=0$，得初始基本可行解：

$$\begin{cases}x_1=x_2=0,\\x_3=8,\\x_4=5,\\x_5=8,\end{cases}$$

称 x_1、x_2 为非基变量，x_3、x_4、x_5 为基变量，对应目标函数值 $z=5\times0+6\times0=0$.

再判断初始基本可行解是否为最优解．将导出解式代入原式，得

$$z=5x_1+6x_2.$$

这样做的目的是消去目标函数中的基变量，看非基变量有无成为基变量的可能．

下面来考虑式 $z=5x_1+6x_2$，两个非基变量 x_1 和 x_2 的前面都有一个正系数，如果使 x_1 或 x_2 不为零，那么目标函数 z 将随之增大．因此，初始基本可行解不是最优解，接下来应换基得第二个基本可行解．注意到目标函数 z 是 x_1 与 x_2 的单调递增函数，所以让 x_1 和 x_2 尽可能增大，就能达到使目标函数 z 增大的目的．这样，x_1 或 x_2 中将有一个不为零，故不再是非基变量而成为基变量了，称这个变量为换入变量．如选 x_1 为换入变量(一般选系数较大的一个变量作为换入变量，若系数相同，选下标较小者)，为了保持基变量个数仍是三个，所以在 x_2 成为基变量的同时，应从基变量 x_3、x_4、x_5 中选出一个成为非基变量，称由基变量变为非基变量的变量为换出变量．

现在，来确定换出变量．x_1 仍是非基变量，令 $x_1=0$，由式(1)及非负条件得

$$\begin{cases}x_3=8-x_2\geqslant 0,\\x_4=5-x_2\geqslant 0,\\x_5=8-2x_2\geqslant 0,\end{cases}\quad 或\quad \begin{cases}x_2\leqslant 8,\\x_2\leqslant 5,\\x_2\leqslant 4.\end{cases}\tag{2}$$

x_2 取值要尽可能增大，又要满足(2)，因此只能选取

$$x_2=\min\{8,5,4\}=4.$$

当 $x_2=4$ 时，$x_5=0$，这就决定了 x_5 为换出变量．下一步交换(1)中的 x_2 和 x_5，得

$$\begin{cases}x_3=4-\dfrac{3}{2}x_1+\dfrac{1}{2}x_5,\\x_4=1-\dfrac{1}{2}x_1+\dfrac{1}{2}x_5,\\x_2=4-\dfrac{1}{2}x_1-\dfrac{1}{2}x_5.\end{cases}\tag{3}$$

令 $x_1=x_5=0$，便得到第二个基本可行解$\begin{cases}x_1=x_5=0,\\x_3=4,\\x_4=1,\\x_2=4.\end{cases}$

对应的目标函数值 $z=5\times0+6\times4=24$，这个解是否最优？有待检验.

将式(3)代入目标函数式 $z=5x_1+6x_2$ 得

$$z=24+2x_1-3x_5.$$

由此式可知，如果使 x_1 的取值不为零而尽可能增大 x_1 的值，那么目标函数 z 将随之增大，所以目标函数 z 还有增大的可能，对变量再作第二次调换. x_1 确定为换入变量，从变量 x_2、x_3、x_4 中确定一个换出变量. x_5 仍为非基变量，令 $x_5=0$，由(3)得

$$\begin{cases}x_3=4-\frac{3}{2}x_1\geqslant0,\\x_4=1-\frac{1}{2}x_1\geqslant0,\\x_2=4-\frac{1}{2}x_1\geqslant0,\end{cases}\text{或}\begin{cases}x_1\leqslant\frac{8}{3},\\x_1\leqslant2,\\x_1\leqslant8.\end{cases}\tag{4}$$

x_1 的值尽可能的增大，又要满足(4)，因此

$$x_1=\min\left\{\frac{8}{3},\ 2,\ 8\right\}=2.$$

当 $x_1=2$ 时，其变量 $x_4=0$，这就确定了 x_4 为换出变量. 交换(3)中的变量 x_1 与 x_4，得

$$\begin{cases}x_3=1+3x_4-x_5,\\x_1=2-2x_4+x_5,\\x_2=3+x_4-x_5.\end{cases}\tag{5}$$

令 $x_4=x_5=0$，得第三个基本可行解

$$\begin{cases}x_4=x_5=0,\\x_3=1,\\x_1=2,\\x_2=3.\end{cases}$$

对应的目标函数值 $z=28$. 对这个解再进行最优性检验，将(5)代入目标函数式 $z=24+2x_1-3x_5$，得

$$z=28-4x_4-x_5.$$

在此式中，非基变量 x_4 及 x_5 的系数都是负数. 可以看出，目标函数的最大值为 28，第三个基本可行解为最优解.

下面用图解法求解与之对比一下：

绘出可行解域图 4-8，可以看出，过 C 点的等值线 $5x_1+6x_2=28$ 离原点最远，所以目标函数最大值为 28，最优解在 C 点达到.

点 C 的坐标由方程组

$$\begin{cases}x_1+x_2=5,\\x_1+2x_2=8,\end{cases}\text{解得}\begin{cases}x_1=2,\\x_2=3.\end{cases}$$

这个问题的可行解域上共有 5 个顶点，对应着 5 个基本可行解，最优解就是从这 5 个基本可行解中选出．

考察本例的代数迭代求解过程：

初始基本可行解对应顶点 O，$z=0$；

第二个基本可行解对应顶点 D，$z=24$；

第三个基本可行解对应顶点 C，$z=28$.

可以看出，迭代是从顶点 $O \to D \to C$ 变化的，从原点 O 迭代到顶点 C 这样的迭代次数最少．

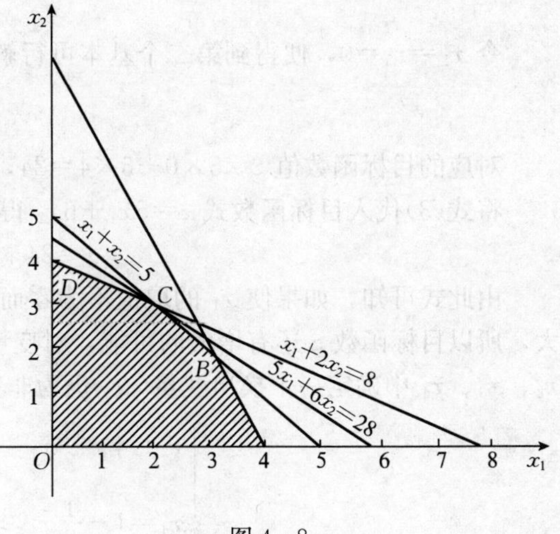

图 4-8

二、单纯形法的求解步骤

用单纯形法解题时，就是把代数迭代的过程用表格的形式在表格上进行，这种表格称为单纯形表．

1. 初始单纯形表的建立

仍以例 1 为例

$$\max z=5x_1+6x_2,$$
$$\begin{cases}2x_1+x_2+x_3=8,\\ x_1+x_2+x_4=5,\\ x_1+2x_2+x_5=8,\\ x_i\geqslant 0,\ i=1,\ 2,\ 3,\ 4,\ 5.\end{cases}$$

将上述数学模型改为

$$-z+5x_1+6x_2+0x_3+0x_4+0x_5=0,$$
$$\begin{cases}2x_1+x_2+x_3+0x_4+0x_5=8,\\ x_1+x_2+0x_3+x_4+x_5=5,\\ x_1+2x_2+0x_3+0x_4+x_5=8.\end{cases}$$

如果选 x_3，x_4，x_5 作为基变量，那么这个基的单纯形表如表 4-4 所示．

表 4-4

			x_1	x_2	x_3	x_4	x_5
$-z$		0	5	6	0	0	0
基变量	x_3	8	2	1	1	0	0
	x_4	5	1	1	0	1	0
	x_5	8	1	2	0	0	1

表 4-4 共分为 3 行 3 列：

第一行是变量(非基变量和基变量)；

第二行的第一列是目标函数 z 与 -1 相乘，第二列是对应这个基下目标函数值的相反数，第三列是目标函数中变量的系数，也称为这个基下的各变量的检验数，基变量的检验数看作是零.

第三行的第一列是基变量列，第二列是基变量相应的值，第三列是约束方程组的系数矩阵．表 4-4 中基变量的值是 $x_3=8$，$x_4=5$，$x_5=8$，加上非基变量 $x_1=x_2=0$，合起来就是基本可行解．

对于一个问题，如果基更换了，相应的单纯形表也更换．这个例子的第二个基本可行解的基变量是 x_3，x_4，x_2，对应于这个基的单纯形表如何列出？其方法是：首先求出这个基的导出解，并将其代入原先的目标函数式，然后写成如下形式

$$-z+2x_1+0x_2+0x_3+0x_4-3x_5=0,$$

$$\begin{cases}\dfrac{3}{2}x_1+0x_2+x_3+0x_4-\dfrac{1}{2}x_5=4,\\ \dfrac{1}{2}x_1+0x_2+0x_3+x_4-\dfrac{1}{2}x_5=1,\\ \dfrac{1}{2}x_1+x_2+0x_3+0x_4+\dfrac{1}{2}x_5=4.\end{cases}$$

其单纯形表如表 4-5 所示．从表 4-5 中可以看出，对应于第二个基本可行解的目标函数值是 24.

表 4-5

			x_1	x_2	x_3	x_4	x_5
$-z$		-24	2	0	0	0	-3
基变量	x_1	4	$\frac{3}{2}$	0	1	0	$-\frac{1}{2}$
	x_2	1	$\frac{1}{2}$	0	0	1	$-\frac{1}{2}$
	x_3	4	$\frac{1}{2}$	1	0	0	$\frac{1}{2}$

第三个基本可行解以 x_3，x_1，x_2 为基变量，按照上述方法不难作出这个基的单纯形表(表 4-6).

表 4-6

			x_1	x_2	x_3	x_4	x_5
$-z$		-28	0	0	0	-4	-1
基变量	x_1		0	0	1	-3	1
	x_2		1	0	0	2	-1
	x_3		0	1	0	-1	1

按照代数迭代法的步骤，首先要确定初始单纯形表(简称初始表)，即表 4-4，然后换基迭代到表 4-5，再换基迭代到表 4-6. 表 4-6 中的基本可行解已是最优解，故无需再继续下去，称获得最优解的表为最终表．

2. 检查最优解是否达到

代数迭代法已告诉我们，检查一基本可行解是否为最优解的标准是关于这个基下的检验数全部非正．在单纯形表中，检验数位于数字行的第一行，所以，检查最优解是否达到就是

观察表中第一行数字(注意：目标函数值排除在外)是否已全部非正．如已非正，说明最优解已找到．否则，还未找到，需作换基迭代，对目标函数继续加以改进．

3. 确定换入变量和换出变量

先确定换入变量，确定换入变量的标准是：观察检验数行中哪一个数最大，最大检验数所对应的变量应为换入变量．如表 4－4 中最大检验数是 6，对应的变量是 x_2，x_2 就作为换入变量．若检验数中有两个相同的最大者，则一般取左面一个数对应的变量作为换入变量．

换入变量在单纯形表中的系数列向量当换基迭代时将发生变化，要变为一单位向量．因此这一列向量很重要，称它为轴心列．表 4－7 中黑体表示．

表 4－7

			x_1	x_2	x_3	x_4	x_5
$-z$		0	5	**6**	0	0	0
基变量	x_1	8	2	**1**	1	0	0
	x_2	5	1	**1**	0	1	0
	x_3	8	1	**2**	0	0	1

再确定换出变量，从代数迭代法的例子中可以看出，需要作一组比值，并从这组比值中选出一个最小的．实质上，这组比值是基本可行解中基变量的值与换入变量系数列向量对应的正系数的比．如在表 4－7 中，就是除去第一行数字后，余下的第一列数与第三列数对应的比，把它写出来就是：

$$\left(\frac{8}{1},\ \frac{5}{1},\ \frac{8}{2}\right).$$

这组比值称为代换比值，最小的代换比值所对应的基变量即为换出变量．如果有两个相同的最小比值，那么一般取上面一个比值所对应的基变量为换出变量．如表 4－7 中 x_5 的代换比值是 4，为最小，所以把 x_5 作为换出变量．

换出变量所在的行称为轴心行．轴心列与轴心行交汇处的数称为轴心项．

还需要指出的是：在计算代换比值时，如遇到分母为零或负值时，则没有意义，可不必计算其比值，这也就是说不考虑将它所对应的基变量选为换出变量．

4. 修正原单纯形表

按上述第 3 步确定的换入变量和换出变量的结果，x_2 是换入变量，应填入基变量栏内将 x_5 换出，并要重新修正单纯形表各系数值．修正步骤和方法如下：

在表 4－7 中的 4 行 6 列数字，可看成是一个 4×6 矩阵．所谓修正就是在这矩阵上作一系列行的初等变换，使轴心项变为 1，轴心列上其他元素变为零，其目的是让换入变量的系数列向量变成一单位向量，检验数变成零．

表 4－7　中数字矩阵的变换如下：

$$\begin{bmatrix} 0 & 5 & 6 & 0 & 0 & 0 \\ 8 & 2 & 1 & 1 & 0 & 0 \\ 5 & 1 & 1 & 0 & 1 & 0 \\ 8 & 1 & 2 & 0 & 0 & 1 \end{bmatrix} \to \begin{bmatrix} 0 & 5 & 6 & 0 & 0 & 0 \\ 8 & 2 & 1 & 1 & 0 & 0 \\ 5 & 1 & 1 & 0 & 1 & 0 \\ 4 & \frac{1}{2} & 1 & 0 & 0 & \frac{1}{2} \end{bmatrix} \to \begin{bmatrix} -24 & 2 & 0 & 0 & 0 & -3 \\ 4 & \frac{3}{2} & 0 & 1 & 0 & -\frac{1}{2} \\ 1 & \frac{1}{2} & 0 & 0 & 1 & -\frac{1}{2} \\ 4 & \frac{1}{2} & 1 & 0 & 0 & \frac{1}{2} \end{bmatrix}.$$

将这结果填入一新的单纯形表，就得到关于基变量 x_3，x_4，x_2 的单纯形表，如表 4－8 所示．

表 4－8

			x_1	x_2	x_3	x_4	x_5
$-z$		-24	2	0	0	0	-3
基变量	x_3	4	$\frac{3}{2}$	0	1	0	$-\frac{1}{2}$
	x_4	1	$\frac{1}{2}$	0	0	1	$-\frac{1}{2}$
	x_2	4	$\frac{1}{2}$	1	0	0	$\frac{1}{2}$

表 4－8 就是前面的表 4－5，是第一次迭代后的结果．表 4－8 所对应的基本可行解为

$$\begin{cases} x_1=x_5=0, \\ x_3=4,\ x_4=1,\ x_2=4. \end{cases}$$

也就是用代数迭代法求解中的第二个基本可行解，目标函数值从初始值 0 增加到 24.

【例 2】 用单纯形法求模块三项目一中例 1 电视机产量问题，其线性规划模型如下：

$$\max z=200x_1+500x_2,$$

$$\begin{cases} x_1\leqslant 70, \\ x_2\leqslant 50, \\ x_1+2x_2\leqslant 120, \\ x_1,\ x_2\geqslant 0. \end{cases}$$

解：引进松弛变量 x_3，x_4，x_5，将模型化为标准形式：

$$\max z=200x_1+500x_2+0x_3+0x_4+0x_5,$$

$$\begin{cases} x_1+x_3=70, \\ x_2+x_4=50, \\ x_1+2x_2+x_5=120, \\ x_1,\ x_2,\ x_3,\ x_4,\ x_5\geqslant 0. \end{cases}$$

列出初始表如表 4－9 所示．

表 4－9

			x_1	x_2	x_3	x_4	x_5
$-z$		0	200	500	0	0	0
基变量	x_3	70	1	0	1	0	0
	x_4	50	0	1	0	1	0
	x_5	120	1	2	0	0	1

在表 4－9 上进行 2、3、4 步，确定换出变量时，x_3 的代换比值因系数为零而不能算出，这时 x_3 就不能作为换出变量．

第一次换基迭代后的单纯形表如表 4－10 所示．

表 4－10

			x_1	x_2	x_3	x_4	x_5
$-z$		$-25\,000$	200	0	0	-500	0
基变量	x_3	70	1	0	1	0	0
	x_2	50	0	1	0	1	0
	x_5	120	1	0	0	-2	1

在表 4－10 上进行第 2、3、4 步．第二次换基迭代后的单纯形表如表 4－11 所示．

表 4－11

			x_1	x_2	x_3	x_4	x_5
$-z$		$-29\,000$	0	0	0	-100	-200
基变量	x_3	50	0	0	1	2	-1
	x_2	50	0	1	0	1	0
	x_1	20	1	0	0	-2	1

从表 4－11 中可以看出，所有检验数已无正数，表明表 4－11 就是最终表，对应的基本可行解

$$\begin{cases} x_4=x_5=0, \\ x_3=50，\ x_2=50，\ x_1=20, \end{cases}$$

就是最优解．工厂可按最优解制订每天生产 20 台黑白电视机和 50 台彩色电视机的计划．这样就可以使工厂获得最多利润，每天利润额为 29 000 元．

课堂练习

用代数迭代法求解线性规划：

$$\max z=5x_1+7x_2,$$
$$\begin{cases} 2x_1+3x_2\leqslant 24, \\ 2x_1+x_2\leqslant 160, \\ x_1，\ x_2\geqslant 0. \end{cases}$$

课外作业

1. 用代数迭代法求解线性规划：

(1) $\max z=4x_1+2x_2+3x_3$,
$$\begin{cases}4x_1+2x_2+x_3\leqslant 16,\\ x_1+x_3\leqslant 20,\\ -x_1+2x_2+2x_3\leqslant 41,\\ x_1,\ x_2,\ x_3\geqslant 0;\end{cases}$$

(2) $\min z=5x_1+2x_2$,
$$\begin{cases}x_1\geqslant 15,\\ x_2\leqslant 15,\\ 2x_1-x_2\geqslant 4,\\ x_1,\ x_2\geqslant 0.\end{cases}$$

2. 求下列问题的初始表，并求最优解：

(1) $\max z=x_1+2x_2$,
$$\begin{cases}x_1\leqslant 4,\\ x_2\leqslant 3,\\ x_1+2x_2\leqslant 8,\\ x_1,\ x_2\geqslant 0;\end{cases}$$

(2) $\max z=3x_1+6x_2+2x_3$,
$$\begin{cases}3x_1+4x_2+x_3\leqslant 2,\\ x_1+3x_2+2x_3\leqslant 1,\\ x_1,\ x_2,\ x_3\geqslant 0.\end{cases}$$

3. 木材制品公司生产 4 种类型的家具，生产过程包括 3 种基本工序：锯、磨光、精加工．各种家具每件所需锯、磨光、精加工的工时及利润如表 4－12 所示．

工厂的生产能力为锯的上限为 900 h，磨光上限为 800 h，精加工上限为 480 h，要使获得的利润最大，公司应安排生产各种类型的家具各多少件？试列出数学模型并用单纯形法求解．

表 4－12

工序 \ 所需工时(h) \ 家具类型	A	B	C	D
精加工	7	8	3	5
磨光	5	4	8	5
锯	2	8	4	2
利润(元)	90	160	40	100

项目四 人工变量法

学习目标

- 理解大 M 法解线性规划问题的基本方法．在约束条件中人为的加入非负的人工变量，以便使它们对应的系数列向量构成单位阵
- 理解两阶段法解线性规划问题的基本步骤：(1) 建立辅助线性规划并求解，以判断原线性规划是否存在基本可行解；(2) 当第一阶段的最优解为原问题的初始可行解时，目标函数换成原问题的目标函数，进行单纯形迭代，求出最优解
- 培养学生分析问题和解决问题的能力

➤ **学习重点** 用大 M 法和两阶段法求解线性规划问题
➤ **学习难点** 用大 M 法和两阶段法求解线性规划问题

使用人工变量的单纯形法有两种解法可以尽快地使人工变量减小到零，这两种方法就是大 M 法和两阶段法．下面对这两种方法分别加以讨论．

一、大 M 法

我们知道，约束条件中引入的松弛变量，并不进入目标函数，或者说是带一零系数进入目标函数．而大 M 法是让人工变量进入目标函数并带有一个数值为任意大的系数 M，如

$$\min z=x_1+2x_2+3x_3,$$

$$\begin{cases}2x_1-x_2=1,\\x_1+x_3=1,\\x_1,\ x_2,\ x_3\geqslant 0.\end{cases}$$

在约束方程中加入人工变量 y_1，y_2，约束方程变为

$$\begin{cases}2x_1-x_2+y_1=1,\\x_1+x_3+y_2=1.\end{cases}$$

目标函数则变为

$$\min z=x_1+2x_2+3x_3+My_1+My_2.$$

这样做不会影响结果，因为人工变量作为基变量经过几次迭代将被迭代出基，一旦出基即为零，那么也就自动变成原问题了．如果人工变量作为基变量而经迭代不出基，那么目标函数值必然会大得惊人，因而永远不可能到达最优解．这个问题的初始解是 $y_1=1$，$y_2=1$，$x_1=x_2=x_3=0$，相应的目标函数 $z=2M$，是一个任意大的数，不可能是极小值．

如果把这个目标函数极大化，得

$$\max(-z)=-x_1-2x_2-3x_3-My_1-My_2.$$

这也决定了 y_1，y_2 必须为零，否则，等式右端将是绝对值任意大的负数，从而不可能达到极大值．

【例 1】 用大 M 法解线性规划问题

$$\max z=3x_1+2x_2,$$

$$\begin{cases}2x_1+x_2\leqslant 2,\\3x_1+4x_2\geqslant 12,\\x_1,\ x_2\geqslant 0.\end{cases}$$

解：引进松弛变量 x_3，x_4 和人工变量 y_1，将约束条件化为如下表示形式

$$\begin{cases}2x_1+x_2+x_3=2,\\3x_1+4x_2-x_4+y_1=12.\end{cases}$$

从这约束方程组中解出 x_3，y_1，代入目标函数，得

$$z=-12M+(3+3M)x_1+(2+4M)x_2-Mx_4,$$

$$\text{或}-z+(3+3M)x_1+(2+4M)x_2+0x_3-Mx_4+0y_1=12M.$$

初始表及换基迭代后的单纯形表如下(表 4-13 和表 4-14)：

表 4－13

			x_1	x_2	x_3	x_4	y_1
$-z$		$12M$	$3+3M$	$2+4M$	0	$-M$	0
基变量	x_3	2	2	1	1	0	0
	y_1	12	3	4	0	-1	1

表 4－14

			x_1	x_2	x_3	x_4	y_1
$-z$		$-4+4M$	$-1-5M$	0	$-2-4M$	$-M$	0
基变量	x_3	2	2	1	1	0	0
	y_1	4	-5	0	-4	-1	1

表 4－14 中的检验数已符合最优解的要求，得唯一最优解 $x_2=2$，$y_1=4$；目标函数最大值为 $z=4-4M$. 现在的最优解含有人工变量，而没有被迭代出基，这说明该解不是原问题的解，因而原问题无解．

二、两阶段法

两阶段法的第一阶段实际上是试图通过引进人工变量，找到原问题的初始基本可行解；第二阶段就在这初始基本可行解的基础上再迭代出最优解．

【例 2】 用两阶段法解线性规划问题

$$\max z=3x_1-x_2-x_3,$$

$$\begin{cases} x_1-2x_2+x_3\leqslant 11, \\ -4x_1+x_2+2x_3\geqslant 3, \\ 2x_1-x_3=-1, \\ x_1,\ x_2,\ x_3\geqslant 0. \end{cases}$$

解：我们知道，引进的人工变量，经过几次换基迭代后必须使其变为零，因此，第一阶段的目标是使 y_1 和 y_2 为零，也就是说使 y_1+y_2 达到最小．所以第一阶段问题可表述如下：

$$\min w=y_1+y_2,$$

$$\begin{cases} x_1-2x_2+x_3+x_4=11, \\ -4x_1+x_2+2x_3-x_5+y_1=3, \\ 2x_1+x_3+y_2=1, \\ x_1,\ x_2,\ x_3,\ x_4,\ x_5,\ y_1,\ y_2\geqslant 0. \end{cases}$$

以 x_4，y_1，y_2 为基变量，为了列出初始表，应将目标函数中 y_1 和 y_2 消去，于是得

$$w=4+2x_1-x_2-3x_3+x_5,$$

$$\text{或}-w+2x_1-x_2-3x_3+0x_4+x_5+0y_1+0y_2=-4.$$

初始表如表 4－15 所示．

表 4-15

			x_1	x_2	x_3	x_4	x_5	y_1	y_2
$-w$		-4	2	-1	-3	0	1	0	0
基变量	x_4	11	1	-2	1	1	0	0	0
	y_1	3	-4	1	2	0	-1	1	0
	y_2	1	-2	0	1	0	0	0	1

第一次换基迭代的单纯形表如表 4-16 所示．

表 4-16

			x_1	x_2	x_3	x_4	x_5	y_1	y_2
$-w$		-1	0	-1	0	0	1	0	3
基变量	x_4	11	3	-2	0	1	0	0	-1
	y_1	3	0	1	0	0	-1	1	-2
	x_3	1	-2	0	1	0	0	0	1

第二次换基迭代的单纯形表如表 4-17 所示．

表 4-17

			x_1	x_2	x_3	x_4	x_5	y_1	y_2
$-w$		0	0	0	0	0	0	1	1
基变量	x_4	12	3	0	0	1	-2	2	-5
	x_2	1	0	1	0	0	-1	1	-2
	x_3	1	-2	0	1	0	0	0	1

可以看出，表 4-17 已是第一阶段问题的最终表，最优解为

$$\begin{cases} x_1=x_5=y_1=y_2=0, \\ x_4=12,\ x_2=1,\ x_3=1. \end{cases}$$

由于人工变量 y_1 和 y_2 等于零，从第一阶段的最优解中去掉人工变量，便得到原问题的初始基本可行解

$$\begin{cases} x_1=0,\ x_5=0, \\ x_4=12,\ x_2=1,\ x_3=1. \end{cases}$$

有了这个初始基本可行解，就可以进入第二阶段，第二阶段的计算过程与单纯形法求解步骤一样．

首先列出第二阶段初始表．

原目标函数为：$z=3x_1-x_2-x_3$，表 4-17 表明基变量是 x_4，x_2，x_3，因此必须消去目标函数中基变量 x_2，x_3．这里可利用第一阶段最终表，从表 4-17 中去掉后两列(人工变量列)，表 4-17 中第一行数字用下面式子的系数填入

$$-z+3x_1-x_2-x_3+0x_4+0x_5=0,$$

其余各行不变，得表 4－18 和第二阶段初始表 4－19.

表 4－18

			x_1	x_2	x_3	x_4	x_5
$-z$		-0	3	-1	-1	0	0
基变量	x_4	12	3	0	0	1	-2
	x_2	1	0	1	0	0	-1
	x_3	1	-2	0	1	0	0

表 4－19

			x_1	x_2	x_3	x_4	x_5
$-z$		2	1	0	0	0	-1
基变量	x_4	12	3	0	0	1	-2
	x_2	1	0	1	0	0	-1
	x_3	1	-2	0	1	0	0

从表 4－19 中可以看出，对应这个初始基本可行解的目标函数 $z=-2$，由于表中 x_1 的检验数为正数，所以这个函数值不是最大值，需作换基迭代.

换基迭代后的单纯形表如表 4－20 所示.

表 4－20

			x_1	x_2	x_3	x_4	x_5
$-z$		-2	0	0	0	$-\frac{1}{3}$	$-\frac{1}{3}$
基变量	x_1	4	1	0	0	$\frac{1}{3}$	$-\frac{2}{3}$
	x_2	1	0	1	0	0	-1
	x_3	9	0	0	1	$\frac{2}{3}$	$-\frac{3}{4}$

表 4－20 中检验数全部非正，故得最优解为

$$\begin{cases} x_4=x_5=0, \\ x_1=4,\ x_2=1,\ x_3=9. \end{cases}$$

相应的目标函数最大值为：$z=2$.

以上问题中，第一阶段经过几次换基迭代后，人工变量都退出基，因此第一阶段的最优解自动变为原问题的初始基本可行解，这使第二阶段才得以进行. 但是，如果在第一阶段最优解中人工变量留在基中将怎样？这时，人工变量的取值可分为两种情形：

（1）人工变量取值不为零，这样就找不到原问题的初始基本可行解，所以，这样的情形下原问题无解.

（2）人工变量取值为零，这时人工变量虽然没有退出基但取值为零，仍可得到原问题的初始基本可行解，从而进行第二阶段.

【例 3】 用两阶段法解下述线性规划问题

$$\min z=2x_1+x_2,$$

$$\begin{cases} 2x_1+2x_2+x_4=1, \\ 5x_1+10x_2-x_3=8, \\ x_1,\ x_2,\ x_3,\ x_4\geqslant 0. \end{cases}$$

解：引入人工变量 y_1，第一阶段问题成为

$$\min w = y_1,$$

$$\begin{cases} 2x_1 + 2x_2 + x_4 = 1, \\ 5x_1 + 10x_2 - x_3 + y_1 = 8, \\ x_1,\ x_2,\ x_3,\ x_4,\ y_1 \geqslant 0. \end{cases}$$

消去目标函数中 y_1，于是得

$$w = 8 - 5x_1 - 10x_2 + x_3,$$

$$\text{或} -w - 5x_1 - 10x_2 + x_3 + 0x_4 + 0y_1 = -8.$$

由上述模型可得初始表 4-21，第一次换基迭代后，可得表 4-22.

表 4-21

			x_1	x_2	x_3	x_4	y_1
$-w$		-8	-5	-10	1	0	0
基变量	x_4	1	2	2	0	1	0
	y_1	8	5	10	-1	0	1

表 4-22

			x_1	x_2	x_3	x_4	y_1
$-w$		-3	5	0	1	5	0
基变量	x_2	$\frac{1}{2}$	1	1	0	$\frac{1}{2}$	0
	y_1	3	-5	0	-1	-5	1

从表 4-22 中可以看出，检验数全部非负，已达到最优解，但最优解中人工变量 $y_1=3$，因而原问题无解.

如果第一阶段没有退出基，但取值为零，那么可取人工变量行上任一非零元为轴心项，进行换基迭代，直至人工变量退出基.

课堂练习

1. 用大 M 法解线性规划问题：

$$\min z = 2x_1 + 5x_2,$$

$$\begin{cases} 5x_1 + 10x_2 \geqslant 8, \\ 2x_1 - 2x_2 \leqslant 1, \\ x_1,\ x_2 \geqslant 0. \end{cases}$$

2. 用两阶段法解线性规划问题：

$$\max z=3x_1+2x_2,$$
$$\begin{cases}2x_1+4x_2-x_3\leqslant 5,\\ x_1+x_2-x_3\leqslant 1,\\ x_1,\ x_2,\ x_3\geqslant 0.\end{cases}$$

课外作业

1. 用大 M 法解线性规划问题：

$$\max z=x_1+x_2,$$
$$\begin{cases}x_1\geqslant 1,\\ x_2\leqslant 1,\\ x_1-2x_2\leqslant 3,\\ x_1,\ x_2\geqslant 0.\end{cases}$$

2. 用两阶段法解下列线性规划问题：

$$\min z=2x_1+x_2,$$
(1) $$\begin{cases}3x_1+x_2\geqslant 3,\\ 4x_1+3x_2\geqslant 6,\\ x_1+2x_2\geqslant 2,\\ x_1,\ x_2\geqslant 0;\end{cases}$$

$$\max z=2x_1+x_2+x_3,$$
(2) $$\begin{cases}4x_1+6x_2+3x_3\leqslant 8,\\ x_1-9x_2+x_3\leqslant -3,\\ -2x_1-3x_2+5x_3\leqslant -4,\\ x_1,\ x_2,\ x_3\geqslant 0.\end{cases}$$

3. 某工厂的值勤人员分 4 个班次，每班工作 12 h，上班的时间为早上 6 点、中午 12 点、下午 6 点、午夜 12 点，每班需要的人数分别为 9 人、11 人、8 人、6 人．问如果早上 6 点和中午 12 点的值勤人员每人每月给 12 元加班费，而下午 6 点上班和午夜 12 点上班的每人每月分别给 10 元和 15 元加班费．问如何安排加班人数可使工厂支出的加班费最少？

模块五 拉普拉斯变换

在数学中，常常采取变换的方法将复杂的运算转化为简单的运算．积分变换是通过积分运算把一个函数变成另一个函数的一种变换．积分变换的理论和方法在自然科学和工程技术，如电子技术、控制理论等方面都有广泛的应用．本章主要介绍最常用的积分变换——拉普拉斯变换．

项目一　拉普拉斯变换的概念

> 学习目标
- 理解拉普拉斯变换的概念
- 掌握常用函数的拉普拉斯变换

> 学习重点　拉普拉斯变换的概念

> 学习难点　根据定义求函数的拉普拉斯变换

一、拉普拉斯变换的定义

定义　设函数 $f(t)$的定义域为$[0,+\infty)$，如果积分

$$L[f(t)]=\int_0^{+\infty} f(t)e^{-st}dt$$

在变量 s(s 是一个复参量)的某一个区域内收敛，从而确定了一个关于 s 的函数，记为 $F(s)$，则称 $F(s)$为 $f(t)$的拉普拉斯变换，即

$$F(s)=L[f(t)]=\int_0^{+\infty} f(t)e^{-st}dt,$$

$F(s)$称为 $f(t)$的拉普拉斯变换的像函数，$f(t)$称为 $F(s)$的像原函数．

【例 1】　求函数 $f(t)=\begin{cases} t, & 0\leqslant t\leqslant 1, \\ 0, & t>1 \end{cases}$ 的拉普拉斯变换．

解：根据公式有

$$L[f(t)]=\int_0^{+\infty} f(t)e^{-st}dt=\int_0^1 te^{-st}dt=-\frac{1}{s}te^{-st}\Big|_0^1+\frac{1}{s}\int_0^1 e^{-st}dt=\frac{1}{s^2}[1-(1+s)e^{-s}].$$

【例 2】 求函数 $f(t)=e^{at}\ (t\geqslant 0)$ 的拉普拉斯变换．

解：根据公式有

$$\begin{aligned}L[f(t)]&=\int_0^{+\infty}e^{at}e^{-st}dt=\int_0^{+\infty}e^{(a-s)t}dt\\&=\frac{1}{a-s}\int_0^{+\infty}e^{(a-s)t}d(a-s)t=\frac{1}{a-s}\lim_{b\to+\infty}[e^{(a-s)b}-1]\\&=\frac{1}{s-a}+\frac{1}{a-s}\lim_{b\to+\infty}e^{(a-s)b}.\end{aligned}$$

如果上式中的极限存在，变量 s 必须满足 $a-s<0$，即 $s>a$. 所以当 $s>a$ 时，有

$$L[f(t)]=\frac{1}{s-a}.$$

求一个函数的拉普拉斯变换，除了用定义外，还可用查表的方法，现将控制工程中常用到的一些函数的拉普拉斯变换简表见附录，以备查用．

二、常用函数的拉普拉斯变换

1. 单位脉冲函数 $\delta(t)$

设函数

$$\delta_\varepsilon(t)=\begin{cases}0, & t<0,\\ \dfrac{1}{\varepsilon}, & 0\leqslant t\leqslant\varepsilon,\\ 0, & t>\varepsilon,\end{cases}$$

则当 $\varepsilon\to 0$ 时，函数 $\delta_\varepsilon(t)$ 的极限称为单位脉冲函数 $\delta(t)$，即

$$\delta(t)=\lim_{\varepsilon\to 0}\delta_\varepsilon(t)=\begin{cases}0, & t\neq 0,\\ +\infty, & t=0.\end{cases}$$

$\delta(t)$ 的拉普拉斯变换

$$L[\delta(t)]=\int_0^{+\infty}\delta(t)e^{-st}dt=\lim_{\varepsilon\to 0}\int_0^{\varepsilon}\frac{1}{\varepsilon}e^{-st}dt=1.$$

所以

$$L[\delta(t)]=1.$$

2. 单位阶跃函数 $u(t)$

$$u(t)=\begin{cases}0, & t<0,\\ 1, & t\geqslant 0.\end{cases}$$

$u(t)$ 的拉普拉斯变换

$$L[u(t)]=\int_0^{+\infty}u(t)e^{-st}dt=\int_0^{+\infty}e^{-st}dt=\frac{1}{s}.$$

3. 单位斜坡函数 $\gamma(t)$

$$\gamma(t)=\begin{cases}0, & t<0,\\ t, & t\geqslant 0.\end{cases}$$

$\gamma(t)$ 的拉普拉斯变换

$$L[\gamma(t)]=\int_0^{+\infty}te^{-st}dt=-\frac{1}{s}te^{-st}\bigg|_0^{+\infty}+\frac{1}{s}\int_0^{+\infty}e^{-st}dt=\frac{1}{s^2}.$$

4. **幂函数** $t^n(n>-1)$

$$L[t^n]=\frac{\Gamma(n+1)}{s^{n+1}}\quad (其中伽马函数\ \Gamma(n+1)=\int_0^{+\infty}u^n e^{-u}du),$$

当 n 是正整数时，$\Gamma(n+1)=n!$，则 $L[t^n]=\frac{n!}{s^{n+1}}$.

5. **指数函数** e^{kt}（k 为实数）

$$L[e^{kt}]=\int_0^{+\infty}e^{kt}e^{-st}dt=\left.\frac{e^{(k-s)t}}{k-s}\right|_0^{+\infty}=\frac{1}{s-k}.$$

课堂练习

根据定义求下列函数的拉普拉斯变换：

(1) $f(t)=e^{-4t}$；　　(2) $f(t)=te^{at}$.

课外作业

根据定义求下列函数的拉普拉斯变换：

(1) $f(t)=t^2$；　　(2) $f(t)=\sin\frac{t}{2}$.

项目二　拉普拉斯变换的性质

> **学习目标**
>
> ・理解拉普拉斯变换的性质
>
> ・掌握拉普拉斯变换的性质的应用
>
> **学习重点**　拉普拉斯变换的性质
>
> **学习难点**　拉普拉斯变换的性质的应用

一、线性性质

性质　若 $L[f_1(t)]=F_1(s)$，$L[f_2(t)]=F_2(s)$，α 与 β 是常数，则

$$L[\alpha f_1(t)+\beta f_2(t)]=\alpha F_1(s)+\beta F_2(s).$$

此性质表明，各函数线性组合的拉普拉斯变换等于各个函数的拉普拉斯变换的线性组合.

推论　$L[\alpha f_1(t)]=\alpha F_1(s)$.

【例 1】　求 $L[\sin t\cos t]$.

解：根据拉普拉斯变换的线性性质和拉普拉斯变换表，可得

$$L[\sin t\cos t]=L[\frac{1}{2}\sin 2t]=\frac{1}{2}L[\sin 2t]=\frac{1}{s^2+4}.$$

【例 2】　求 $L[1+e^{2t}-\cos 3t+t^3+\delta(t)]$.

解：根据拉普拉斯变换的线性性质和拉普拉斯变换表，可得

$$\begin{aligned}&L[1+e^{2t}-\cos 3t+t^3+\delta(t)]\\&=L[1]+L[e^{2t}]-L[\cos 3t]+L[t^3]+L[\delta(t)]\\&=\frac{1}{s}+\frac{1}{s-2}-\frac{s}{s^2+9}+\frac{6}{s^4}+1.\end{aligned}$$

二、微分性质

性质　若 $L[f(t)]=F(s)$，则 $L[f'(t)]=sF(s)-f(0)$.

此性质表明，一个函数的导函数的拉普拉斯变换等于这个函数的拉普拉斯变换乘以参数 s，再减去该函数的初值.

推论　若 $L[f(t)]=F(s)$，则

$$L\left[\frac{d^n f(t)}{dt^n}\right]=s^nF(s)-s^{n-1}f(0)-s^{n-2}f'(0)-\cdots-f^{(n-1)}(0).$$

特别地，当 $f(0)=f'(0)=\cdots=f^{(n-1)}(0)=0$，有

$$L[f'(t)]=sF(s),\ L[f''(t)]=s^2F(s),\ \cdots,\ L[f^{(n)}(t)]=s^nF(s).$$

可见，应用微分性质可以将函数 $f(t)$ 的求导运算转化为代数运算．因此，通过拉普拉斯变换可将 $f(t)$ 的常微分方程求解转化为代数方程求解，从而大大简化了求解过程．

【例 3】　已知 $f(t)=t^m$，m 为正整数，求 $L[f(t)]$.

解：由于 $f(0)=f'(0)=\cdots=f^{(m-1)}(0)=0$，且 $f^{(m)}(t)=m!$，得

$$L[f^{(m)}(t)]=s^mL[f(t)],$$

$$L[f(t)]=\frac{1}{s^m}L[f^{(m)}(t)]=\frac{m!}{s^{m+1}}.$$

【例 4】　求 $L[t^n e^{kt}]$（n 为正整数，k 为实数）.

解：设 $f(t)=e^{kt}$，则 $F(s)=L[f(t)]\frac{1}{s-k}$，于是

$$L[t^n e^{kt}]=(-1)^nF^{(n)}(s)=\frac{n!}{(s-k)^{n+1}}.$$

三、积分性质

性质　若 $L[f(t)]=F(s)$，则 $L\left[\int_0^t f(\tau)d\tau\right]=\frac{1}{s}F(s)$.

此性质表明，$f(t)$ 积分后的拉普拉斯变换等于 $f(t)$ 的像函数 $F(s)$ 除以复参量 s.

【例 5】　已知 $f(t)=\int_0^t \sin k\tau d\tau$，$k$ 为实数，求 $L[f(t)]$.

解：由积分性质得

$$L[f(t)]=L\left[\int_0^t \sin k\tau \mathrm{d}\tau\right]=\frac{1}{s}L[\sin kt]=\frac{k}{s(s^2+k^2)}.$$

四、位移性质

性质 若 $L[f(t)]=F(s)$，则 $L[\mathrm{e}^{at}f(t)]=F(s-a)$（$a$ 为常数）.

此性质表明，函数 $f(t)$ 乘以 e^{at} 的拉普拉斯变换的像函数等于 $f(t)$ 的像函数 $F(s)$ 作位移 a.

【例 6】 求 $L[\mathrm{e}^{-s_0 t}\sin at]$.

解：先令 $f(t)=\sin at$，那么 $L[f(t)]=\dfrac{a}{s^2+a^2}$，再由位移性质得

$$L[\mathrm{e}^{-s_0 t}\sin at]=L[\mathrm{e}^{-s_0 t}f(t)]=\frac{a}{(s+s_0)^2+a^2}.$$

五、卷积性质

定义 若已知函数 $f_1(t)$，$f_2(t)$，则积分 $\int_0^t f_1(\tau)f_2(t-\tau)\mathrm{d}\tau$ 称为 $f_1(t)$ 与 $f_2(t)$ 的卷积，记为 $f_1(t)*f_2(t)$，即

$$f_1(t)*f_2(t)=\int_0^t f_1(\tau)f_2(t-\tau)\mathrm{d}\tau.$$

性质 若 $L[f_1(t)]=F_1(s)$，$L[f_2(t)]=F_2(s)$，则

$$L[f_1(t)*f_2(t)]=L[f_1(t)]\cdot L[f_2(t)]=F_1(s)\cdot F_2(s).$$

此性质表明，两个函数卷积的拉普拉斯变换等于两个函数拉普拉斯变换的卷积.

【例 7】 已知 $f_1(t)=t$，$f_2(t)=\sin t$，求 $L[f_1(t)*f_2(t)]$.

解：由卷积性质得

$$L[f_1(t)*f_2(t)]=L[t*\sin t]=L[t]\cdot L[\sin t]=\frac{1}{s^2}\cdot\frac{1}{s^2+1}=\frac{1}{s^2(s^2+1)}.$$

课堂练习

用性质求下列函数的拉普拉斯变换：

(1) $3\mathrm{e}^{-4t}$；　　(2) $5\sin 2t-3\cos t$.

课外作业

1. 用性质求下列函数的拉普拉斯变换：

(1) t^2+3t+2；　　　　(2) $1-te^{-t}$.

2. 求下列卷积：

(1) $1*1$；　　　　(2) $t*t$.

项目三　拉普拉斯的逆变换

➤ **学习目标**

- 理解拉普拉斯逆变换的定义
- 掌握拉普拉斯逆变换的性质
- 会求拉普拉斯逆变换

➤ **学习重点**　拉普拉斯逆变换的性质

➤ **学习难点**　求拉普拉斯逆变换

一、拉普拉斯逆变换的定义

前面已经讨论了已知 $f(t)$ 如何求其拉普拉斯变换 $F(s)$，但许多实际应用中，还会遇到与此相反的问题，即已知像函数 $F(s)$，如何求与之对应的像原函数 $f(t)$.

例如，若 $F(s)=\frac{1}{s+4}$，查表可得对应的 $f(t)=e^{-4t}$，称 $f(t)=e^{-4t}$ 为 $F(s)=\frac{1}{s+4}$ 的拉普拉斯逆变换.

定义　设函数 $f(t)$ 的拉普拉斯变换为 $F(s)$，即

$$F(s)=L[f(t)]=\int_0^{+\infty} f(t)e^{-st}dt,$$

则称 $f(t)$ 为 $F(s)$ 的拉普拉斯逆变换，记作

$$f(t)=L^{-1}[F(s)].$$

【例 1】　已知 $F(s)=\frac{1}{s^2}$，求其 $L^{-1}[F(s)](s>0)$.

解：根据拉普拉斯变换表与拉普拉斯逆变换的定义，有

$$L[t]=\int_0^{+\infty} te^{-st}dt=\frac{1}{s^2},$$

$$L^{-1}[F(s)]=L^{-1}\left[\frac{1}{s^2}\right]=t.$$

二、拉普拉斯逆变换的性质

1. 线性性质

性质　若 $L[f_1(t)]=F_1(s)$，$L[f_2(t)]=F_2(s)$，α 与 β 是常数，则

$$L^{-1}[\alpha F_1(s)+\beta F_2(s)]=\alpha L^{-1}[F_1(s)]+\beta L^{-1}[F_2(s)]$$
$$=\alpha f_1(t)+\beta f_2(t).$$

2. 微分性质

性质 若 $L[f(t)]=F(s)$，则

$$F'(s)=L[-tf(t)],\ F^{(n)}(s)=L[(-t)^n f(t)],$$
$$L^{-1}[F'(s)]=-tf(t),\ L^{-1}[F^{(n)}(s)]=(-t)^n f(t).$$

3. 积分性质

性质 若 $L[f(t)]=F(s)$，则 $L^{-1}\left[\int_s^{+\infty}F(\tau)\mathrm{d}\tau\right]=\dfrac{f(t)}{t}$.

4. 位移性质

性质 若 $L[f(t)]=F(s)$，则 $L^{-1}[F(s-a)]=\mathrm{e}^{at}f(t)$（$a$ 为常数）.

5. 卷积性质

定义 若已知函数 $f_1(t)$，$f_2(t)$，则积分 $\int_0^t f_1(\tau)f_2(t-\tau)\mathrm{d}\tau$ 称为 $f_1(t)$ 与 $f_2(t)$ 的卷积，记为 $f_1(t)*f_2(t)$，即

$$f_1(t)*f_2(t)=\int_0^t f_1(\tau)f_2(t-\tau)\mathrm{d}\tau.$$

性质 若 $L[f_1(t)]=F_1(s)$，$L[f_2(t)]=F_2(s)$，则

$$\begin{aligned}&L^{-1}[F_1(s)*F_2(s)]\\&=L^{-1}[F_1(s)]*L^{-1}[F_2(s)]\\&=f_1(t)*f_2(t).\end{aligned}$$

三、利用拉普拉斯变换表及性质求拉普拉斯逆变换

一些比较简单的像函数，可以通过查拉普拉斯变换表直接求得拉普拉斯逆变换.

【例 2】 求下列像函数 $F(s)$ 的拉普拉斯逆变换：

(1) $F(s)=\dfrac{1}{s+5}$；　　(2) $F(s)=\dfrac{s}{s^2+9}$.

解：查拉普拉斯变换表可得

(1) $L^{-1}\left[\dfrac{1}{s+5}\right]=\mathrm{e}^{-5t}$；

(2) $L^{-1}\left[\dfrac{s}{s^2+9}\right]=L^{-1}\left[\dfrac{s}{s^2+3^2}\right]=\cos 3t$.

【例 3】 已知 $F(s)=\dfrac{2s+5}{(s+2)^2+9}$，求 $L^{-1}[F(s)]$.

解：$F(s)=\dfrac{2s+5}{(s+2)^2+9}=\dfrac{2(s+2)+1}{(s+2)^2+3^2}=\dfrac{2(s+2)}{(s+2)^2+3^2}+\dfrac{1}{3}\dfrac{3}{(s+2)^2+3^2}$.

由拉普拉斯变换表及位移性质可知

$$f(t)=2\mathrm{e}^{-2t}\cos 3t+\frac{1}{3}\mathrm{e}^{-2t}\sin 3t.$$

可见，应用拉普拉斯变换的性质求拉普拉斯逆变换有时是十分方便的.

【例 4】 已知 $F(s)=\dfrac{s^2-2}{(s^2+2)^2}$，求 $L^{-1}[F(s)]$.

解：因为 $$\frac{s^2-2}{(s^2+2)^2}=-\frac{d}{ds}\left[\frac{s}{s^2+2}\right],$$

所以由微分性质，得

$$L^{-1}\left[\frac{s^2-2}{(s^2+2)^2}\right]=L^{-1}\left[-\frac{d}{ds}\left(\frac{s}{s^2+2}\right)\right]=-(-t)L^{-1}\left[\frac{s}{s^2+2}\right]=t\cos\sqrt{2}t.$$

【例 5】 已知 $F(s)=\frac{s^2}{(s^2+1)^2}$，求 $L^{-1}[F(s)]$.

解：因为 $F(s)=\frac{s}{s^2+1}\cdot\frac{s}{s^2+1}$，由卷积性质可知

$$L^{-1}[F(s)]=L^{-1}\left[\frac{s}{s^2+1}\cdot\frac{s}{s^2+1}\right]=\cos t*\cos t$$

$$=\int_0^t\cos x\cos(t-x)dx=\frac{1}{2}t\cos t+\frac{1}{4}\sin t.$$

课堂练习

求下列像函数 $F(s)$ 的拉普拉斯逆变换：

(1) $F(s)=\frac{s+3}{(s+1)(s+2)^2}$；　　(2) $F(s)=\frac{s}{(s^2+1)(s^2+4)}$.

课外作业

求下列像函数 $F(s)$ 的拉普拉斯逆变换：

(1) $F(s)=\frac{1}{s+2}$；　　(2) $F(s)=\frac{1}{s(s+1)}$；　　(3) $F(s)=\frac{1}{s(s+1)(s+2)}$.

项目四　拉普拉斯变换的应用

➤ **学习目标**　掌握拉普拉斯变换的两类应用

➤ **学习重点**　使用拉普拉斯变换来求一些常系数的微分方程

➤ **学习难点**　使用拉普拉斯变换来求一些常系数的微分方程

一、常系数线性微分方程的拉普拉斯变换解法

在工程中，很多问题的解决都归结为解微分方程，尽管使用不定积分可以求很多微分方

程的解，但有的很烦琐(特别是高阶)，而使用拉普拉斯变换来求一些常系数的微分方程却比较简单，这种方法的具体步骤是：

(1) 根据拉普拉斯变换的微分性质和线性性质，对微分方程(或方程组)两端取拉普拉斯变换，把微分方程化为像函数的代数方程；

(2) 从像函数的代数方程中解出像函数；

(3) 对像函数求拉普拉斯逆变换，求得微分方程(或方程组)的解并进行检验．

【例 1】 求微分方程 $y'+2y=0$ 满足初值条件 $y(0)=3$ 的解．

解：微分方程两边取拉普拉斯变换，并由拉普拉斯变换的微分性质得

$$L[y'+2y]=L(0),$$
$$L[y']+2L[y]=0,$$
$$sL[y]-y(0)+2L(y)=0,$$

将初值条件 $y(0)=3$ 代入上式，得到像函数 $L(y)$ 的代数方程

$$sL[y]+2L(y)=3,$$

即
$$L(y)=\frac{3}{s+2}.$$

再求像函数的拉普拉斯逆变换，得

$$y=L^{-1}\left[\frac{3}{s+2}\right]=3\mathrm{e}^{-2t},$$

即方程的解为
$$y=3\mathrm{e}^{-2t}.$$

【例 2】 求微分方程 $y''-2y'+2y=2\mathrm{e}^t\cos t$ 满足初值条件 $y(0)=y'(0)=0$ 的解．

解：微分方程两边取拉普拉斯变换，并由拉普拉斯变换的微分性质得

$$L[y''-2y'+2y]=L(2\mathrm{e}^t\cos t),$$
$$L[y'']-2L[y']+2L[y]=2L(\mathrm{e}^t\cos t),$$
$$s^2L[y]-2sL[y]+2L(y)=\frac{2(s-1)}{(s-1)^2+1},$$
$$L[y]=\frac{2(s-1)}{[(s-1)^2+1]^2}=\frac{2(s-1)}{(s-1)^2+1}\cdot\frac{1}{(s-1)^2+1}.$$

再取拉普拉斯逆变换，并利用卷积性质，得所求微分方程的解为

$$\begin{aligned}y &= L^{-1}[L[y]]\\ &= L^{-1}\left[\frac{2(s-1)}{(s-1)^2+1}\cdot\frac{1}{(s-1)^2+1}\right]\\ &= 2\mathrm{e}^t\cos t * \mathrm{e}^t\sin t\\ &= 2\int_0^t \mathrm{e}^x\cos x\cdot \mathrm{e}^{t-x}\sin(t-x)\mathrm{d}x\\ &= 2\mathrm{e}^t\int_0^t\cos x\cdot\sin(t-x)\mathrm{d}x\\ &= t\mathrm{e}^t\sin t.\end{aligned}$$

【例 3】 求方程组 $\begin{cases}y''+x'=\mathrm{e}^t,\\ x''+2y'+x=t,\end{cases}$ 满足初值条件 $\begin{cases}y(0)=y'(0)=0,\\ x(0)=x'(0)=0\end{cases}$ 的解．

解：对方程组的每一个方程两边同时取拉普拉斯变换，得

$$\begin{cases} s^2L(y)+sL(x)=\dfrac{1}{s-1}, \\ s^2L(x)+2sL(y)+L(x)=\dfrac{1}{s^2}, \end{cases}$$

解这个方程组，得

$$\begin{cases} L(x)=\dfrac{-1}{(-1+s)^2s^2}, \\ L(y)=\dfrac{1-s+s^2}{s^3(-1+s)^2}. \end{cases}$$

取拉普拉斯逆变换，得方程组的解为

$$\begin{cases} x=-2-\mathrm{e}^t(-2+t)-t, \\ y=2+\mathrm{e}^t(-2+t)+t+\dfrac{t^2}{2}. \end{cases}$$

二、线性系统的传递函数

一个物理系统，如果可以用常系数线性微分方程来描述，那么称这个物理系统为线性系统．线性系统的两个主要概念是激励与响应，通常称输入函数为系统的激励，而称输出函数为系统的响应．

在线性系统的分析中，要研究激励和响应同系统本身特性之间的关系，就需要有描述系统本性特征的函数，这个函数称为传递函数．下面以二阶常系数线性微分方程为例，来讨论这一问题．

设线性系统可由 $y''+a_1y'+a_0y=f(t)$ 来描述，其中 a_1，a_0 为常数，$f(t)$ 为激励，$y(t)$ 为响应，并且系统的初值条件为 $y(0)=y_0$，$y'(0)=y_1$．

对方程两边取拉普拉斯变换，并设 $L[y(t)]=Y(s)$，$L[f(t)]=F(s)$，则有

$$[s^2Y(s)-sy(0)-y'(0)]+a_1[sY(s)-y(0)]+a_0Y(s)=F(s),$$

即

$$(s^2+a_1s+a_0)Y(s)=F(s)+(s+a_1)y_0+y_1.$$

令

$$G(s)=\frac{1}{s^2+a_1s+a_0},\ B(s)=(s+a_1)y_0+y_1,$$

由上式可化为

$$Y(s)=G(s)F(s)+G(s)B(s).$$

显然，$G(s)$ 描述了系统本性的特征，且与激励和系统的初始状态无关，称它为系统的传递函数．

如果初值条件全为零，则 $B(s)=0$，于是 $G(s)=\dfrac{Y(s)}{F(s)}$. 说明在零初值条件下，线性系统的传递函数等于其响应(输出函数)的拉普拉斯变换与其激励(输入函数)的拉普拉斯变换之比．

当激励是一个单位脉冲函数，即 $f(t)=\delta(t)$ 时，在零初值条件下，由于 $F(s)=L[\delta(t)]=1$，于是得，$Y(s)=G(s)$，即 $y(t)=L^{-1}[G(s)]$，这时称 $y(t)$ 为系统的脉冲响应函数．

在零初值条件下，令 $s=i\omega$，代入系统的传递函数 $G(s)$ 中，则可得 $G(i\omega)$，称 $G(i\omega)$ 为系统的频率特征函数，简称为频率响应．

线性系统的传递函数、脉冲响应函数、频率响应是表征线性系统特征的几个重要特征量．

【例 4】 求 RC 串联闭合电路 $RC\dfrac{\mathrm{d}u_c(t)}{\mathrm{d}t}+u_c(t)=f(t)$ 的传递函数、脉冲响应函数和频

率响应.

解：系统的传递函数为

$$G(s)=\frac{1}{RCs+1}=\frac{1}{RC\left(s+\frac{1}{RC}\right)},$$

而电路的脉冲响应函数为

$$u_c(t)=L^{-1}[G(s)]=L^{-1}\left[\frac{1}{RC\left(s+\frac{1}{RC}\right)}\right]=\frac{1}{RC}\mathrm{e}^{-\frac{1}{RC}t},$$

令 $s=i\omega$，代入系统的传递函数 $G(s)$ 中，则可得频率响应

$$G(i\omega)=\frac{1}{RC\left(i\omega+\frac{1}{RC}\right)}=\frac{1}{RCi\omega+1}.$$

课堂练习

求微分方程 $y''+4y'+3y=\mathrm{e}^{-t}$ 满足初值条件 $y(0)=y'(0)=0$ 的解.

课外作业

求微分方程 $y''-3y'+2y=2\mathrm{e}^{-t}$ 满足初值条件 $y(0)=2$，$y'(0)=-1$ 的解.

模块六　实用数学知识点解析

项目一　数学运算常用解题方法

➤ **学习目标**

- 理解代入排除法的思想，会使用代入排除法解决一些实际计算问题
- 理解特殊值法的思想，掌握特殊值法在行程问题、工程问题等方面的应用
- 掌握方程法解决实际问题的原则、未知量的设法技巧，并会使用方程法解决一些实际应用问题
- 能够利用数的特性求解不定方程，会利用图像法解决实际应用问题
- 理解分合法的思想、适用范围，会利用分合法解决一些实际问题

➤ **学习重点**　代入排除法、特殊值法、方程法、图解法、分合法

➤ **学习难点**　方程法、图解法、分合法、利用数的特性求解不定方程

一、代入排除法

定义　代入排除法是指从选项入手，代入某个选项后，如果不符合已知条件，或者推出矛盾，则可排除此选项的方法．

适用范围：代入排除法广泛运用于多位数问题、不定方程问题、剩余问题、年龄问题、复杂行程问题、和差倍比问题等．

代入排除法包括直接代入排除与选择性代入排除两类．

1. 直接代入排除

直接代入，就是把选项一个一个代入验证，直至得到符合题意的选项为止．代入四个选项时首先要看题干的要求，再分以下两种情况：

（1）如果题目是问最大或最小，求最大就从最大的项开始尝试，求最小就从最小的项开始尝试；

（2）如果题目只问哪个选项满足题意，可从数值居中的选项开始代入尝试，如果满足条件就得出了答案；如果不满足，再根据代入项与正确答案的差距选择代入更大或更小的选项接着验证．

2. 选择性代入排除

选择性代入，是根据数的特性(奇偶性、整除特性、尾数特性、余数特性等)先筛选，再代入排除的方法．

【例 1】 一个小于 80 的自然数与 3 的和是 5 的倍数，与 3 的差是 6 的倍数，这个自然数最大是(　　).

A. 32；　　B. 47；　　C. 57；　　D. 72.

解：此题答案为 C，可以采用直接代入法来得到答案．题目要求满足条件的最大的数，可从选项中最大的数字开始．

代入 D 项，72－3＝69，不是 6 的倍数，不符合，排除；

代入 C 项，57＋3＝60，是 5 的倍数；57－3＝54，是 6 的倍数，符合条件．

【例 2】 1999 年，一个青年说："今年我的生日已过了，我现在的年龄正好是我出生的年份的四个数之和．"这个青年是(　　)年出生的．

A. 1975；　　B. 1976；　　C. 1977；　　D. 1978.

解：此题答案为 B. 本题是典型的多位数问题，可直接代入排除．代入 A 项，青年 1975 年出生，则 1999 年 24 岁，1＋9＋7＋5＝22，不符合，排除；代入 B 项，青年 1976 年出生，则 1999 年 23 岁，1＋9＋7＋6＝23，符合条件．

【例 3】 有四个学生恰好一个比一个大一岁，他们的年龄相乘等于 93 024，问其中最大的年龄是(　　)岁？

A. 16；　　B. 18；　　C. 19；　　D. 20.

解：此题答案为 C. 利用尾数特性，四个学生年龄的乘积为 93024，尾数为 4. 因为 5 或 0 乘以任何数其个位数均为 5 或 0，所以四人年龄的尾数都不可能为 0 或 5. 因此直接排除 D；最大年龄为 16，则第二大年龄为 15，排除 A；最大年龄为 18，则最小年龄为 15，排除 B；综上，选择 C.

二、特殊值法

定义 特殊值法，就是在题目所给的范围内取一个恰当的特殊值直接代入，将复杂的问题简单化的方法．特殊值法必须选取满足题干的特殊数、特殊点、特殊函数、特殊数列或特殊图形代替一般的情况，并由此计算出结果，从而达到快速解题的目的，灵活地运用特殊值法能提高解题速度，增强解题的信心．

适用范围：在日常生活中，特殊值法常应用于和差倍比问题、行程问题、工程问题、浓度问题、利润问题、几何问题等．

特殊值法解题原则：

(1) 确定这个特殊值不影响所求结果，这决定了是否能够使用特殊值法；

(2) 数据不要太烦琐，应便于快速、准确计算，可尽量使计算结果为整数；

(3) 结合其他方法灵活运用．

根据解题情况，特殊值可设为 1，或已知几个量的最小公倍数等．设特殊值为 1，俗称设一法，多应用于工程问题、浓度问题等相关的比例问题．1 在乘除上非常方便计算，在做题时要能够熟练应用．

涉及比例的问题，没有给出具体的量值，可考虑采用特殊值法．若题中给出几个量的比例关系或几个量暗含比例关系、且总数相等，常选用最小公倍数为特殊值．

【例 4】 打开 A、B、C 每一个阀门，水就以各自不变的速度注入水槽．当三个阀门都打开时，注满水槽需要 1 h；只打开 A、C 两个阀门，需要 1.5 h；只打开 B、C 两个阀门，需要 2 h. 若只打开 A、B 两个阀门时，需要(　　)h 注满水槽．

A. 1.1；　　B. 1.15；　　C. 1.2；　　D. 1.25.

解：此题答案为C. 设水槽总量为1，则 A、C 两个阀门 1 h 可注满 $\frac{1}{1.5}=\frac{2}{3}$；$B$、$C$ 两个阀门 1 h 可注满 $\frac{1}{2}$；单独打开 C 阀门 1 h 可注满 $\frac{2}{3}+\frac{1}{2}-1=\frac{1}{6}$. 故只打开 A、B 两个阀门 1 h 可注满 $1-\frac{1}{6}=\frac{5}{6}$，共需 $1\div\frac{5}{6}=1.2$ h 注满水槽，选择 C.

【例 5】 两个相同的瓶子装满某种化学溶液，一个瓶子中溶质与水的体积比是 3∶1，另一个瓶子中溶质与水的体积比是 4∶1，若把两瓶化学溶液混合，则混合后的溶质和水的体积之比是(　　).

A. 31∶9；　　B. 7∶2；　　C. 31∶40；　　D. 20∶11.

解：此题答案为 A. 一个瓶子的溶质与水的体积比为 3∶1，则瓶子的体积是 3+1=4 的倍数；另一个瓶子的溶质与水的体积比为 4∶1，则瓶子的体积是 4+1=5 的倍数．因为瓶子的体积是一定的，为方便计算，不妨设瓶子的体积是 4 和 5 的最小公倍数：$4\times5=20$.

设瓶子的体积为 20，则两瓶中溶质体积分别为 $20\times\frac{3}{3+1}=15$，$20\times\frac{4}{4+1}=16$，水的体积分别为 20－15=5、20－16=4，则混合后体积比为(15＋16)∶(5＋4)＝31∶9. 所以正确答案为 A.

【例 6】 受原材料涨价影响，某产品的总成本比之前上涨了 $\frac{1}{15}$，而原材料成本在总成本中的比重提高了 2.5 个百分点，问原材料的价格上涨了(　　)?

A. $\frac{1}{15}$；　　B. $\frac{1}{11}$；　　C. $\frac{1}{10}$；　　D. $\frac{1}{9}$.

解：此题答案为 D. 设原成本为 15，则现在总成本为 16，原材料涨幅为 1，设之前原材料占总成本比重为 x，那么涨价后原材料所占比重为 $x+2.5\%$，故之前原材料成本为 $15x$，现在的原材料成本为 $16(x+2.5\%)$. 依题意 $16(x+2.5\%)=15x+1$，得到 $x=0.6$，涨价前原材料价格为 $15\times0.6=9$. 原材料涨幅为 1，因此原材料价格上涨 $\frac{1}{9}$，选择 D.

三、方程法

定义　方程法是指将题目中未知的数用变量(如 x，y)表示，根据题目中所含的等量关系，列出含有未知数的等式(组)，通过求解未知数的数值，来解应用题的方法．因其为正向思维，思路简单，故不需要复杂的分析过程．

适用范围：方程法应用较为广泛，如行程问题、工程问题、盈亏问题、和差倍比问题、浓度问题、利润问题、年龄问题等均可以通过方程法来求解．

主要步骤：设未知量⟶找等量关系⟶列方程(组)⟶解方程(组).

方程法虽然思维比较简单，但是计算量较大、费时．对此，可以通过优化未知数的设法来提高解题速度．设未知数的原则：(1)设的未知数要便于理解，方便列方程；(2) 尽量减少未知数的个数，方便解方程．

具体而言，可以利用比例关系、取中间量等技巧优化未知数，达到便于列方程和解方程的目的．利用比例关系设未知数，可以有效避免分数的出现，大大减少计算量；取中间量设未知数，当题干中有两个或更多个未知数时，可根据各未知数之间的关系，采用取中间量的方法，设一个或少数几个未知数来求解．这就减少了未知数的个数，在一定程度上大大减少了计算量．

设而不求，当题中数量关系比较隐蔽，直接找出各个量之间的联系有困难，可考虑设辅助未知数，实现由未知向已知的转化．在解题过程中可以巧妙地将其消去，而并不需要求这些未知数．

【例 7】 已知甲、乙两种产品原价之和为 100 元，因市场变化，甲产品 8 折促销，乙产品提价 10%，调价后，甲、乙两种产品的标价之和比原标价之和提高了 4%，则乙产品的原标价为(　　)元．

A. 20；　　B. 40；　　C. 80；　　D. 93.

解：此题答案为 C.

设未知数：求的是乙产品的原标价，可设其为 x 元，则甲产品的原标价为$(100-x)$元．

找等量关系：调价后两种产品的标价之和比原标价之和提高了 4%.

列方程：　$0.8(100-x)+(1+10\%)x=100(1+4\%)$.

解方程：　$x=80$.

【例 8】 有甲、乙两个乡村阅览室，甲阅览室科技类书籍数量的$\frac{1}{5}$相当于乙阅览室该类书籍的$\frac{1}{4}$，甲阅览室文化类书籍数量的$\frac{2}{3}$相当于乙阅览室该类书籍的$\frac{1}{6}$；甲阅览室科技类和文化类的总量比乙阅览室两类书籍的总量多 1 000 本，甲阅览室科技类书籍和文化类书籍的比例为 20∶1，问甲阅览室有(　　)本科技类书籍?

A. 15 000；　　B. 16 000；　　C. 18 000；　　D. 20 000.

解：此题答案为 D. 由甲阅览室科技类书籍和文化类书籍的比例为 20∶1，可设甲阅览室有科技类书籍 $20x$ 本，文化类书籍 x 本．根据比例关系，乙阅览室有科技类书籍$\frac{1}{5}\cdot 20x\cdot 4=16x$ 本，文化类书籍$\frac{2}{3}\cdot x\cdot 6=4x$ 本，共有 $16x+4x=20x$ 本．

因此甲比乙多$(20x+x)-(16x+4x)=x$ 本，根据甲阅览室科技类和文化类书籍的总量比乙阅览室两类书籍的总量多 1 000 本，有 $x=1000$. 所以甲阅览室有 $20x=20000$ 本科技类书籍．

【例 9】 某月刊杂志，定价 2.5 元，劳资处一些人订全年，其余人订半年，共需 510 元，如果订全年的改订半年，订半年的改订全年，共需 300 元，劳资处共(　　)人．

A. 20；　　B. 19；　　C. 18；　　D. 17.

解：此题答案为 C. 设原来订全年的有 x 人，原来订半年的有 y 人，则有

$$\begin{cases}2.5\cdot 12x+2.5\cdot 6y=510,\\2.5\cdot 6x+2.5\cdot 12y=300.\end{cases}$$

观察可知，方程组两个方程中 x，y 的系数正好对称，所以整体相加，可得 $2.5\times 18(x+y)=510+300$. 解得 $x+y=18$.

四、利用数的特性求解不定方程

所谓不定方程，是指未知数的个数多于方程个数，且未知数受到某些限制(如要求是有理数、整数或正整数等)的方程或方程组．

在解决数学运算问题的过程中，经常会出现不定方程的求解，最常出现的是二元一次不定方程，其通用形式为 $ax+by=c$，其中 a，b，c 为已知整数，x，y 为所求自然数．在解这类方程时，需要利用整数的奇偶性、整除性等多种方法来得到答案．

【例 10】 某地劳动部门租用甲、乙两个教室开展农村实用人才培训，两教室均有 5 排座位，甲教室每排可坐 10 人，乙教室每排可坐 9 人．两教室当月共举办该培训 27 次，每次培训均座无虚席，当月共培训 1290 人次．问甲教室当月共举办了(　　)次这项培训?

A. 8；　　B. 10；　　C. 12；　　D. 15.

解：此题答案为 D. 数据之间关系简单，可以直接使用方程法来解．甲教室每次培训 50 人，乙教室每次培训 45 人，设甲教室培训了 x 次，乙教室培训了 y 次，有 $50x+45y=1290$，这是一个不定方程，可利用奇偶性直接来解，完全不需要计算．

由 $\begin{cases}50x+45y=1290\\50x，1290\text{ 为偶数}\end{cases}\Rightarrow 45y\text{ 为偶数}\Rightarrow\begin{cases}y\text{ 为偶数，}\\x+y=27(\text{奇})\end{cases}\Rightarrow x\text{ 为奇数}$.

选择项中只有 D 项是奇数．

【例 11】 有 271 位游客欲乘大、小两种客车旅游，已知大客车有 37 个座位，小客车有 20 个座位．为保证每位游客均有座位，且车上没有空座位，则需要大客车的辆数是(　　)辆．

A. 1；　　B. 3；　　C. 2；　　D. 4.

解：此题答案为 B. 根据题意很容易得出一个不定方程，设大客车需要 x 辆，小客车需 y 辆，则 $37x+20y=271$. 此方程可直接利用尾数法来解，$20y$ 的尾数必然是 0，则 $37x$ 的尾数只能是 1. 结合选项，只有 $x=3$ 才能满足条件．

五、图解法

定义　图解法是指利用图形来解决数学运算的方法，数学运算的本质是通过寻找数与数之间的关系来解决实际问题，整个过程比较抽象．如果能够利用图形这种工具，将复杂的数字之间的关系用图形形象地表示出来，能够更快更准地解决问题．

适用范围：一般来说，图解法适用于绝大部分题型，尤其是在行程问题、年龄问题、容斥问题等强调分析过程的题型中运用得很广．图解法简单直观，能够清楚表现出问题的变化过程，但是容易出错，在画图形的时候一定要保证图形和数字保持一一对应的关系．

1. 线段图

线段图即是用线段来表示数字和数量关系的方法．线段图在行程问题中非常有效，当运动过程非常复杂的时候，强烈推荐使用线段图，因为它能够帮助考生快速理清各物体的运动过程，从而找到物体速度或者路程之间的关系．

【例 12】 甲从某地出发匀速前进，一段时间后，乙从同一地点以同样的速度同向前进，在 K 时刻乙距起点 30 m；他们继续前进，当乙走到甲在 K 时刻的位置时，甲离起点 108 m. 此时乙离起点(　　)m.

A. 39；　　　　B. 69；　　　　C. 78；　　　　D. 138.

解：此题答案为 B. 在解行程问题时，通常先画出线段图，这样可以直观清晰地看到状态变化的过程和各个量之间的关系，帮助我们准确求解.

根据题意可画出图 6－1.

如图 6－1 所示，在 K 时刻，甲和乙分别在 A，B 两点，且相隔距离为 a，他们继续前进，由题意乙从 B 点前进到 A 点，同时甲从 A 点前进到 C 点，两人以相同的速度匀速前进，那么 A，C 两点之间的距离也为 a，则 $a=(108-30)\div 2=39$(m)，即甲和乙之间的距离为 39 m，故此时乙离起点 $30+39=69$(m).

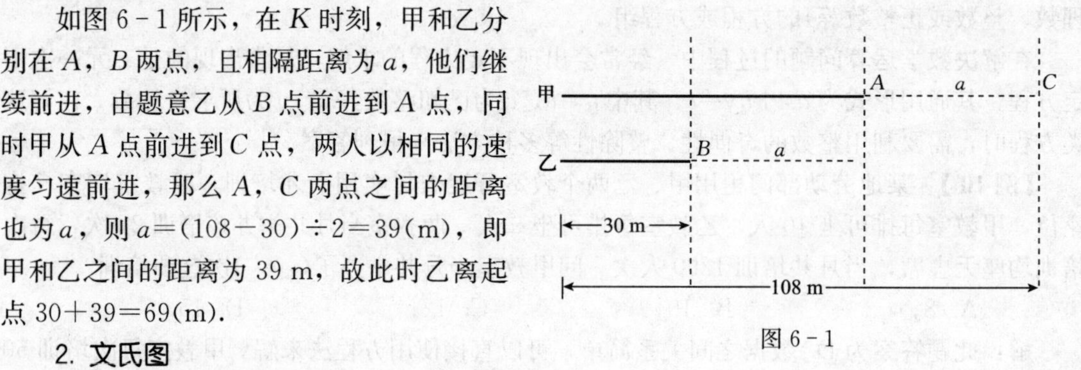

图 6－1

2. 文氏图

文氏图就是用圆圈来表示一类事物的图形，一般只有容斥问题会用到文氏图.

【例 13】 大学四年级某班共有奥运会志愿者 10 人，全运会志愿者 17 人，两者都是的有 3 人，另有 30 人两种志愿者都不是，则班内一共有(　　)人.

A. 51；　　　　B. 54；　　　　C. 57；　　　　D. 60.

解：此题答案为 B. 这是一个容斥问题，可以用文氏图来解决. 对于此类文氏图，应该遵循"从内到外"的原则，一步一步地填充文氏图即可. 由图 6－2 可以得出，该班人数为 $7+3+14+30=54$ 人.

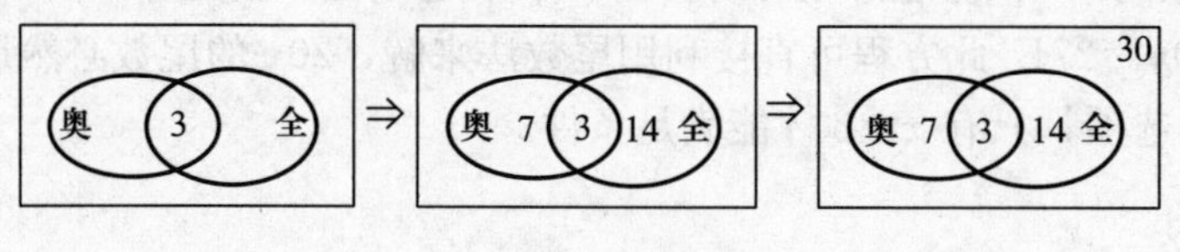

图 6－2

3. 表格

表格也是图形的一种，利用表格可以将多次操作问题和还原问题中的复杂过程一一表现出来. 同时，也可以用表格来理清数量关系，帮助列方程.

【例 14】 某单位派 60 名运动员参加运动会开幕式，他们穿白色或黑色上衣，黑色或蓝色裤子. 其中有 12 人穿白上衣蓝裤子，有 34 人穿黑裤子，29 人穿黑上衣，那么穿黑上衣黑裤子的有(　　)人.

A. 12；　　　　B. 14；　　　　C. 15；　　　　D. 29.

解：此题答案为 C. 常规思路：60 名运动员参加开幕式，其中 34 人穿黑裤子，则有 $60-34=26$ 人穿蓝色裤子；12 人穿白上衣蓝裤子，则有 $26-12=14$ 人穿黑上衣蓝裤子；29 人穿黑上衣，所以有 $29-14=15$ 人穿黑上衣黑裤子.

思路比较清晰时，可以一步一步地来，但是数量关系更多的话，比如涉及三种颜色的上衣和裤子时，用这种推理方式很容易出错，现在我们来看看使用表格如何操作．

首先，画出表格，横坐标为上衣的颜色，纵坐标为裤子的颜色．再将题目中已知条件填进表格里，然后用表格直接做加减法，如表 6－1，先得出表格中的带圆点部分格子中的数字，再得出所求．

表 6－1

	白色上衣	黑色上衣	总计
黑色裤子	19	(15)	34
蓝色裤子	12		
总计	31	29	60

其中灰格子中的“15”为所求的数值．

4. 网状图或树状图

网状图或树状图一般用来解决过程或者数量关系比较复杂的题型，比如排列组合问题、推理问题或者时间安排类的对策分析问题．

六、分合法

定义　分合法是指利用分与合两种不同的思维解答数学运算的方法，分合法常用的两种思路为分类讨论和整体法．所谓“分”，就是将一个问题拆分成若干个小问题，然后从局部来考虑每个小问题；所谓“合”，就是把若干问题合在一起，从整体上思考这些问题．简而言之，“分”就是局部考虑，是拆分；“合”是整体考虑，是整合．二者最终的目的都是为了提高处理问题的效率．

适用范围：分合法一般适用于排列组合与概率问题、解方程等．

1. 分类讨论

分类讨论，是指当不能对问题所给的对象进行统一研究时，需要对研究对象按某个标准进行分类，逐类研究，最后将结论汇总得解的方法．

分类讨论是数学中独有的一种思想，它与平时归纳总结的逻辑思维正好相反．利用分类讨论能将某些复杂的问题分解成若干个简单的问题，然后各个击破，使问题变得易于解决．

【例 15】　甲、乙两个科室各有 4 名职员，且都是男女各半．现从两个科室中选出 4 人参加培训，要求女职员比重不得低于一半，且每个科室至少选 1 人．问有(　　)种不同的选法?

A. 51；　　　B. 53；　　　C. 63；　　　D. 67.

解：此题答案为 A. 甲、乙两个科室各有 4 名职员，且都是男女各半，即甲、乙两个科室各有 2 名男职员、2 名女职员，共有 4 名男职员、4 名女职员．要求女职员的比重不得低于一半，即女职员不能低于 2 人，可以以此为分类标准，有三种情况：2 男 2 女、1 男 3 女、0 男 4 女．

(1) 2 男 2 女，相当于从 4 名男职员中选出 2 个，从 4 名女职员中选出 2 个，有 $C_4^2C_4^2$ 种情况，这其中包含了完全从某一科室选人的 2 种情况，因此应有 $C_4^2C_4^2-2=34$ 种情况；

(2) 1 男 3 女，相当于从 4 名男职员中选出 1 名，从 4 名女职员中选出 3 名，有 $C_4^1C_4^3=$

16 种情况；

（3）0 男 4 女，即甲、乙两个科室的女职员均入选，只有 1 种情况．

因此一共有 34＋16＋1＝51 种情况．

分类讨论与加法原理经常一起使用，一般是多种情况分类讨论以后，再利用加法原理求出总的情况数．

2. **整体法**

整体法与分类讨论正好相反，它强调从整体上把握变化，而不是拘泥于局部的处理．整体法有两种表现形式：

（1）将某一部分看成一个整体，在问题中总是一起考虑，而不单独求解；

（2）不关心局部关系，只关心问题的整体情况，直接根据整体情况来考虑关系，这种形式经常用于平均数问题．

【例 16】 一名外国游客到北京旅游，他要么上午出去游玩，下午在旅馆休息；要么上午休息，下午出去游玩；而下雨天他只能一天都待在旅馆里．期间，不下雨的天数是 12 天，他上午待在旅馆的天数为 8 天，下午待在旅馆的天数为 12 天，他在北京共待了(　　)天．

A. 16；　　B. 20；　　C. 22；　　D. 24.

解：此题答案为 A. 这道题已知不下雨的天数，再求出下雨的天数，就可以求出他在北京待的天数．这样做没有问题，但是如果直接将所有的天数看成整体，将能够更快得到答案．

游客每次外出游玩实际上是花了半天时间．由于不下雨的天数是 12，那么这位游客有 12 个半天在外面游玩，又由题目可以知道，他在旅馆待了 8＋12＝20 个半天，因此，他在北京待了 12＋20＝32 个半天，也就是 16 天．

【例 17】 商店购进甲、乙、丙三种不同的糖，所用费用相等，已知甲、乙、丙三种糖每千克费用分别为 4.4 元、6 元和 6.6 元。如果把这三种糖混在一起成为什锦糖，那么这种什锦糖每千克成本(　　)元．

A. 4.8；　　B. 5；　　C. 5.3；　　D. 5.5.

解：此题答案为 D. 本题从局部很难考虑，又由于平均成本＝总成本÷总千克数，因此需要从整体上找到总成本和总千克数即可．

由于三种糖所花费用相等，为了所算千克数为整数，不妨设每种糖都买了 66 元，则总成本为 66×3＝198 元。甲糖有 66÷4.4＝15 kg，乙糖有 66÷6＝11 kg，丙糖有 66÷6.6＝10 kg，因此总千克数为 15＋11＋10＝36 kg，则这种什锦糖的平均成本为 198÷36＝5.5 元．

3. **极端法**

定义 极端法是指通过考虑问题的极端状态，探求解题方向或转化途径的一种常用方法．

分析极限状态是指先分析并找出问题的极限状态，再与题干条件相比较，作出相应调整，得出所求问题的解．

考虑极限图形主要是利用一些几何知识．例如，对于空间几何体，当表面积相同时，越趋近于球体的体积越大；同理，当体积相同时，越趋近于球体的表面积越小．

适用范围：极端法一般适用于鸡兔同笼问题、对策分析类问题等．

【例 18】 小明每天必须做家务，做一天可得 3 元钱，做得特别好时每天可得 5 元钱，有一个月(30 天)他共得 100 元，这个月他有(　)天做得特别好．

A. 2；　　B. 3；　　C. 5；　　D. 7.

解：此题答案为C. 鸡兔同笼问题，采用极端法来分析。本题存在两个极限状态：每天都得3元；都做得特别好，每天可得5元．任选一个状态，再通过比较与实际的差别来求解．

假设每天都得3元，那么一个月得30×3=90元，比所得的100元少了100−90=10元．小明每多一天做得特别好，他就可多拿5−3=2元，所以有10÷2=5天做得特别好．

【例19】 某单位有宿舍11间，可以住67人，已知每间小宿舍住5人，中宿舍住7人，大宿舍住8人，则小宿舍间数是(　　).

A. 6；　　B. 9；　　C. 8；　　D. 7.

解：此题答案为A. 如果设未知数，分析不定方程过程会比较烦琐，但如果采用极端考虑法，则容易得多．

假设全部为小宿舍，则可住5·11=55人，相差67−55=12人；

每增加一间中宿舍，可增加7−5=2人，如果只剩下中宿舍，则中宿舍为12÷2=6间，小宿舍为11−6=5间，大宿舍0间；

每增加一个大宿舍，可增加8−5=3人，如果只剩下大宿舍，则大宿舍为12÷3=4间，小宿舍为11−4=7间，中宿舍0间．

实际上，以上两种情况都是极端情况，根据题意可知，大、中、小宿舍都要有，于是小宿舍间数在$5<x<7$，只能为6，所以小宿舍有6间，中宿舍有3间，大宿舍有2间．

【例20】 将一个表面积为36 m^2的正方体平分为两个长方体，再将这两个长方体拼成一个大长方体，则大长方形的表面积是(　　)m^2.

A. 24；　　B. 30；　　C. 36；　　D. 42.

解：此题答案为D. 通过计算可以求出表面积，也可以利用极限图形来考虑．由几何极限理论可知，体积相同的物体，越接近球体，其表面积越小．大长方体与正方体相比较，正方体比较接近球体，所以正方体的表面积小于大长方体的表面积，所以答案应该大于36 m^2，直接排除A、B、C，选择D.

4. 归纳法

归纳法是从已知条件的简单情况入手，通过对特殊情况的总结，得出一个普遍适用规律的方法．这种方法适用于那些多次重复操作的问题，需要注意的是，这种方法得出的结论只是猜测而没有经过合理证明，因此有时候得出的结论不一定是正确的，需要通过证明验证其正确性．

【例21】 n为100以内的自然数，那么能使2^n-1被7整除的n有(　　)个．

A. 32；　　B. 33；　　C. 34；　　D. 35.

解：此题答案为C. $n=0$时，$2^n-1=0$，能被7整除；当$n=3$时，$2^n-1=7$，能被7整除；当$n=6$时，$2^n-1=63$，能被7整除；

由此归纳得出，当2^n-1能被3整除时，2^n-1能被7整除．100以内，能被3整除的自然数有0，3，6，9，…，99，共34个．

课堂练习

1. 两个数各加2的比为3∶2，两个数各减4的比为2∶1，问这两个数各是(　　)?

A. 16，10；　　B. 14，12；　　C. 16，8；　　D. 18，10.

2. 面积为 S 的菱形，绕其一边旋转一周所形成旋转体的表面积是(　　).

A. πS；　　B. $2\pi S$；　　C. $3\pi S$；　　D. $4\pi S$.

课外作业

1. 甲、乙、丙、丁四个工人做了 270 个零件，如果甲多做 10 个，乙少做 10 个，丙做的个数乘 2，丁做的个数除以 2，那么四人做的零件数恰好相等．丙实际做(　　)个．

A. 30；　　B. 45；　　C. 52；　　D. 63.

2. A、B、C、D、E 五位同学进行象棋单循环比赛，已知 A、B、C、D 已经赛过的盘数依次为 4、3、2、1 盘，此时 E 赛了(　　)盘．

A. 2；　　B. 3；　　C. 4；　　D. 5.

3. 一个边长为 80 cm 的正方形，依次连接四边中点得到第二个正方形，这样继续下去可得到第三个、第四个、第五个、第六个正方形，问第六个正方形的面积是(　　)cm^2？

A. 128；　　B. 162；　　C. 200；　　D. 242.

项目二　数学运算题型分类精讲

➤ 学习目标

- 能够综合利用以前所学数学公式与重要结论，解决一些常见的实际计算问题
- 能够快速求解和差倍比问题、行程问题、工程问题、利润问题、推理问题

➤ 学习重点　行程问题、工程问题、利润问题、推理问题、年龄问题

➤ 学习难点　行程问题、工程问题、利润问题、推理问题

一、计算问题

【例 1】 有一堆粗细均匀的圆木，最上面一层有 6 根，每向下一层增加一根，共堆了 25 层．这堆圆木共有(　　)根．

A. 175；　　B. 200；　　C. 375；　　D. 450.

解：此题答案为 D. 每一层比上一层多一根，说明从上到下，每一层的圆木数是首项为 6，公差为 1，项数为 25 的等差数列．利用等差数列求和公式得到，总的圆木数为

$$25\times6+\frac{1}{2}\times25\times(25-1)\times1=450\text{ 根}.$$

【例 2】 某单位招待所有若干间房间，现要安排一支考察队的队员住宿，若每间住 3 人，则有 2 人无房可住；若每间住 4 人，则有一间房间不空也不满，则该招待所的房间最多有(　　)间．

A. 4；　　　　B. 5；　　　　C. 6；　　　　D. 7.

解：此题答案为B. 设房间有 x 间，根据题意，一共有 $(3x+2)$ 人. 由于每间住 4 人，则有一间房间不空也不满，因此有 $4(x-1)<3x+2<4x$，解得 $2<x<6$，最大为 5 间.

【例 3】 现分多次用等量清水去冲洗一件衣服，每次均可冲洗掉上次所残留污垢的 $\frac{3}{4}$，则至少需要冲洗(　　)次才可使得最终残留的污垢不超过初始时污垢的 1%.

A. 3；　　　　B. 4；　　　　C. 5；　　　　D. 6.

解：此题答案为B. 每次可冲掉上次所残留污垢的 $\frac{3}{4}$，则冲洗 n 次后残留的污垢为初始污垢的 $\left(1-\frac{3}{4}\right)^n=\left(\frac{1}{4}\right)^n\leqslant\frac{1}{100}$，从而可得 $n\geqslant4$.

【例 4】 一批物资要用 11 辆汽车从甲地运到 360 km 外的乙地，若车速为 v km/h，两车的距离不能小于 $\left(\frac{v}{10}\right)^2$ km，运完这批物资至少需要(　　)h.

A. 10；　　　　B. 11；　　　　C. 12；　　　　D. 13.

解：此题答案为C. 利用均值不等式求解. 11 辆汽车一共有 10 个间隔，则行驶的总路程至少为 $\left[360+\left(\frac{v}{10}\right)^2\times10\right]$ km，共需要的时间为

$$\left[360+\left(\frac{v}{10}\right)^2\times10\right]\div v=\frac{360}{v}+\frac{v}{10}\geqslant2\sqrt{\frac{360}{v}\times\frac{v}{10}}=12(\text{h}).$$

二、和差倍比问题

和差倍比问题是研究不同量之间的和、差、倍数、比例关系的数学应用题，是数学运算中比较简单的问题. 但这类问题对计算速度和准确度要求较高，在平时训练中，应注意培养自己的速算能力. 按照其考查形式，和差倍比问题可以分为和差倍问题、比例问题.

【例 5】 三个单位共有 180 人，甲、乙两个单位人数之和比丙单位多 20 人，甲单位比乙单位少 2 人，求甲单位有(　　)人?

A. 48；　　　　B. 49；　　　　C. 50；　　　　D. 51.

解：此题答案为B. 设甲单位为 x 人，则乙单位为 $(x+2)$ 人，丙单位为 $(x+x+2-20)$，有 $x+x+2+(x+x+2-20)=180$，解得 $x=49$ 人.

【例 6】 某公司去年有员工 830 人，今年男员工人数比去年减少 6%，女员工人数比去年增加 5%，员工总数比去年增加 3 人. 问今年男员工有(　　)人?

A. 329；　　　　B. 350；　　　　C. 371；　　　　D. 504.

解：此题答案为A. 设去年男员工为 x 人，女员工为 y 人，则有

$$\begin{cases}x+y=830,\\(1-6\%)x+(1+5\%)y=830+3,\end{cases}$$

解得 $x=350$，所以今年男员工有 $350\times94\%=329$ 人.

三、行程问题

【例 7】 快、中、慢三辆车同时从同一地点出发，沿同一公路追赶前面的一骑车人. 这

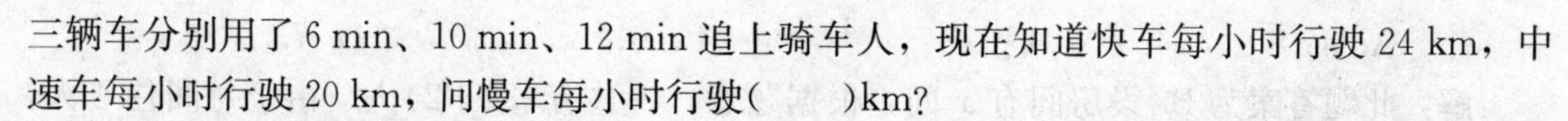

三辆车分别用了 6 min、10 min、12 min 追上骑车人，现在知道快车每小时行驶 24 km，中速车每小时行驶 20 km，问慢车每小时行驶(　　)km?

A. 19；　　B. 14；　　C. 15；　　D. 18.

解：此题答案为 A. 快车 6 分钟行驶 $24\times\frac{6}{60}=2.4(\text{km})$，中速车 10 分钟行驶 $20\times\frac{10}{60}=\frac{10}{3}(\text{km})$，所以骑车人 1 分钟行驶 $\left[\left(\frac{10}{3}-2.4\right)\div 4\right]$ km，骑车时速为 $\left[\left(\frac{10}{3}-2.4\right)\div 4\times 60\right]$ km/h. 快车与骑车人的速度差为 10 km/h，同样的追及距离慢车用时是快车的 2 倍，则慢车与骑车人速度差是快车与骑车速度差的一半，为 5 km/h. 慢车时速为 $14+5=19(\text{km/h})$.

【例 8】 一条环形赛道前半段为上坡，后半段为下坡，上坡和下坡的长度相等．两辆车同时从赛道起点出发，同向行驶，其中 A 车上下坡时速相等，而 B 车上坡时速比 A 车慢 20%，下坡时速比 A 车快 20%. 问在 A 车跑到第(　　)圈时，两车再次齐头并进?

A. 22；　　B. 23；　　C. 24；　　D. 25.

解：此题答案为 D. 由于题目给出的数据较少，可以用“特值”法，设环形赛道上坡和下坡的长度都为 1，A 车的速度为 1，则 B 车上坡的速度为 $(1-0.2)\times 1=0.8$，下坡的速度为 $(1+0.2)=1.2$. 由题意可求 A 车跑一圈的平均速度为 1，B 车跑一圈的平均速度为 $\frac{2\times 0.8\times 1.2}{0.8+1.2}=0.96$，所以 A 车与 B 车的速度之比为 $1:0.96=25:24$，所以当 A 车跑到 25 圈时，两车再次齐头并进，此时 A 车恰好比 B 车多走一圈．

【例 9】 甲、乙两人在 400 m 环形跑道上练习赛跑，已知甲每分钟跑 45 m，乙每分钟跑 35 m. 现两个人同时从 A 点出发，反向赛跑，问经过(　　)min，两个人第四次相遇?

A. 8；　　B. 12；　　C. 16；　　D. 20.

解：此题答案为 D. 环形多次相遇问题．两个人第一次相遇时，共跑了 1 圈；第二次相遇时，共跑了 2 圈；……；第四次相遇时，共跑了 4 圈．因此，相遇时间为 $400\times 4\div(45+35)=20$ min.

四、工程问题

【例 10】 某工程项目，由甲项目公司单独做需 4 天才能完成，由乙项目公司单独做需 6 天才能完成，甲、乙、丙三个公司共同做 2 天就可完成．现因交工日期在即，需多公司合作，但甲公司因故退出，则由乙、丙公司合作完成此项目共需(　　)天．

A. 3；　　B. 4；　　C. 5；　　D. 6.

解：此题答案为 B. 设总工作量为 1，那么甲、乙、丙三个公司的总工作效率为 $\frac{1}{2}$；甲公司的工作效率为 $\frac{1}{4}$；那么乙、丙两个公司的工作效率和为 $\frac{1}{2}-\frac{1}{4}=\frac{1}{4}$，换而言之，乙、丙两个公司合作共需 4 天才能完成任务．

【例 11】 有一项工作任务，小明先做 4 h，小方接着做 8 h 可以完成，小明先做 6 h，小方接着做 4 h 也可以完成，如果小明先做 2 h 后再让小方接着做，那么小方完成工作还需要(　　)h.

A. 8；　　B. 10；　　C. 11；　　D. 12.

解：此题答案为D. 本题如果通过列方程组求出小明、小方的工作效率，再求解，过程会比较烦琐．可尝试找出小明和小方工作效率之间的关系，再通过换算来求解．

由题干可知，小明4 h＋小方8 h＝小明6 h＋小方4 h⇒小方4 h＝小明2 h，这就说明小明2 h的工作量相当于小方4 h的工作量．

如果小明先做2 h，相比之下小明少做了2 h，小方就要多做4 h，故小方还需要8＋4＝12 h才能完成工作．

【例12】 一项工程由甲、乙、丙三个工程队共同完成需要15天，甲队与乙队的工作效率相同，丙队3天的工作量与乙队4天的工作量相当．三队同时开工2天后，丙队被调往另一工地，甲、乙两队留下继续工作．那么，开工22天后，这项工程(　　)．

A. 已经完工；

B. 余下的量需甲、乙两队共同工作1天；

C. 余下的量需乙、丙两队共同工作1天；

D. 余下的量需甲、乙、丙三队共同工作1天．

解：此题答案为D. 由于丙队3天的工作量与乙队4天的工作量相当，不妨假设丙队每天的工作量为4，乙队每天的工作量为3，则甲队每天的工作量为3. 这项工程总的工作为(4＋3＋3)×15＝150(天)，则工作22天后，工程还剩下150－(4＋3＋3)×2－(3＋3)×(22－2)＝10(天)的工作量，正好让甲、乙、丙三队共同工作1天．

【例13】 一空水池有甲、乙两根进水管和一根排水管．单开甲管需5 min注满水池，单开乙管需10 min注满水池．如果单开排水管需6 min将整池水排尽．某次池中没有水，打开甲管若干分钟后，发现排水管未关上，随即关上排水管，同时打开乙管，又过了同样长的时间，水池的$\frac{1}{4}$注了水．如果继续注满水池，前后一共要花(　　)min.

A. 3；　　B. 3.5；　　C. 4；　　D. 4.5.

解：此题答案为C. 设水池的容量为1，则甲、乙每分钟分别注入$\frac{1}{5}$，$\frac{1}{10}$，排水管每分钟排水$\frac{1}{6}$．设排水管打开的时间为x，则有$\left(\frac{1}{5}-\frac{1}{6}\right)x+\left(\frac{1}{5}+\frac{1}{10}\right)x=\frac{1}{4}$．解得$x=\frac{3}{4}$．注满水池，还需要$\left(1-\frac{1}{4}\right)\div\left(\frac{1}{5}+\frac{1}{10}\right)=\frac{5}{2}$(min). 则前后一共花了$\frac{3}{4}\times2+\frac{5}{2}=4$(min).

五、利润问题

【例14】 一商品的进价比上月低了5%，但超市仍按上月售价销售，其利润率提高了6个百分点，则超市上月销售该商品的利润率为(　　).

A. 12%；　　B. 13%；　　C. 14%；　　D. 15%.

解：此题答案为C. 为避免出现分数，这里遇到百分数，则设特值时可设为100，因此设上月的进价为100，则这个月的进价为100×(1－5%)＝95. 设上个月的利润率为x，则这个月的利润率为x＋6%.

根据售价相同可知：100(1＋x)＝95(1＋x＋6%)，解得x＝14%.

【例15】 某家具店购进100套桌椅，每套进价200元，按期望获利50%定价出售．卖掉60套桌椅后，店主为提前收回资金，打折出售余下的桌椅．售完全部桌椅后，实际利润比期望利润低了18%. 问余下的桌椅是(　　)折出售的?

A. 七五；　　B. 八二；　　C. 八五；　　D. 九五．

解：此题答案为C. 按期望获利定价，则每套定价为 $200\times(1+50\%)=300$ 元，利润100元．总期望利润为 $100\times100=10000$ 元．实际利润为 $10000\times(1-18\%)=8200$ 元，则后40套平均每套的利润为 $(8200-60\times100)\div40=55$ 元．那么后40套每套定价为255元，相当于打了 $255\div300\times10=8.5$ 折，选择C.

【例16】 某公司要买100本便签纸和100支胶棒，附近有两家超市．A 超市的便签纸0.8元一本，胶棒2元一支，且买2送1. B 超市的便签纸1元一本且买3送1，胶棒1.5元一支．如果公司采购员要在这两家超市买这些物品，则他至少要花(　　)元．

A. 183.5；　　B. 208.5；　　C. 225；　　D. 230.

解：此题答案为B. 对于便签纸而言，B 超市单价高于 A 超市，但由于买三送一，每4本便签纸为一组，其总价低于 A 超市，100本便签纸可以分成25组，共花费 $1\times3\times25=75$ 元．对于胶棒，A 超市单价高于 B 超市，由于买二送一，每3支胶棒为一组，其总价低于 B 超市，100支胶棒可以分成33组并多1支，故考虑33组胶棒在 A 超市购买，多余的1支在 B 超市购买，共花费 $2\times2\times33+1.5=133.5$(元). 两样东西一共花费 $75+133.5=208.5$(元).

【例17】 将进货单价为90元的某商品按100元一个出售时，能卖出500个，已知这种商品如果每个涨价1元，其销售量就会减少10个，为了获得最大利润，售价应定为(　　)元．

A. 110；　　B. 120；　　C. 130；　　D. 150.

解：此题答案为B. 依题意，最大利润与售价相关，因此要先找到售价与利润的具体关系．可设售价增长了 x 元，即售价为 $(100+x)$ 元，则销售量为 $(500-10x)$ 个．设总利润为 y，则 $y=(100+x-90)(500-10x)=-10x^2+400x+5000=-10(x-20)^2+9000$，$x=20$ 时，利润最大．此时售价为 $100+20=120$ 元．

六、推理问题

在日常生活中，有这样一类不需要复杂计算、无需掌握固定解法与相关基础知识的题目，这类题目侧重考查基本逻辑推理能力，统称为推理问题．解答此类问题，可根据题目条件进行分类推理，从而对答案的范围限定，并最终得出结论．寻找限定条件时可从逻辑知识、整数性质、最值思想等方面来思考．

【例18】 小赵、小钱、小孙一起打羽毛球，每局两人比赛，另一人休息，三人约定每一局的输方下一局休息．结束时算了一下，小赵休息了2局，小钱共打了8局，小孙共打了5局，则参加第9局比赛的是(　　).

A. 小赵和小钱；　　B. 小赵和小孙；　　C. 小钱和小孙；　　D. 以上皆有可能．

解：此题答案为A. 本题乍看没有思路，但可先求出每个人打的局数，再进一步分析．一共应该打了 $2+3+6=11$ 局．

由于每一局的输方下一局休息，因此相同的两个人不可能连续打两局，则小赵和小钱所打的6局只能是第1、3、5、7、9、11局，选择A.

【例19】 A、B、C、D、E 是5个不同的整数，两两相加的和共有8个不同的数值，分别是17、25、28、31、34、39、42、45，则这5个数中能被6整除的有(　　)个．

A. 0；　　　　　　　B. 1；　　　　　　　C. 2；　　　　　　　D. 3.

解：此题答案为C. 设$A<B<C<D<E$，则两两相加的和所得的8个不同数值中，则有$C+D=39$，$C+E=42$，$D+E=45$这三个数最大，解得$C=18$，$D=21$，$E=24$. 最小的数值是A、B之和，A与C之和应是第二小的数，因此$A+B=17$，$A+C=25$，解得$A=7$，$B=10$.

A、B、C、D、E依次是7、10、18、21、24，能被6整除的是18、24这两个数.

【例20】 某单位招录了10名新员工，按其应聘成绩排名1到10，并用10个连续的四位自然数依次作为他们的工号. 凑巧的是每个人的工号都能被他们的成绩排名整除，问排名第三的员工工号所有数字之和是(　　)?

A. 9；　　　　　　　B. 12；　　　　　　　C. 15；　　　　　　　D. 18.

解：此题答案为B. 因为这10个员工的工号是连续的自然数，并且每个员工的工号能够被其排名整除，在这10个员工中第三名的工号与第九名的工号相差6，根据数的整除特性知，第三名的工号所有数字之和加6，应该能被9整除，代入只有B符合.

另解，由题意可知，第10名的工号最后一位一定是0，则1～9名的工号最后一位恰好就是1～9，则第9名工号的前三位能被9整除，则第3名的工号之和一定是$9n+3$，选项中只有B符合.

七、年龄问题

核心知识：每过n年，每个人都长n岁；年龄差不变.

解题时应抓住"年龄差不变"，必要时可通过画图或列表找出各个时期年龄间的关系.

重要结论：若甲像乙现在那么大时，乙m岁，乙像甲现在那么大时，甲n岁$(n>m)$，那么甲比乙大$\frac{n-m}{3}$岁，甲现在为$n-\frac{n-m}{3}=\frac{2n+m}{3}$(岁)，乙现在为$m+\frac{n-m}{3}=\frac{n+2m}{3}$(岁).

【例21】 刘女士今年48岁，她说："我有两个女儿，当妹妹长到姐姐现在的年龄时，姐妹俩的年龄之和比我到那时的年龄还大2岁."问姐姐今年的岁数为(　　)?

A. 23；　　　　　　　B. 24；　　　　　　　C. 25；　　　　　　　D. 不确定.

解：此题答案为C. 设今年姐姐的年龄为x，妹妹的年龄为y，当妹妹的年龄与姐姐现在的年龄一样时，姐姐的年龄为$x+(x-y)$，妈妈的年龄为$48+(x-y)$，由题意得，$x+x+(x-y)=48+(x-y)+2$，解得$x=25$.

【例22】 父亲今年44岁，儿子今年16岁，当父亲年龄是儿子年龄的8倍时，问父子的年龄和是(　　)岁?

A. 36；　　　　　　　B. 54；　　　　　　　C. 99；　　　　　　　D. 162.

解：此题答案为A. 抓住"年龄差不变"的核心，利用差倍关系直接求解. 父子年龄差为$44-16=28$(岁)，当父亲年龄是儿子年龄8倍时，即年龄差是儿子年龄的7倍. 此时儿子年龄为$28\div7=4$(岁)，父亲的年龄为$4\times8=32$(岁)，二者年龄和为$4+32=36$(岁).

【例23】 甲、乙两人年龄不等，已知当甲像乙现在这么大时，乙8岁；当乙像甲现在这么大时，甲29岁. 问今年甲的年龄为(　　)岁?

A. 22；　　　　　　　B. 34；　　　　　　　C. 36；　　　　　　　D. 43.

解：此题答案为A. 像这种"甲像乙这么大时，乙8岁"这种题目，可以采用方程法. 首先，可以看出，甲的年龄比乙大. 设甲比乙大x，那么当甲像乙现在这么大时，乙 8 岁，说明甲当时为 $x+8$，即乙现在 $x+8$. 当乙像甲现在这么大时，甲 29 岁，即乙那时为 $29-x$，即甲现在 $29-x$. 因此有 $(29-x)-(x+8)=x$，解得 $x=7$，所以甲今年为 $29-7=22$(岁).

也可根据结论，甲比乙大 $\frac{29-8}{3}=7$(岁)，则甲现在的年龄为 $29-7=22$(岁).

课堂练习

1. $\{a_n\}$是一个等差数列，$a_3+a_7-a_{10}=8$，$a_{11}-a_4=4$，则数列前 13 项之和是(　　).
   A. 32；　　B. 36；　　C. 156；　　D. 182.
2. 甲、乙两车同时从 A、B 两地出发相向而行，两车在距 A 地 64 km 处第一次相遇，相遇后两车仍以原速继续行驶，并且在到达对方出发点后，立即沿原路返回，途中两车在距 A 地 48 km 处第二次相遇，问两次相遇点相距(　　)km?
   A. 24；　　B. 28；　　C. 32；　　D. 36.

课外作业

1. 建造一个容积为 16 m^3，深为 4 m 的立方体无盖水池，如果池底和池壁的造价分别为每平方米 160 元和每平方米 100 元，那么该水池的最低造价是(　　)元.
   A. 3 980；　　B. 3 560；　　C. 3 270；　　D. 3 840.
2. 一列长为 280 m 的火车，速度为 20 m/s，经过 2 800 m 的大桥，火车完全通过这座大桥需(　　)时间.
   A. 28 秒；　　B. 2 分 20 秒；　　C. 2 分 28 秒；　　D. 2 分 34 秒.
3. 254 个志愿者来自不同的单位，任意两个单位的志愿者人数之和不少于 20 人，且任意两个单位志愿者的人数不同，问这些志愿者所属的单位数最多有(　　)个?
   A. 17；　　B. 15；　　C. 14；　　D. 12.

项目三　图形推理核心知识储备

> **学习目标**

- 掌握几何图形的对称性，会根据对称性及已知图形的规律推断出未知图形的形状
- 会结合图形的移动、旋转、翻转、叠加及已知图形的规律推断出未知图形的形状

> **学习重点**　图形的移动、旋转、翻转、叠加及其应用

> **学习难点**　图形的移动、旋转、翻转、叠加及其应用

一、几何性质

图形的几何性质包括图形的对称性、图形的重心、图形的面积和体积等，图形的对称性包括轴对称和中心对称，还涉及对称轴的数目．

图形的对称性主要涉及轴对称和中心对称两个方面．

轴对称图形：对于一个平面图形，若存在一条直线，图形沿这条直线折叠，图形的两部分能完全重合，这个图形就是轴对称图形，这条直线就是这个图形的一条对称轴．有的轴对称图形只有一条对称轴，有的轴对称图形有多条对称轴．

中心对称图形：对于一个平面图形，若存在某一点，图形绕这个点旋转 180°后，与原图形能够完全重合，就说这个图形是中心对称图形，这个点称为这个图形的对称中心．对于一个中心对称图形的任意一点，它关于对称中心的对称点都在这个图形上．

有的图形既是轴对称图形，又是中心对称图形，它们都有多条对称轴，这些对称轴交于一点，这一点就是图形的对称中心．

对称性题目的主要规律：

(1) 题干图形都是轴对称图形、中心对称图形；

(2) 轴对称图形和中心对称图形间隔排列或对应排列；

(3) 题干图形都有相同方向的对称轴(如水平对称轴、竖直对称轴).

【例 1】

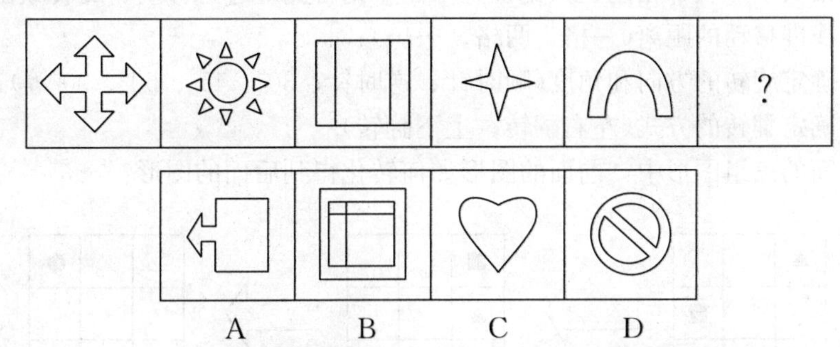

解：此题答案为 C. 从各个图形的构成来看，无法在数量上找出规律，此时，可考虑图形的几何特征，发现所给的图形均为轴对称图形，各图都有竖直的对称轴，选项中只有 C 项符合．

【例 2】

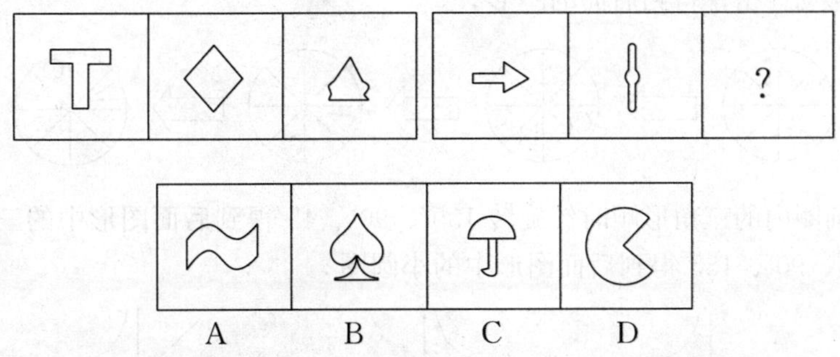

解：此题答案为 D. 第一组三个小图形都有竖直方向的对称轴，第二组三个小图形都有水平方向的对称轴．

【例 3】

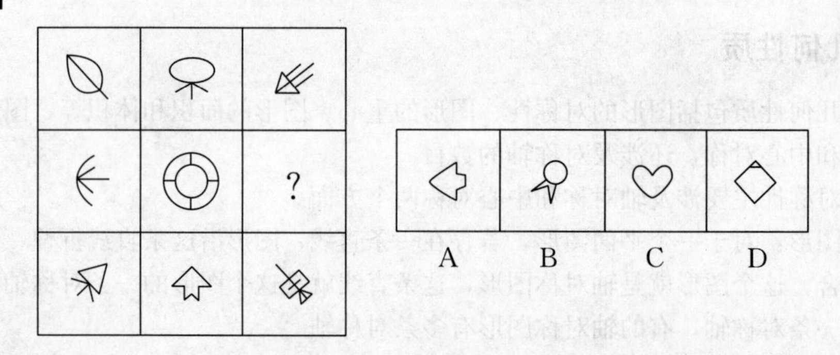

解：此题答案为 A. 以中间的图形为对称中心，关于它中心对称的两个方格中的图形具有相同的对称轴.

二、图形转化

图形转化有两种情况，一是题干第一个图形中的元素通过旋转、移动、翻转等方式发生位置上的规律变化，依次得到后面的图形；二是两个图形在叠加的基础上(或伴随其他简单变化)得到第三个图形.

1. 移动、旋转、翻转

图形的移动、旋转和翻转是图形位置的改变，而不会改变图形的大小和形状，若题干各个图形中的元素大小形状都相同，只是位置不同，则首先应考虑移动、旋转或翻转.

移动——找准移动的距离(一格、两格、……)；

旋转——确定旋转的方向和角度(顺时针、逆时针；30°、45°、60°、90°等)；

翻转——确定翻转的方式(左右翻转；上下翻转).

看看在下面的三组图形中，前面的图形如何转化得到后面的图形？

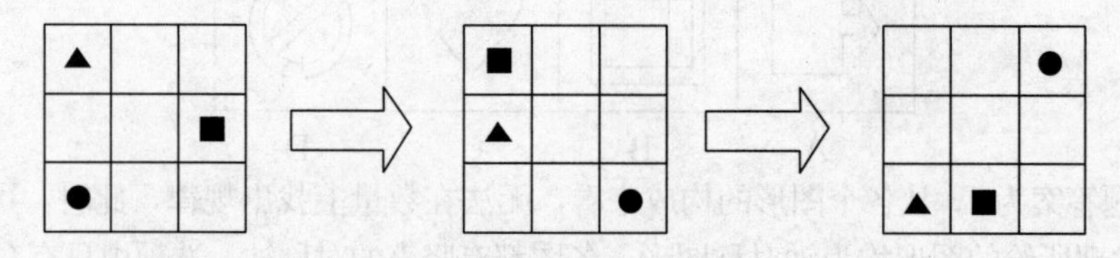

提示：沿着九宫格的外圈，方格内的三角形逆时针移动 1 格，小黑点逆时针移动 2 格，正方形逆时针移动 3 格，得到后面的图形.

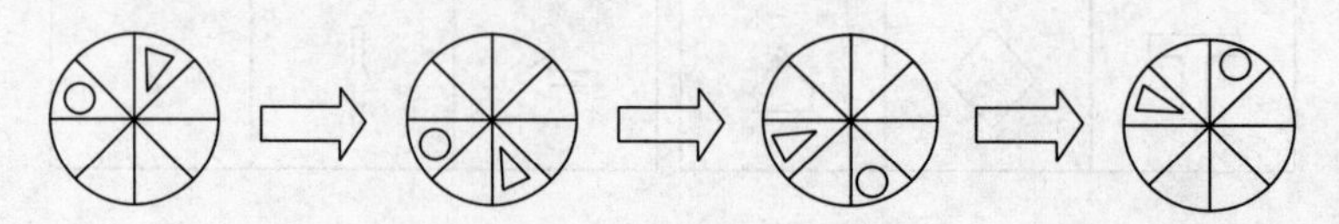

提示：大圆圈内的三角形顺时针旋转 135°、90°、45°得到后面图形中的三角形，小圆圈逆时针旋转 45°、90°、135°得到后面图形中的小圆圈.

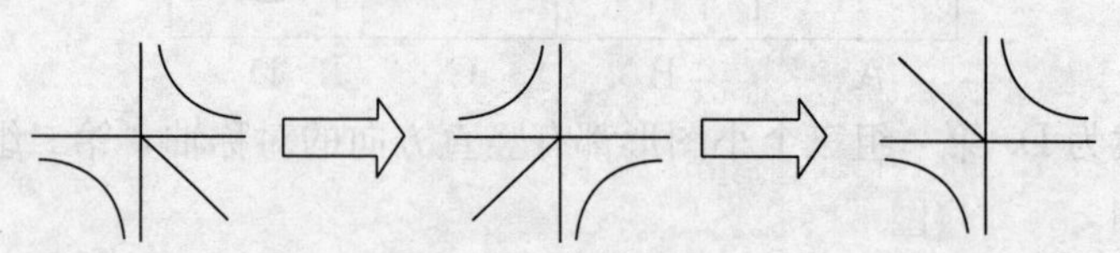

提示：第一个图形左右翻转得到第二个图形，第二个图形上下翻转得到第三个图形．观察可发现第一个图形与第二个图形关于竖直线对称，第二个图形与第三个图形关于水平线对称．

移动、旋转、翻转题目的主要规律：

（1）图形中的组成元素按规律移动、旋转或翻转；

（2）图形整体旋转或翻转；

（3）图形中的组成元素按规律移动且自身旋转．

【例 4】

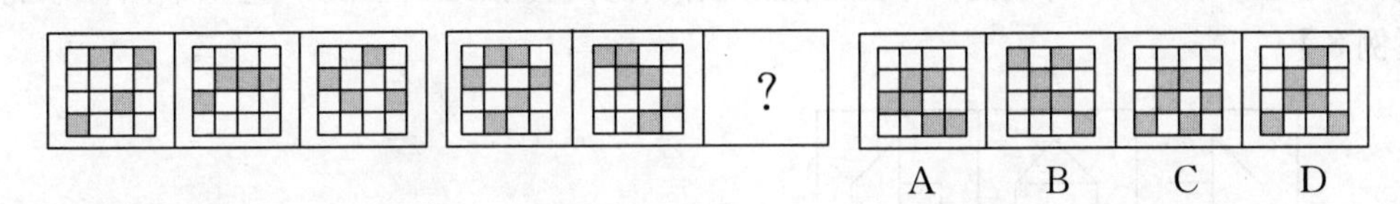

解：此题答案为 D. 每组第一个图形中，第一、三列的黑色方块顺次向上移动一格，第二、四列的黑色方块顺次向下移动一格，依此规律选 D.

【例 5】

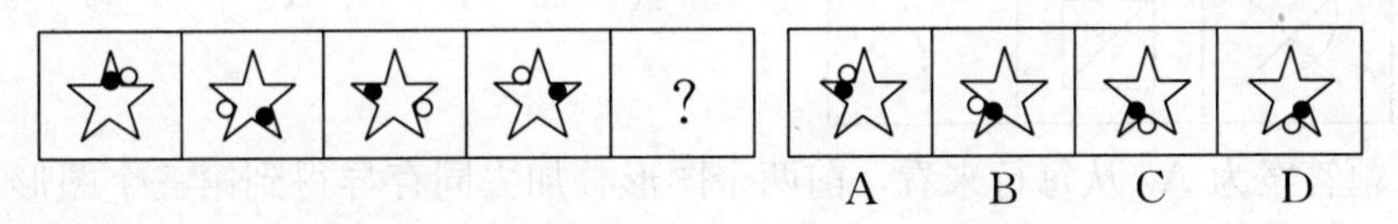

解：此题答案为 C. 黑点顺时针依次移动 2 个位置，白圈逆时针依次移动 2 个位置，依此规律选择 C.

【例 6】

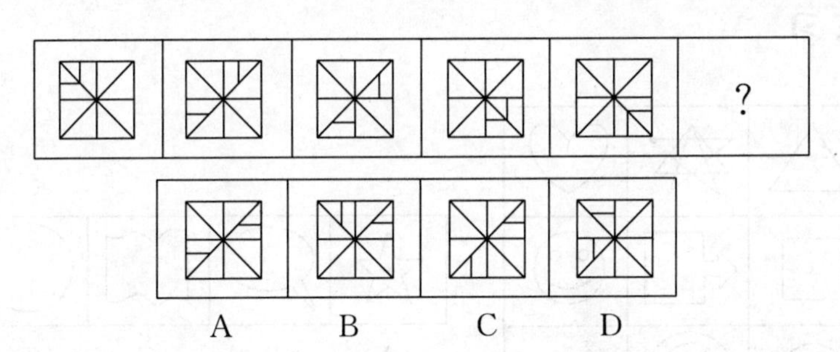

解：此题答案为 C. 题干图形中的竖线段顺时针依次移动一个格，横线段逆时针依次移动一个格得到下一个图形．

2. 图形叠加

叠加：将两个图形的中心重合，叠放在一起，图形叠加转化是两个图形转化得到第三个图形的重要方式．

“图形叠加”题目的主要规律：

（1）直接叠加：将已知的两个图形叠在一起，形成一个新图形，新图形中保留已知两个图形的所有．

（2）叠加去同存异：将图形叠加后去掉相同的部分，保留不同的部分．

（3）叠加去异存同：将图形叠加后去掉不同的部分，保留相同的部分．

(4) 自定义叠加：图形叠加后，其中的某些特征按照一定的规律发生改变，常出现的是叠加后阴影的变化.

观察下面几组图形，看看其中两个图形可通过怎样的叠加方式来得出第三个图形？

【例 7】

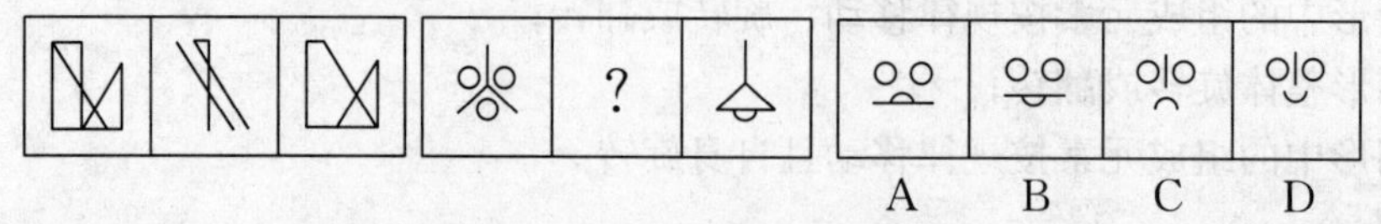

解：此题答案为 A. 每组前两个图形叠加去同存异得到第三个图形，选项中只有 A 符合.

【例 8】

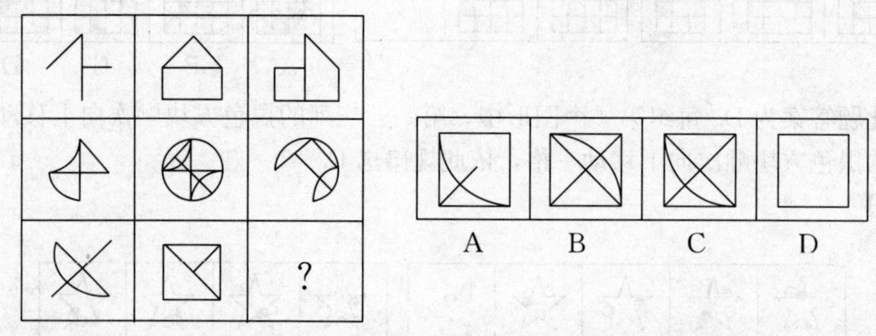

解：此题答案为 A. 从每行来看，前两个图形叠加去同存异得到第三个图形，第三行前两个图形叠加去同存异得到 A 项.

课堂练习

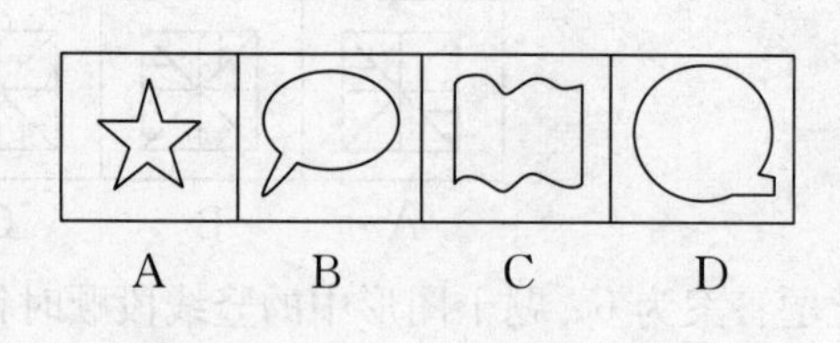

课外作业

1.

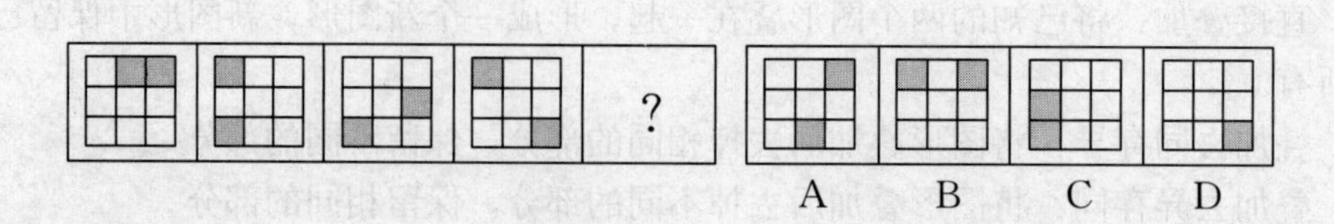

2.

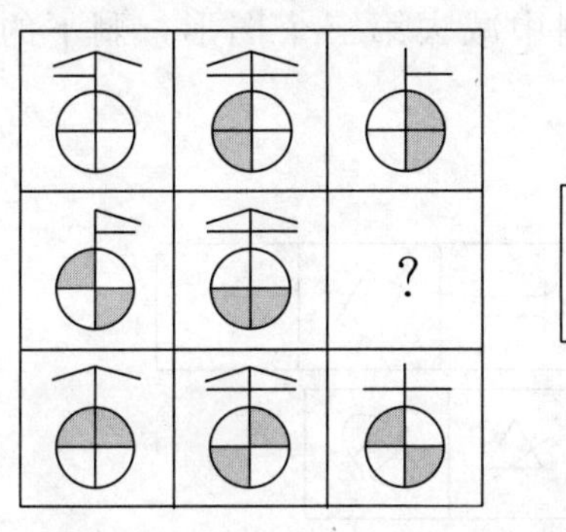
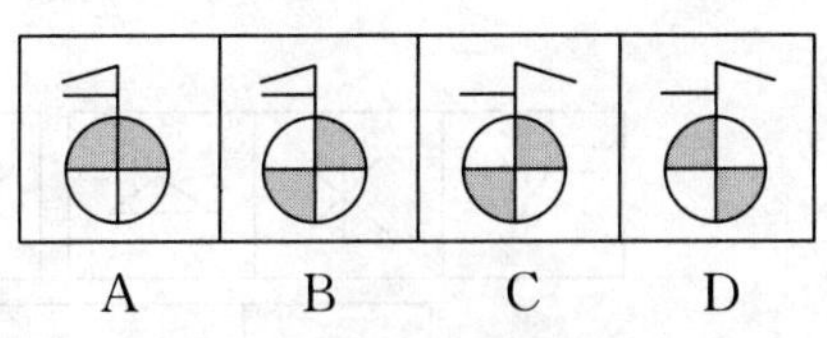

A　B　C　D

项目四　图形推理题型分类精讲

➤ **学习目标**

- 能根据古典型图形的规律及特点，由已知图形推断未知图形
- 能根据视觉型图形的规律及特点，由已知图形推断未知图形

➤ **学习重点**　古典型图形推理和视觉型图形推理

➤ **学习难点**　古典型图形推理和视觉型图形推理

一、古典型图形推理

这一题型的题干是两组图形，每组三个图形，需要根据第一组图形的排列规律，在选项中选择一个合适的图形作为第二组中所缺少的图形 .

【例 1】

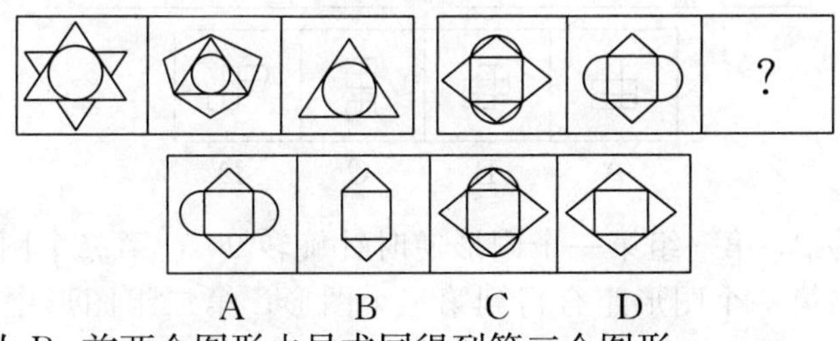

解：此题答案为 B. 前两个图形去异求同得到第三个图形 .

【例 2】

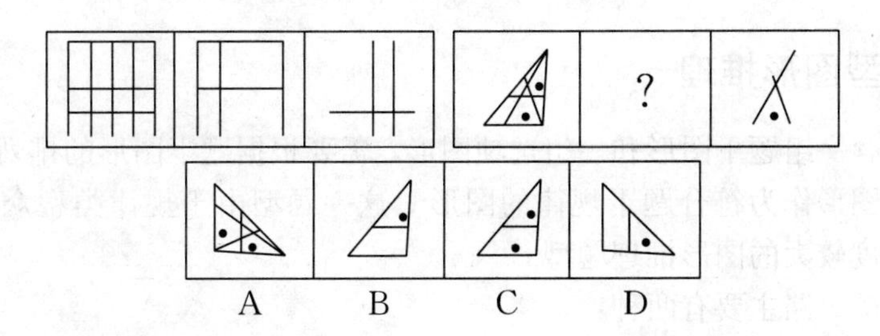

解：此题答案为 B. 第一组图形的显著特点是后两个图形叠加即可得到第一个图形，把这一规律运用到第二组图中，从第一个图中减去第三个图形，剩下的部分应是图形 B.

【例 3】

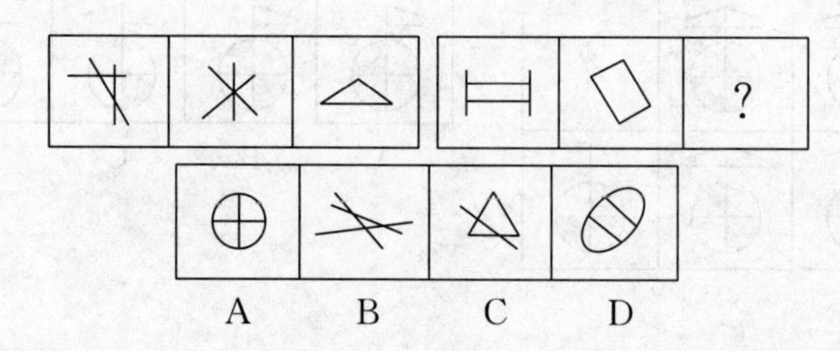

解：此题答案为 C. 第一组图形的线条数都为 3，第二组图形的线条数都为 4.

【例 4】

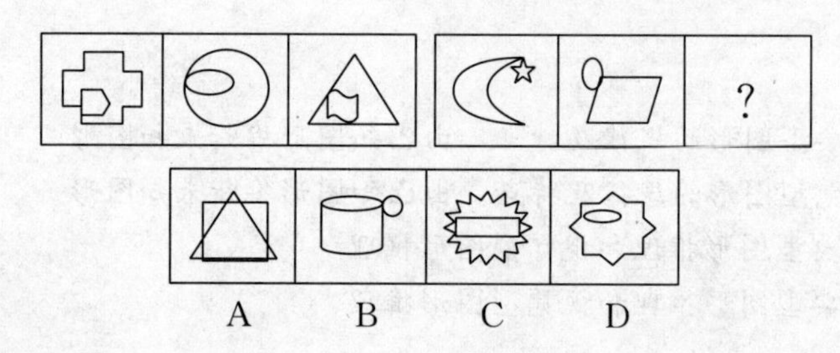

解：此题答案为 B. 第一组图形均有一个内部小图形与之相接，第二组图形均有一个外部小图形与之相接 .

【例 5】

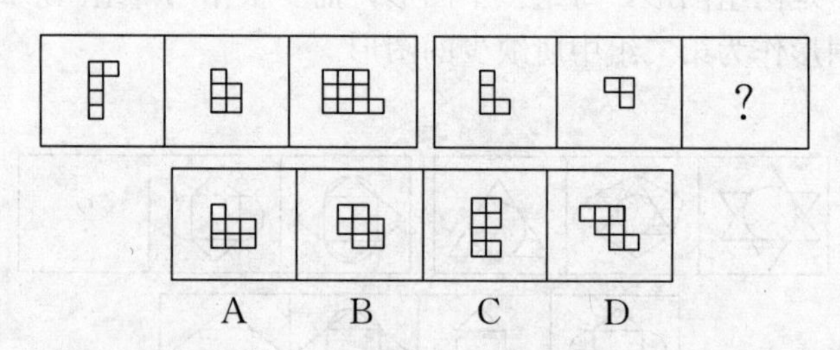

解：此题答案为 A. 第一组第一个图形逆时针旋转 90°，第二个图形左右翻转后，再逆时针旋转 90°，与第一个图形组合得到第三个图形；第二组图形中的第一个图形逆时针旋转 90°，第二个图形左右翻转后，再逆时针旋转 90°，与第一个图形组合得到第三个图形 .

二、视觉型图形推理

这一题型包含一组题干图形和一组选项图形，需要根据题干图形的排列规律，在选项中选择一个合适的图形作为符合题干规律的图形 . 这一题型由于规律类型众多，题目变化丰富，被认为是难度较大的图形推理题型 .

该题型作答的思路主要有两种：

（1）寻找图形的共同特征，然后在选项中找到唯一符合这一特征的图形；

（2）分析题干几个图形在某一题目规律上所存在的连续性变化，然后按照这个连续性的变化确定下一个图形所应具备的特征．

此外，还有题干与选项图形按规律间隔排列，按规律以中间位置对称排列．

【例 6】

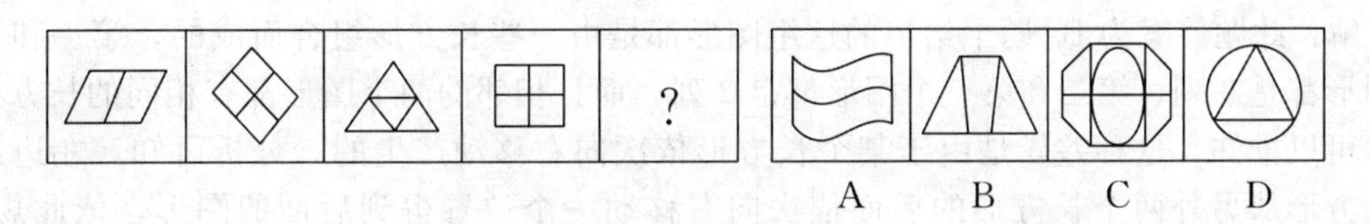

解：此题答案为 A. 观察发现，每个题干图形包含的小图形形状都相同，选项中只有 A 符合．

【例 7】

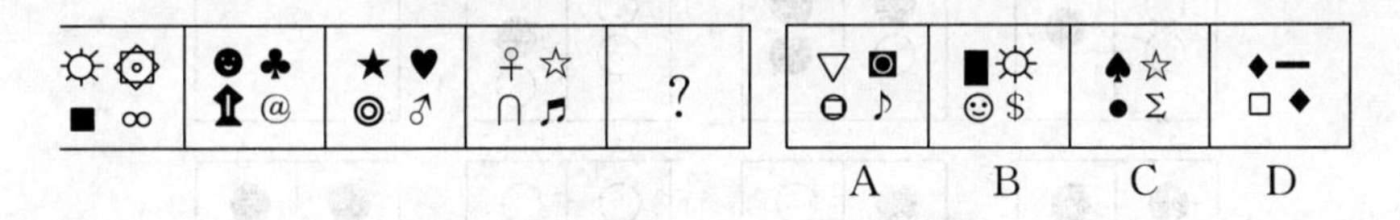

解：此题答案为 A. 题干每个图形都由 4 个小图形组成，且题干所有的小图形形态各异，互不相同．只有 A 项四个小图形互不相同，且与题干所有小图形无一相同，选择 A.

【例 8】

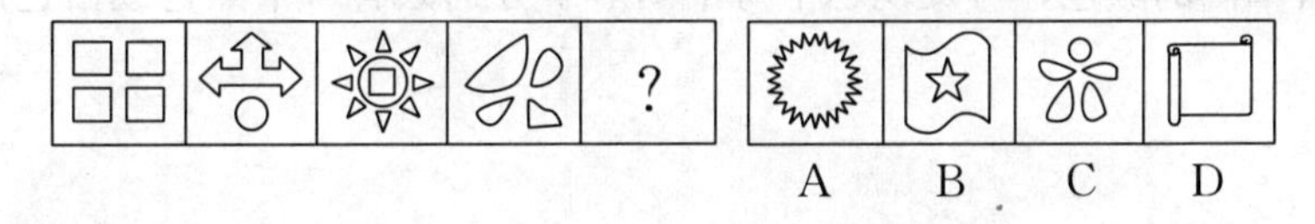

解：此题答案为 C. 题干第四个图形特点鲜明，其所涉及的题目规律主要有封闭区域数、图形种类数等，可分别考虑．此题规律是题干图形的图形种类数依次是 1、2、3、4，按照这种连续性变化，下一个图形应由 5 种图形组成，选项中只有 C 符合．

【例 9】

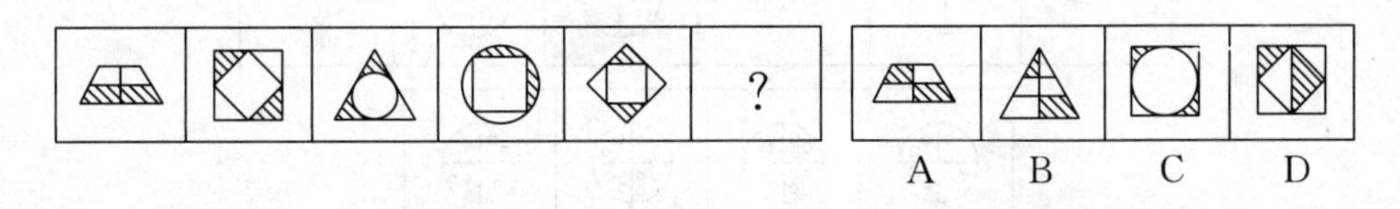

解：此题答案为 C. 观察题干所给的图形，每个图形中都有阴影，这便是这几个图形最大的相同点，也是本题解题的突破口，像题干这种形状和结构都不同的一组图形，主要考虑图形中阴影面积的规律．

在这道题目中，进一步看阴影，发现每个图形都有两部分阴影，并且这两部分的面积相等，查看选项，只有 C 符合这一特征，答案为 C.

【例 10】

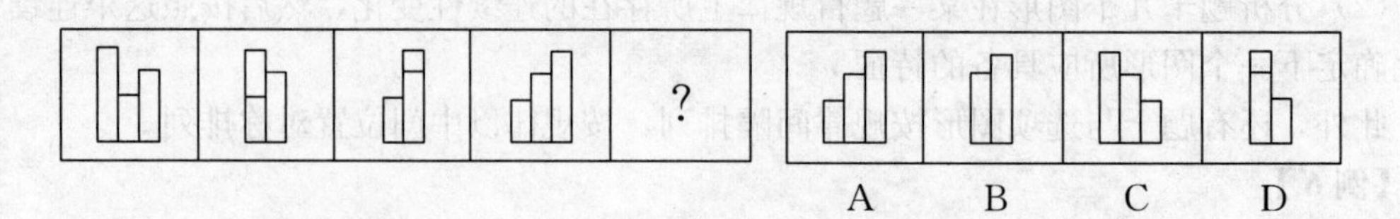

解：此题答案为 B. 题干给出的这组图形都是由一些长方形组合而成的，第一和第四个图形都是 3 列，第二和第三个图形都是 2 列，而且相邻的两个图形都有相同的长方形出现，可以推知，这种差异是由于某个长方形依次向右移动产生的．分析可知，左边第一个长方形从另外两个长方形的后面依次向右移动一个位置得到后面的图形，依此规律，选择 B.

【例 11】

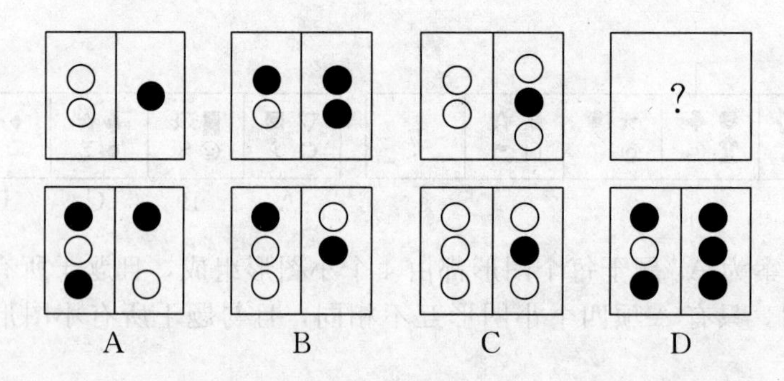

解：此题答案为 D. 先从数量上看，题干图形中包含的圆圈总数依次为 3、4、5、6，排除 A、B；再看圆圈的颜色，可发现题干每个图形中分别只有一个黑色或白色的圆圈，只有 D 符合．

课堂练习

1.

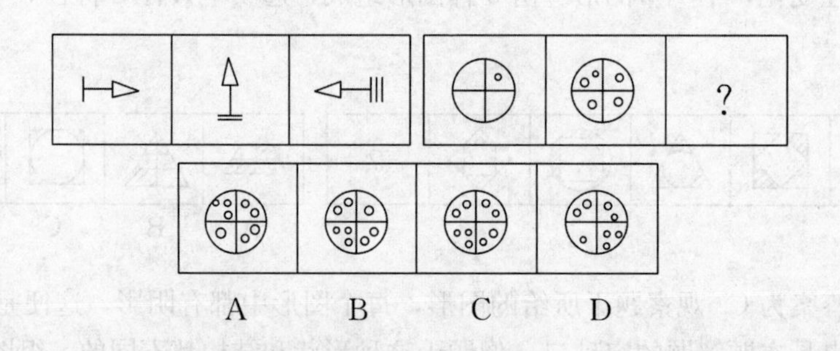

2.

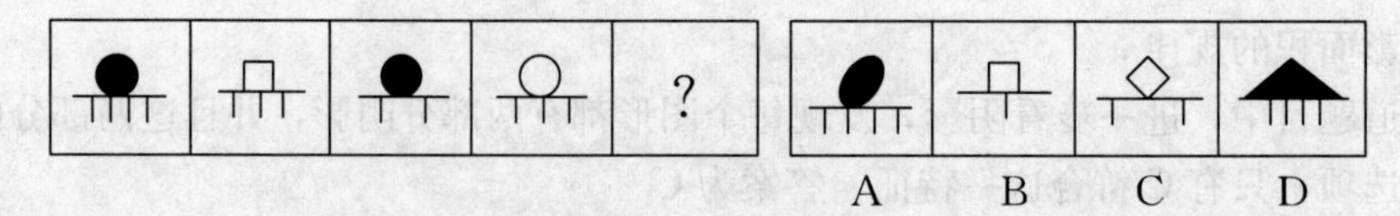

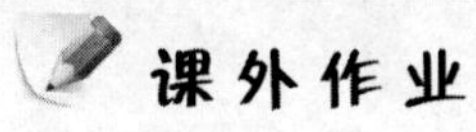

课外作业

1.

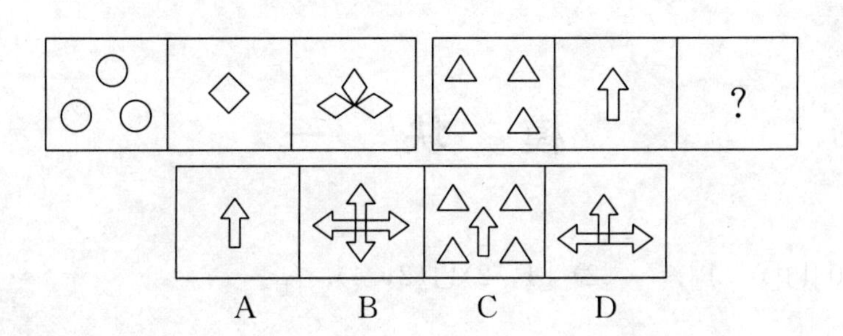

2.

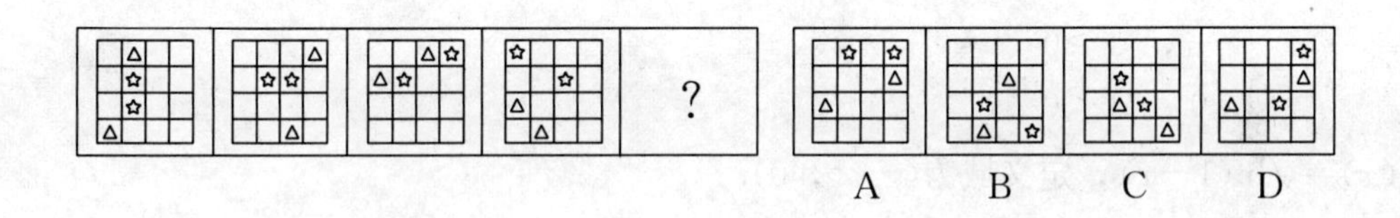

课外作业参考答案

模　块　一

项目一

1. (1) $[-1, 0]\cup[0, 1]$；　(2) $[1, 2)\cup(2, 4)$.

2. $-\frac{\sqrt{2}}{2}$；0.

3. $f(-x)=\begin{cases}-x, & x\geqslant 0 \\ 0 & x<0\end{cases}$.

4. $\varphi(x)=\sqrt{\ln(1-x)}$，定义域为$(-\infty, 0)$.

项目二

1. (1) 0；(2) 1；(3) 0；(4) 0.

2. 1，0，不存在.

项目三

1. (1) 当 $x\to 1$ 时为无穷大量，当 $x\to -2$ 时为无穷小量；
   (2) 当 $x\to +\infty$，当 $x\to 0$ 时为无穷大量，当 $x\to 1$ 时为无穷小量；
   (3) 当 $x\to \pm 1$ 时为无穷大量，当 $x\to -3$，当 $x\to \infty$ 时为无穷小量.

2. (1) 0；(2) 0

项目四

1. (1) -2；(2) 0；(3) $\frac{1}{2}$；(4) $\frac{1}{2}$.

2. 连续.

模　块　二

项目一

1. (1) 6；(2) -2.

2. 12.

3. $12x-y-16=0$，$x+12y-98=0$.

4. $(4, 8)$.

项目二

1. (1) $\frac{\sin x - x\cos x}{\sin^2 x} + \frac{x\cos x - \sin x}{x^2}$；(2) $\ln x + 1 + \frac{1-\ln x}{x^2}$；(3) $10(2x+3)^4$；

(4) $\frac{\cos\sqrt{x}}{2\sqrt{x}}$；(5) $\frac{-y\sin(xy)}{1+x\sin(xy)}$；(6) $\frac{\sin y}{1-x\cos y}$.

2. (1) $\frac{8}{(\pi+2)^2}$；(2) $-\frac{4}{\pi^3+12}$.

3. (1) $\frac{1}{x}e^{\ln x}$；(2) $-\frac{x}{\sqrt{1-x^2}}$；(3) $\frac{1}{x\ln x}$；(4) $\frac{1}{x}e^{\ln x}$.

4. (1) $\frac{-\sin(x+y)}{1+\sin(x+y)}$；(2) $\frac{y-x^2}{y^2-x}$；(3) $-\left(\frac{y}{x}\right)^{\frac{1}{3}}$；(4) $-\frac{e^{-x}+y}{e^y+x}$.

5. (1) $-\frac{1}{2}e^{-2t}$；(2) $-4\sin t$.

6. 切线方程为 $x=0$，法线方程为 $y=0$.

7. (1) $e^{x^2}(6x+4x^3)$；(2) $\frac{e^x(x^2-2x+2)}{x^3}$；(3) $\frac{2(1-x^2)}{(1+x^2)^2}$；(4) $\frac{1}{x}$.

8. (1) $e^x(n+x)$；(2) $(-1)^{n-1}(n-1)!\,(1+x)^{-n-1}$；(3) $a^x\ln^n a$；(4) $\sin\left(\frac{n\pi}{2}+x\right)$.

项目三

1. (1) $dy=(6x^2-12x+3)dx$；(2) $dy=\left(-\frac{1}{x^2}+\frac{1}{\sqrt{x}}\right)dx$；(3) $dy=(\sin 3x+3x\cos 3x)dx$；

(4) $dy=2\cot 2x dx$；(5) $dy=2(e^{2x}-e^{-2x})dx$；(6) $dy=\frac{-x}{1-x^2}dx$；

(7) $dy=3\sin(1-3x)dx$；(8) $dy=\frac{4xdx}{\cos^2(1+2x^2)}$

2. 0.484；　3. 9.999 3；　4. 565.5 cm^3；　5. 1 470 cm^3；0.4%.

项目四

1. (1) $(-\infty, -1)$递减，$(-1, +\infty)$递增；

(2) $(-\infty, -2)\cup(2, +\infty)$递增，$(-2, 0)\cup(0, 2)$递减.

2. (1) 当 $x=2$ 时，有极小值 $y=1$，当 $x=-1$ 时有极大值 $y=28$；

(2) 当 $x=\frac{3}{4}$时，有极大值 $y=\frac{5}{4}$.

3. (1) 最大值 13，最小值 4；(2) 最大值 $2+2\sqrt{2}$，最小值 3.

4. 距离司令部 3 km 处上岸时间最少.

5. 围成长 10 m，宽 5 m 的小屋面积最大.

项目五

1. (1) $\left(-\infty, \frac{5}{3}\right)$凸，$\left(\frac{5}{3}, +\infty\right)$凹；

(2) $(-\infty, -1)\cup(1, +\infty)$凸，$(-1, 1)$凹.

2.（1）有水平渐进线 $y=0$；（2）有水平渐进线 $y=0$，垂直渐进线 $x=-1$.

3. 略.

项目六

1.（1）$K=\frac{3\sqrt{10}}{50}$；（2）$K=2$.

2. $K=2$.

3. $K=\frac{4\sqrt{15}}{25}$，$\frac{1}{k}=\frac{5}{12}\sqrt{15}$.

项目七

(1) $\int\frac{dx}{1-2x}=-\frac{1}{2}\int\frac{d(1-2x)}{1-2x}=-\frac{1}{2}\ln|1-2x|+C$;

(2) $\int\frac{\sin\sqrt{t}}{\sqrt{t}}dt=2\int\sin\sqrt{t}\,d\sqrt{t}=-2\cos\sqrt{t}+C$;

(3) $\int\frac{dx}{x\ln x}=\int\frac{d\ln x}{\ln x}=\ln|\ln x|+C$;

(4) $\int\frac{x-1}{x^2-1}dx=\int\frac{x-1}{(x+1)(x-1)}dx=\int\frac{d(x+1)}{x+1}=\ln|x+1|+C$;

(5) $\int\frac{x^3}{4+x^2}dx=\frac{1}{2}x^2-2\ln(4+x^2)+C$;

(6) $\int\frac{dx}{x^2-x-6}=\frac{1}{5}\int\left(\frac{1}{x-3}-\frac{1}{x+2}\right)dx=\frac{1}{5}\ln\left|\frac{x-3}{x+2}\right|+C$;

(7) $\int xe^{-x}dx=-\int xde^{-x}=-xe^{-x}+\int e^{-x}dx=-xe^{-x}-e^{-x}+C$;

(8) $\int x\sin x\,dx=-\int xd\cos x=-x\cos x+\int\cos x\,dx=-x\cos x+\sin x+C$.

项目八

1. (1) $\int_0^1 xe^{-x}dx=-\int_0^1 xde^{-x}=-xe^{-x}\Big|_0^1+\int_0^1 e^{-x}dx=1-\frac{2}{e}$;

(2) $\int_{-2}^1\frac{dx}{(11+5x)^3}=\frac{1}{5}\int_{-2}^1\frac{d(5x+11)}{(5x+11)^3}=-\frac{1}{10}\frac{1}{(5x+11)^2}\Big|_{-2}^1=\frac{51}{512}$;

(3) $\int_{-1}^1\frac{1}{\sqrt{5-4x}}dx=-\frac{1}{4}\int_{-1}^1\frac{1}{\sqrt{5-4x}}d(5-4x)=-\frac{1}{2}\sqrt{5-4x}\Big|_{-1}^1=1$;

(4) $\int_2^3\frac{dx}{x^2+x-2}=\frac{1}{3}\left(\ln\frac{2}{5}-\ln\frac{1}{4}\right)=\ln2-\frac{1}{3}\ln5$.

2. (1) $\int_0^1 xe^{-x}dx=-\int_0^1 xde^{-x}=-xe^{-x}\big|_0^1+\int_0^1 e^{-x}dx$

$$=-e^{-1}-e^{-x}\big|_0^1=-e^{-1}-e^{-1}+e^0=1-\frac{2}{e};$$

(2) $\int_1^e x\ln x\mathrm{d}x = \frac{1}{2}\int_1^e \ln x\mathrm{d}x^2 = \frac{1}{2}x^2\ln x\Big|_1^e - \frac{1}{2}\int_1^e x\mathrm{d}x = \frac{1}{2}e^2 - \frac{1}{4}x^2\Big|_1^e = \frac{1}{4}(e^2+1)$；

(3) $\int_1^4 \frac{\ln x}{\sqrt{x}}\mathrm{d}x = 2\int_1^4 \ln x\mathrm{d}\sqrt{x} = 2\sqrt{x}\ln x\Big|_1^4 - 2\int_1^4 \sqrt{x}\cdot\frac{1}{x}\mathrm{d}x$

$= 8\ln 2 - 4\sqrt{x}\Big|_1^4 = 8\ln 2 - 4$；

(4) $\int_{\frac{\pi}{4}}^{\frac{\pi}{3}} \frac{x}{\sin^2 x}\mathrm{d}x = -\int_{\frac{\pi}{4}}^{\frac{\pi}{3}} x\mathrm{d}\cot x = -x\cot x\Big|_{\frac{\pi}{4}}^{\frac{\pi}{3}} + \int_{\frac{\pi}{4}}^{\frac{\pi}{3}} \cot x\mathrm{d}x$

$= \frac{\pi}{4} - \frac{\sqrt{3}}{9}\pi + \ln|\sin x|\Big|_{\frac{\pi}{4}}^{\frac{\pi}{3}} = \left(\frac{1}{4} - \frac{\sqrt{3}}{9}\right)\pi + \frac{1}{2}\ln\frac{3}{2}$.

项目九

1. $A = \int_0^1 x^2\mathrm{d}x + \int_1^2 (x-2)^2\mathrm{d}x = \frac{x^3}{3}\Big|_0^1 + \frac{(x-2)^3}{3}\Big|_1^2 = \frac{2}{3}$.

2. $A=\left(-\frac{2}{3}x^3+\frac{3}{2}x^2+2x\right)\Big|_{-\frac{1}{2}}^2=\frac{125}{24}$.

3. $A=\pi a^2$.

项目十

1. $W = \int_0^H \rho_{水}\, g\pi R^2 x\mathrm{d}x = \rho_{水}\, g\pi R^2\, \frac{x^2}{2}\Big|_0^H = \frac{1}{2}\rho_{水}\, g\pi R^2 H^2 = 5000\pi R^2 H^2$(J).

2. $F = \int_1^{a+1} \rho_{水}\, gax\mathrm{d}x = \rho_{水}\, ga\, \frac{x^2}{2}\Big|_1^{a+1} = 5000a^2(a+2)$(N).

项目十一

1. $y=\frac{1}{3}x^2-\frac{1}{3}$.

2. (1) $e^y=\frac{e^{2x}}{2}+C$；(2) $\arctan y=\arctan x+\frac{\pi}{4}$.

3. (1) $y=Ce^{\frac{y}{x}}$；(2) $y=Ce^{-\frac{x}{y}}$；(3) $y^2=2x^2(\ln^x+2)$.

4. (1) $y=2+Ce^{-x^2}$；(2) $y=Ce^{\frac{x}{2}}+e^x$；(3) $y=x^3+Cx$.

模　块　三

项目一

1. (1) 38；　(2) 7.

2. $M_{31}=\begin{vmatrix}0 & 4\\ 0 & 3\end{vmatrix}$；$A_{31}=(-1)^{3+1}\begin{vmatrix}0 & 4\\ 0 & 3\end{vmatrix}$；$M_{32}=\begin{vmatrix}-3 & 4\\ 5 & 3\end{vmatrix}$；$A_{32}=(-1)^{3+2}\begin{vmatrix}-3 & 4\\ 5 & 3\end{vmatrix}$.

3. (1) 0；　(2) 8；　(3) -160；　(4) 6.

4. $x_1=-\frac{11}{8}$，$x_2=-\frac{9}{8}$，$x_3=-\frac{3}{4}$.

5. $a=3$.

项目二

1. (1) $\begin{pmatrix}-1 & 6 & 5\\ -2 & -1 & 12\end{pmatrix}$；(2) $\begin{pmatrix}1 & 0 & 1\\ 4 & 4 & 3\\ -5 & 3 & 1\end{pmatrix}$；(3) $\begin{pmatrix}5 & -25 & 0\\ -15 & 0 & 10\end{pmatrix}$；(4) $\begin{pmatrix}-1 & 2\\ -3 & 0\\ 8 & 2\end{pmatrix}$.

2. (1) $\begin{pmatrix}-14 & 13\\ -21 & 17\end{pmatrix}$；(2) $\begin{pmatrix}10 & 4 & -1\\ 4 & -3 & -1\end{pmatrix}$；(3) $\begin{pmatrix}-5 & 10 & 15\\ -7 & 14 & 3\\ 3 & -6 & 0\end{pmatrix}$；

(4) $\begin{pmatrix}35\\ 6\\ 49\end{pmatrix}$；(5) $\begin{pmatrix}6 & -7 & 8\\ 20 & -3 & -6\end{pmatrix}$.

3. -6.

4. $a_{ij}=a_{ji}(i, j=1, 2, 3)$，其中 $\boldsymbol{A}$ 为对称矩阵.

5. $3\boldsymbol{AB}-2\boldsymbol{A}=\begin{pmatrix}-2 & 13 & 22\\ -2 & -17 & 20\\ 4 & 29 & -2\end{pmatrix}$，$\boldsymbol{A}^{\mathrm{T}}\boldsymbol{B}=\begin{pmatrix}0 & 5 & 8\\ 0 & -5 & 6\\ 2 & 9 & 0\end{pmatrix}$.

项目三

1. (1) 2；　(2) 2；　(3) 3；　(4) 2.

2. (1) $\begin{pmatrix}1 & 1 & 1 & -1\\ 0 & 0 & 3 & 2\\ 0 & 0 & 0 & 0\\ 0 & 0 & 0 & 0\end{pmatrix}$；　(2) $\begin{pmatrix}1 & 3 & 4 & 0\\ 1 & 3 & 2 & -1\\ 0 & 0 & 3 & 2\end{pmatrix}$.

3. (1) $\begin{pmatrix}5 & -2\\ -2 & 1\end{pmatrix}$；　(2) $\begin{pmatrix}-4 & 3 & -2\\ -8 & 6 & -5\\ -7 & 5 & -4\end{pmatrix}$；　(3) $\begin{pmatrix}1 & 0 & -8\\ 0 & 1 & 0\\ 0 & 0 & 1\end{pmatrix}$；　(4) $\begin{pmatrix}7 & -4\\ -5 & 3\end{pmatrix}$；

(5) $\begin{pmatrix}1 & 3 & -2\\ -\frac{3}{2} & -3 & \frac{5}{2}\\ 1 & 1 & -1\end{pmatrix}$；(6) $\begin{pmatrix}1 & -4 & -3\\ 1 & -5 & -3\\ -1 & 6 & 4\end{pmatrix}$.

4. (1) $\boldsymbol{X}=\begin{pmatrix}2 & -23\\ 0 & 8\end{pmatrix}$；　(2) $\boldsymbol{X}=\begin{pmatrix}1\\ 2\\ 3\end{pmatrix}$；　(3) $\boldsymbol{X}=\begin{pmatrix}1 & -3 & 3\\ 0 & 1 & -2\end{pmatrix}$.

项目四

1. (1) $x_1=1$，$x_2=2$，$x_3=3$；　(2) $x_1=1$，$x_2=2$，$x_3=-4$.

2.（1）有，无穷多解；（2）有，唯一解；（3）无解；（4）有，无穷多解.

3.（1）无解；（2）$\begin{cases} x_1=\frac{5}{9}x_3+\frac{8}{9}, \\ x_2=-\frac{2}{9}x_3-\frac{5}{9}, \\ x_4=0, \end{cases}$ 其中 x_3 为自由未知量；

（3）$\begin{cases} x_1=-\frac{7}{9}x_4, \\ x_2=-\frac{2}{9}x_4, \\ x_3=\frac{5}{9}x_4, \end{cases}$ 其中 x_4 为自由未知量；

（4）$\begin{cases} x_1=-\frac{3}{2}x_3-x_4, \\ x_2=\frac{7}{2}x_3-2x_4, \end{cases}$ 其中 x_3，x_4 为自由未知量.

4. 当 $m=0$，$m=-1$，$m=9$ 时，方程组有非零解.

模　块　四

项目一　略.

项目二

1.（1）$x_1=\frac{4}{3}$，$x_2=\frac{1}{3}$；（2）$x_1=2$，$x_2=\frac{3}{2}$.

2.（1）有可行解，无最优解；（2）无可行解.

3.（1）略（2）当 $a=\frac{1}{4}$ 时，最优解 $x_1=0$，$x_2=14$；当 $a=2$ 时，$x_1=8$，$x_2=10$；当 $a=5$ 时，$x_1=10.5$，$x_2=0$；（3）$a=\frac{1}{2}$ 或 $a=4$ 时，最优解不唯一.

4. 略.

项目三

1.（1）$x_1=0$，$x_2=0$，$x_3=16$；（2）$x_1=15$，$x_2=0$.

2.（1）$x_1=4$，$x_2=2$；（2）$x_1=\frac{2}{5}$，$x_2=\frac{1}{5}$，$x_3=0$.

3. B 生产 24 件，D 生产 140 件，A 与 C 不生产.

项目四

1. $x_1=5$，$x_2=1$.

2.（1）$x_1=\frac{3}{5}$，$x_2=\frac{6}{5}$；（2）$x_1=\frac{9}{7}$，$x_2=\frac{10}{21}$，$x_3=0$.

3. 上、中、下、夜班人数分别为 9、2、6、0.

模　块　五

项目一

(1) $\frac{2}{s^3}$；(2) $\frac{\frac{1}{2}}{s^2+\frac{1}{4}}$.

项目二

1. (1) $\frac{2}{s^3}+\frac{3}{s^2}+\frac{2}{s}$；(2) $\frac{1}{s}-\frac{1}{(s+1)^2}$.

2. (1) t；(2) $\frac{1}{6}t^3$.

项目三

1. e^{-2t}；　2. $1-e^{-t}$；　3. $\frac{1}{2}+e^{-t}+\frac{1}{2}e^{-2t}$.

项目四

$$y(t)=\frac{1}{3}e^{-t}+4e^{t}-\frac{7}{3}e^{2t}.$$

模　块　六

项目一

1. A.　2. A.　3. C.

项目二

1. D.　2. D.　3. B.

项目三

1. A.　2. A.

项目四

1. B.　2. D.

附录　拉普拉斯变换简表

	$f(t)=\phi^{-1}[F(s)]$	$F(s)=\phi[f(t)]$
	一般函数 $f(t)$	$F(s)=\int_0^{\infty} f(t)e^{-st}dt$
1	1	$\frac{1}{s}$
2	e^{at}	$\frac{1}{s-a}$
3	$t^m(m>-1)$	$\Gamma(m+1)/s^{m+1}$
4	$t^m e^{at}(m>-1)$	$\Gamma(m+1)/(s-a)^{m+1}$
5	$\sin at$	$a/(s^2+a^2)$
6	$\cos at$	$s/(s^2+a^2)$
7	$shat$	$a/(s^2-a^2)$
8	$chat$	$s/(s^2-a^2)$
9	$t^m \sin at(m>-1)$	$\frac{\Gamma(m+1)}{2i(s^2+a^2)^{m+1}}[(s+ia)^{m+1}-(s-ia)^{m+1}]$
10	$t^m \cos at(m>-1)$	$\frac{\Gamma(m+1)}{2(s^2+a^2)^{m+1}}[(s+ia)^{m+1}+(s-ia)^{m+1}]$
11	$e^{-bt}\sin at$	$a/[(s+b)^2+a^2]$
12	$e^{-bt}\cos at$	$(s+b)/[(s+b)^2+a^2]$
13	$e^{-bt}\sin(at+c)$	$\frac{(s+b)\sin c+a\cos c}{(s+b)^2+a^2}$
14	$\sin^2 t$	$\frac{1}{2}\left(\frac{1}{s}-\frac{s}{s^2+4}\right)$
15	$\cos^2 t$	$\frac{1}{2}\left(\frac{1}{s}+\frac{s}{s^2+4}\right)$
16	$\sin at \cdot \sin bt$	$\frac{2abs}{[s^2+(a+b)^2][s^2+(a-b)^2]}$
17	$e^{at}-e^{bt}$	$(a-b)/[(s-a)(s-b)]$
18	$ae^{at}-be^{bt}$	$s(a-b)/[(s-a)(s-b)]$
19	$\frac{1}{a}\sin at-\frac{1}{b}\sin bt$	$(b^2-a^2)/[(s^2+a^2)(s^2+b^2)]$
20	$\cos at-\cos bt$	$s(b^2-a^2)/[(s^2+a^2)(s^2+b^2)]$
21	$\frac{1}{a^2}(1-\cos at)$	$\frac{1}{s(s^2+a^2)}$
22	$\frac{1}{a^2}(at-\sin at)$	$\frac{1}{s^2(s^2+a^2)}$
23	$\frac{t}{2a}\sin at$	$\frac{s}{(s^2+a^2)^2}$
24	$\left(t-\frac{a}{2}t^2\right)e^{-at}$	$\frac{s}{(s+a)^3}$
25	$\frac{1}{ab}+\frac{1}{(b-a)}\left(\frac{e^{-bt}}{b}-\frac{e^{-at}}{a}\right)$	$\frac{1}{s(s+a)(s+b)}$

（续）

	$f(t)=\phi^{-1}[F(s)]$	$F(s)=\phi[f(t)]$
	一般函数 $f(t)$	$F(s)=\int_0^{\infty} f(t)e^{-st}dt$
26	$\frac{e^{-at}}{(b-a)(c-a)}+\frac{e^{-bt}}{(a-b)(c-b)}+\frac{e^{-ct}}{(a-c)(b-c)}$	$\frac{1}{(s+a)(s+b)(s+c)}$
27	$\frac{ae^{-at}}{(c-a)(a-b)}+\frac{be^{-bt}}{(a-b)(b-c)}+\frac{ce^{-ct}}{(b-c)(c-a)}$	$\frac{s}{(s+a)(s+b)(s+c)}$
28	$\frac{e^{-at}-e^{-bt}[1-(a-b)t]}{(a-b)^2}$	$\frac{1}{(s+a)(s+b)^2}$
29	$\sin at\cdot chat-\cos at\cdot shat$	$\frac{4a^3}{s^4+4a^4}$
30	$\frac{1}{2a^3}(shat-\sin at)$	$\frac{1}{s^4-a^4}$
31	$\frac{1}{2a^3}(chat-\cos at)$	$\frac{s}{s^4-a^4}$
32	$\frac{1}{2a^2}\sin at\cdot shat$	$\frac{s}{s^4+4a^4}$
33	$\frac{1}{\sqrt{\pi t}}$	$\frac{1}{\sqrt{s}}$
34	$2\sqrt{\frac{t}{\pi}}$	$\frac{1}{s\sqrt{s}}$
35	$\frac{1}{\sqrt{\pi t}}e^{at}(1+2at)$	$\frac{s}{(s-a)(\sqrt{s-a})}$
36	$\frac{1}{2\sqrt{\pi t^3}}(e^{bt}-e^{at})$	$\sqrt{s-a}-\sqrt{s-b}$
37	$\delta(t)$	1
38	$\frac{1}{\sqrt{\pi t}}ch2\sqrt{at}$	$\frac{1}{\sqrt{s}}e^{\frac{a}{s}}$
39	$\frac{1}{\sqrt{\pi t}}\cos 2\sqrt{at}$	$\frac{1}{\sqrt{s}}e^{-\frac{a}{s}}$
40	$\frac{1}{\sqrt{\pi t}}\sin 2\sqrt{at}$	$\frac{1}{s\sqrt{s}}e^{-\frac{a}{s}}$
41	$\frac{1}{\sqrt{\pi t}}sh2\sqrt{at}$	$\frac{1}{s\sqrt{s}}e^{\frac{a}{s}}$
42	$\frac{1}{t}(e^{bt}-e^{at})$	$\ln\frac{s-a}{s-b}$
43	$\frac{2}{t}(1-\cos at)$	$\ln\frac{s^2+a^2}{s^2}$
44	$\frac{2}{t}(1-chat)$	$\ln\frac{s^2-a^2}{s^2}$
45	$\frac{1}{a}(1-e^{-at})$	$\frac{1}{s(s+a)}$
46	$\frac{1}{t}\sin at$	$\arctan\frac{s}{a}$
47	$\frac{1}{2a^3}(\sin at-at\cos at)$	$\frac{1}{(s^2+a^2)^2}$
48	$u(t)$	$\frac{1}{s}$
49	$tu(t)$	$\frac{1}{s^2}$
50	$t^m u(t)(m>-1)$	$\frac{1}{s^{m+1}}\Gamma(m+1)$

参 考 文 献

陈忠 . 2009. 应用数学 [M]. 北京：高等教育出版社 .
甘肃省公务员录用考试命题组 . 2012. 甘肃省公务员录用考试专用教材(行政能力测试)[M]. 兰州：甘肃人民出版社 .
侯风波 . 2004. 工程数学 [M]. 北京：高等教育出版社 .
贾彩军 . 2008. 高等数学[M]. 北京：中国传媒大学出版社 .
梁淑莲，王士新 . 2012. 经济应用数学[M]. 北京：中国建材工业出版社 .
卢吟雪 . 1986. 管理数学 [M]. 北京：机械工业出版社 .
祁忠斌 . 2006. 高等数学 [M]. 北京：高等教育出版社 .
盛祥耀 . 2004. 高等数学[M]. 北京：高等教育出版社 .
淘书中 . 1996. 管理数学 [M]. 西安：西安电子科技大学出版社 .
杨凤翔 . 2008. 高等数学基础教程 [M]. 北京：中国农业出版社 .
张治俊 . 2012. 新编高等数学 [M]. 北京：北京邮电大学出版社 .

图书在版编目（CIP）数据

应用数学 / 张发荣主编．—2 版．—北京：中国农业出版社，2015.6

全国高等职业教育“十二五”规划教材

ISBN 978-7-109-20418-8

Ⅰ.①应…　Ⅱ.①张…　Ⅲ.①应用数学-高等职业教育-教材　Ⅳ.①O29

中国版本图书馆 CIP 数据核字（2015）第 095333 号

中国农业出版社出版

（北京市朝阳区麦子店街 18 号楼）

（邮政编码 100125）

责任编辑　李　燕

北京中兴印刷有限公司印刷　　新华书店北京发行所发行

2013 年 8 月第 1 版　　2015 年 6 月第 2 版

2015 年 6 月第 2 版北京第 1 次印刷

开本：787mm×1092mm　1/16　　印张：12.75

字数：295 千字

定价：29.50 元